新农村建设与田园综合体规划

李　季　编著

中国建筑工业出版社

图书在版编目（CIP）数据

新农村建设与田园综合体规划 / 李季编著.— 北京：中
国建筑工业出版社，2019.11
ISBN 978-7-112-24405-8

Ⅰ.①新… Ⅱ.①李… Ⅲ.①乡村规划—研究—中国
Ⅳ.① TU982.29

中国版本图书馆CIP数据核字（2019）第245920号

责任编辑：张幼平　费海玲
责任校对：赵听雨

新农村建设与田园综合体规划
李　季　编著
*
中国建筑工业出版社出版、发行（北京海淀三里河路9号）
各地新华书店、建筑书店经销
北京点击世代文化传媒有限公司制版
廊坊市海涛印刷有限公司印刷
*
开本：787×1092毫米　1/16　印张：17　字数：360千字
2019年12月第一版　2019年12月第一次印刷
定价：**58.00** 元
ISBN 978-7-112-24405-8
　　　（34861）

目 录
CONTENTS

第1篇　新农村建设篇 ··· 1

1.1　中国新农村建设现状分析 ·· 1
　1.1.1　新农村建设背景分析 ·· 1
　1.1.2　新农村建设的主要做法 ··· 4
　1.1.3　新农村建设现状与问题 ··· 15

1.2　中国新农村建设关键问题及破解思路 ···················· 21
　1.2.1　农业产业化与新农村建设 ····································· 21
　1.2.2　新农村建设土地问题分析 ····································· 29
　1.2.3　新农村建设投融资难题分析 ·································· 38
　1.2.4　新农村建设基础设施问题分析 ······························ 41

第2篇　新农村建设举措篇——新型农村社区 ··············· 44

2.1　中国新型农村社区建设概述 ·· 44
　2.1.1　新型农村社区概述 ·· 44
　2.1.2　新型农村社区建设途径选择 ·································· 54
　2.1.3　新型农村社区建设模式总结 ·································· 55

2.2　新型农村社区建设典型模式与案例分析 ···················· 58
　2.2.1　国外新型农村社区建设经验与借鉴 ························· 58
　2.2.2　国内新型农村社区建设实践与经验 ························· 62
　2.2.3　新型农村社区典型模式与案例解析 ························· 69
　2.2.4　国内外新型农村社区管理的典型模式 ····················· 75

第3篇　新农村建设探索篇——新农村综合体和农业综合体 ·················· 85

  3.1　中国新农村综合体的探索及建设经验分析 ················· 85

    3.1.1　新农村综合体的内涵 ······························· 85

    3.1.2　新农村综合体规划基本原则 ························ 88

    3.1.3　新农村综合体规划方法与思路 ···················· 90

    3.1.4　新农村综合体规划途径分析 ······················· 93

    3.1.5　四川新农村综合体建设实践分析 ················ 96

    3.1.6　新农村综合体规划案例分析 ······················· 98

    3.1.7　新农村综合体建设案例分析 ······················· 112

  3.2　中国农业综合体的探索及建设经验分析 ················· 117

    3.2.1　农业综合体的内涵 ································· 117

    3.2.2　农业综合体规划建设案例分析 ···················· 125

    3.2.3　农业综合体业态探索和创新 ······················· 139

    3.2.4　农业综合体的发展方向 ··························· 143

    3.2.5　农业综合体的规划模式 ··························· 146

第4篇　新农村建设创新篇——田园综合体 ················· 149

  4.1　中国田园综合体发展概述 ························· 149

    4.1.1　田园综合体基本概念 ···························· 149

    4.1.2　中国田园综合体发展特征分析 ···················· 151

    4.1.3　中国田园综合体提出背景分析 ···················· 152

    4.1.4　中国田园综合体发展环境分析 ···················· 153

    4.1.5　中国田园综合体促进政策解读 ···················· 164

    4.1.6　中国推进田园综合体建设的意义 ················ 169

  4.2　国内外田园综合体发展现状及建设情况 ················· 171

    4.2.1　国外田园综合体的发展与借鉴 ···················· 171

    4.2.2　中国田园综合体发展现状分析 ···················· 176

    4.2.3　中国田园综合体建设动态分析 ···················· 181

    4.2.4　部分省市田园综合体发展情况分析 ············· 182

  4.3　中国田园综合体模式探索及实施战略分析 ················· 185

    4.3.1　田园综合体的建设原则 ··························· 185

4.3.2 田园综合体的体系构建 ……………………………………………… 187

4.3.3 田园综合体的建设内容 ……………………………………………… 190

4.3.4 田园综合体的发展战略 ……………………………………………… 193

4.3.5 田园综合体的产业延伸与互动 ……………………………………… 194

4.3.6 田园综合体建设中的土地问题 ……………………………………… 195

4.3.7 关于田园综合体建设建议 …………………………………………… 197

4.3.8 国内田园综合体发展模式分析 ……………………………………… 198

4.4 田园综合体相关产业分析——生态循环农业 …………………………… 198

4.4.1 生态循环农业的基本情况 …………………………………………… 198

4.4.2 国外循环农业发展经验借鉴 ………………………………………… 200

4.4.3 中国生态循环农业发展综述 ………………………………………… 206

4.4.4 国内生态循环农业区域发展分析 …………………………………… 209

4.4.5 中国生态循环农业发展模式分析 …………………………………… 214

4.4.6 国内生态循环农业综合开发项目案例分析 ………………………… 216

4.4.7 中国生态循环农业发展中存在的问题 ……………………………… 219

4.4.8 中国循环农业发展对策与战略 ……………………………………… 219

4.5 田园综合体相关产业分析——乡村旅游产业 …………………………… 220

4.5.1 中国乡村旅游产业发展特征 ………………………………………… 220

4.5.2 中国乡村旅游产业运行现状 ………………………………………… 221

4.5.3 中国乡村旅游发展模式分析 ………………………………………… 224

4.5.4 中国乡村旅游众创模式分析 ………………………………………… 226

4.5.5 中国乡村旅游存在的主要问题 ……………………………………… 227

4.5.6 中国乡村旅游发展的对策建议 ……………………………………… 228

4.6 田园综合体其他相关产业发展前景分析 ………………………………… 230

4.6.1 创意农业 ……………………………………………………………… 230

4.6.2 休闲农业 ……………………………………………………………… 233

4.6.3 特色农业 ……………………………………………………………… 236

4.6.4 特色小镇 ……………………………………………………………… 239

4.6.5 田园旅游地产 ………………………………………………………… 244

4.6.6 山野旅游地产 ………………………………………………………… 245

4.7 中国田园综合体建设优秀案例经验总结 ………………………………… 246

4.7.1 无锡阳山田园东方项目——国内落地实践的第一个田园综合体项目 … 246

4.7.2 上海金山区"田园综合体"——第一、二、三产融合发展,

涌现一批休闲农业集聚区 ……………………………………………… 249

4.7.3 安徽肥西县"官亭林海"——保护风貌与提升价值是田园综合体的

"一体两翼" ………………………………………………………… 250

4.7.4 黑龙江富锦"稻"梦空间——依托独特优势,

打造稻田文化"田园综合体" …………………………………… 251

4.7.5 成都市郫都区红光镇多利农庄——打造国际乡村

旅游度假目的地 ………………………………………………… 252

4.7.6 鄂尔多斯市乌审旗无定河镇——新风古韵无定河

聚力田园综合体 ………………………………………………… 253

4.7.7 青龙农业迪士尼——产业、科技、景观、文化融合的

"农旅综合体" …………………………………………………… 254

4.7.8 河北省唐山市唐海县——生态休闲田园综合体 ……………… 257

4.8 中国田园综合体前景展望与投资机遇分析 …………………………… 260

4.8.1 国内田园综合体发展方向分析 ………………………………… 260

4.8.2 国内田园综合体发展前景分析 ………………………………… 261

4.8.3 国内田园综合体项目投资动态 ………………………………… 262

4.8.4 国内田园综合体投资机遇分析 ………………………………… 264

第1篇　新农村建设篇

1.1　中国新农村建设现状分析

1.1.1　新农村建设背景分析

1. 新农村的概念

"新农村"是指社会主义小康社会的"新农村",至少包括五个方面,即"新房舍、新设施、新环境、新农民、新风尚"[1],社会主义"新农村"与建设和谐社会、小康社会息息相关。

"新农村"五个方面的具体特征如表 1.1.1-1。

"新农村"主要内容及特征　　　　　　　　　　　　表 1.1.1-1

方面	主要特征
"新房舍"	指农村要因地制宜地建设各具民族和地域风情的居住房,而且房屋建设要符合"节约型社会"的要求,体现节约土地、材料和能源的特征。在建设新民居时要加强管理、统一规划、广泛采用节约的新技术
"新设施"	指要完善基础设施,道路、水电、广播、通信、电信等配套设施要俱全。让现代农村共享信息文明,这是新农村的重要"硬件",往往成为制约农村小康社会建设的基础"瓶颈"
"新环境"	主要体现在生态环境良好、生活环境优美。尤其是在环境卫生的处理能力上要体现出新的时代特征。像农村的生活垃圾区、污水沟、厕所、畜禽住所应按照卫生标准规划和建设。这也正是我国农村和发达国家农村的主要差距
"新农民"	有了新的设施和环境远远不够,关键要有具备现代化素质的新农民,即"四有农民"(有理想、有文化、有道德、有纪律)。在农村教育、农民培训和文化道德建设上,我国农村有很长的路要走。我国农民平均受教育程度不足 7 年,在 4.9 亿农村劳动力中,高中及以上文化程度的只占 13%,初中占 49%,小学及以下占 38%
"新风尚"	就是要移风易俗,提倡科学、文明、法治的生活观,加强农村的社会主义精神文明建设

2. 新农村建设背景

社会主义新农村建设早在 20 世纪 50 年代就已提出,到了 80 年代以后越来越受到重视,中央每年出台的 1 号文件都是关于农业、农村和农民"三农"问题的政策和决定。2005 年 10 月 8 日,十六届五中全会通过的《中共中央关于制定国民经济和社会发展第十一个五年规划的建议》提出:建设社会主义新农村具有更为深远的意义和更加全面的要求。新农村建设是在我国总体上进入以工促农、以城带乡的发展新

---

[1] 农业部农村经济研究中心主任柯炳生(1998-2007 年)提出。

阶段后面临的崭新课题，是时代发展和构建和谐社会的必然要求。当前我国全面建设小康社会的重点难点在农村，农业丰则基础强，农民富则国家盛，农村稳则社会安；没有农村的小康，就没有全社会的小康；没有农业的现代化，就没有国家的现代化。世界上许多国家在工业化有了一定发展基础之后都采取了工业支持农业、城市支持农村的发展战略。我国国民经济的主导产业已由农业转变为非农产业，经济增长的动力主要来自非农产业，根据国际经验，我国现在已经跨入工业反哺农业的阶段。因此，我国新农村建设重大战略性举措的实施正当其时。此外，《纲要》提出要按照"生产发展、生活宽裕、乡风文明、村容整洁、管理民主"的要求，扎实推进社会主义新农村建设。[1]

2006 年 2 月，国务院发布《关于推进社会主义新农村建设的若干意见》，提出社会主义新农村建设是指在社会主义制度下，按照新时代的要求，对农村进行经济、政治、文化和社会等方面的建设，最终实现把农村建设成为经济繁荣、设施完善、环境优美、文明和谐的社会主义新农村的目标。

社会主义新农村建设主要内容[2] 表 1.1.1-2

内容	内容介绍
经济建设	主要指在全面发展农村生产的基础上，建立农民增收长效机制，千方百计增加农民收入
政治建设	主要指在加强农民民主素质教育的基础上，切实加强农村基层民主制度建设和农村法制建设，引导农民依法实行自己的民主权利
文化建设	主要指在加强农村公共文化建设的基础上，开展多种形式的、体现农村地方特色的群众文化活动，丰富农民群众的精神文化生活
社会建设	主要指在加大公共财政对农村公共事业投入的基础上，进一步发展农村的义务教育和职业教育，加强农村医疗卫生体系建设，建立和完善农村社会保障制度，以期实现农村幼有所教、老有所养、病有所医的愿景

社会主义新农村建设要求[3] 表 1.1.1-3

要求	主要内容
生产发展	新农村建设的中心环节，是实现其他目标的物质基础。建设社会主义新农村好比修建一幢大厦，经济就是这幢大厦的基础。如果基础不牢固，大厦就无从建起。如果经济不发展，再美好的蓝图也无法变成现实
生活宽裕	是新农村建设的目的，也是衡量工作的基本尺度。只有农民收入上去了，衣食住行改善了，生活水平提高了，新农村建设才算取得了实实在在的成果
乡风文明	是农民素质的反映，体现农村精神文明建设的要求。只有农民群众的思想、文化、道德水平不断提高，崇尚文明、崇尚科学，形成家庭和睦、民风淳朴、互助合作、稳定和谐的良好社会氛围，教育、文化、卫生、体育事业蓬勃发展，新农村建设才是全面的、完整的

[1] 姚凤阁，陈慧新型农村社区建设的现状及思考（J）.商业经济，2014（03）.
[2] 《十一五规划纲要》新农村建设部分。
[3] 《十一五规划纲要》新农村建设部分。

续表

要求	主要内容
村容整洁	是展现农村新貌的窗口，是实现人与环境和谐发展的必然要求。社会主义新农村呈现在人们眼前的，应该是脏乱差状况从根本上得到治理、人居环境明显改善、农民安居乐业的景象。这是新农村建设最直观的体现
管理民主	是新农村建设的政治保证，显示了对农民群众政治权利的尊重和维护。只有进一步扩大农村基层民主，完善村民自治制度，真正让农民群众当家做主，才能调动农民群众的积极性，真正建设好社会主义新农村

3. 新农村建设的重要意义

（1）建设社会主义新农村，是贯彻落实科学发展观的重大举措

科学发展观的一个重要内容，就是经济社会的全面协调可持续发展，城乡协调发展是其重要的组成部分。全面落实科学发展观，必须保证占人口大多数的农民参与发展进程、共享发展成果。如果我们忽视农民群众的愿望和切身利益，农村经济社会发展长期滞后，我们的发展就不可能是全面协调可持续的，科学发展观就无法落实。

（2）建设社会主义新农村，是确保我国现代化建设顺利推进的必然要求

国际经验表明，工农城乡之间的协调发展，是现代化建设成功的重要前提。一些国家较好地处理了工农城乡关系，经济社会得到了迅速发展，较快地迈进了现代化国家行列。也有一些国家没有处理好工农城乡关系，导致农村长期落后，致使整个国家经济停滞甚至倒退，现代化进程严重受阻。我们要深刻汲取国外正反两方面的经验教训，把农村发展纳入整个现代化进程，使社会主义新农村建设与工业化、城镇化同步推进，让亿万农民共享现代化成果，走具有中国特色的工业与农业协调发展、城市与农村共同繁荣的现代化道路。

（3）建设社会主义新农村，是全面建设小康社会的重点任务

我国正在建设的小康社会，是惠及十几亿人口的更高水平的小康社会，其重点在农村，难点也在农村。改革开放以来，我国城市面貌发生了巨大变化，但大部分地区农村面貌变化相对较小，一些地方的农村还不通公路、群众看不起病、喝不上干净水、农民子女上不起学。这种状况如果不能有效扭转，全面建设小康社会就会成为空话。因此，我们要通过建设社会主义新农村，加快农村全面建设小康的进程。

（4）建设社会主义新农村，是保持国民经济平稳较快发展的持久动力

扩大国内需求，是我国发展经济的长期战略方针和基本立足点。农村集中了我国数量最多、潜力最大的消费群体，是我国经济增长最可靠、最持久的动力源泉。通过推进社会主义新农村建设，可以加快农村经济发展，增加农民收入，使亿万农民的潜在购买意愿转化为巨大的现实消费需求，拉动整个经济的持续增长。特别是加强农村道路、住房、能源、水利、通信等建设，既可以改善农民的生产生活条件和消费环境，又可以消化当前部分行业的过剩生产能力，促进相关产业的发展。

（5）建设社会主义新农村，是构建社会主义和谐社会的重要基础

社会和谐离不开广阔农村的社会和谐。当前，我国农村社会关系总体是健康、稳定的，但也存在一些不容忽视的矛盾和问题。通过推进社会主义新农村建设，加快农村经济社会发展，有利于更好地维护农民群众的合法权益，缓解农村的社会矛盾，减少农村不稳定因素，为构建社会主义和谐社会打下坚实基础。[1]

1.1.2　新农村建设的主要做法

1.四川新农村建设主要做法

四川是西部农业大省，农业人口超过 6000 万，脱贫攻坚任务艰巨。农村是四川全面建成小康社会的最大"短板"，为了推动广大农民群众脱贫攻坚、奔康致富，四川早在 2006 年就对新农村建设进行了布局和探索。从四川发展新农村建设发展特色来看，其建设主要分为两个阶段，即"小规模、原生态、择邻组团、合理补偿"的早期新农村建设与"小规模聚居、组团式布局、微田园风光、生态化建设"的美丽新村建设。各阶段主要做法如下：

（1）"小规模、原生态、择邻组团、合理补偿"的早期新农村建设 [2]

四川省早期新农村建设时间段为 2006—2013 年，主要做法有：

1）把新村建设放在突出位置，高规格、大力度推进

着力推进新农村建设和新型城镇化互动发展。一是高起点谋划。四川省先后于 2006 年、2009 年和 2010 年下发了《关于推进社会主义新农村建设的意见》《关于以现代农业产业发展为支撑推进新农村建设示范片工作的意见》《关于在新农村建设成片推进中突出抓好新村建设的意见》3 份指导性文件；时任省委书记刘奇葆从 2010 年 5 月到 2012 年 8 月，先后 5 次讲话、11 次批示，对全省新农村建设给予有力的指导。二是大力度推进。坚持全域全程全面小康，因地制宜分类指导，先规划后建设，尊重群众意愿、量力而行，依法建设、民主管理，分步实施、分批次规划和建设。开展"万名干部下基层，凝心聚力促跨越"活动，加强督促检查和技术指导，切实解决新农村建设中存在的困难和问题。三是强态势督办。省委、省政府把新农村示范片建设纳入重点督办事项，对投资落实、项目资金整合、建设进度和成效进行督促检查。严格执行"一旬一督查、一月一交账、一季一小结、一年一考核"和"一票否决"等制度，加大推进力度。

2）依托资源产业优势，助推产村相融互动发展

注重产业发展，大力推进"一村一品""一乡一片"，促进产村融合，形成以新村带产业、以产业促新村的良性互动。蒲江县从政策、金融、服务等方面重点支持茶叶、

[1]　季明.建设社会主义新农村的科学内涵及其重大意义（J）.学习与实践，2006（04）.
[2]　来源：湖北省委财经办（省委农办）调研组 章新国、熊义柏、卢同郦、赵向林。

水果、生猪等特色产业发展，形成集中连片特色农业产业园，带动新农村建设。成佳镇按照"公司＋合作社＋基地＋农户"模式，建成20万亩茶叶标准化生产基地，"蒲江雀舌"成为区域品牌，获国家地理标志保护，并以茶文化为主题，大力发展休闲旅游、高端节会经济，逐步发展为"成佳茶乡"国家3A级旅游景区，2012年基地产茶1.4万吨，综合产值达12亿元，茶经济成为新农村建设的强力支撑。

3）突出风貌改造，打造新村建设亮点

采取新建和改扩建及风貌改造相结合的办法，建设一批业兴、家富、村美、人和的幸福美丽新村。对拟建的每个新村点进行全面规划，合理布局住房、绿化、公共基础及服务设施。

一是多种模式建设。以居住、耕作适度集中为方向，根据平原、丘陵、山区不同特点，根据农民意愿，选择新建、改（扩）建、风貌整治等不同建设模式。规划建设新农村综合体，政府投资建设综合体内外道路、供水、供气、广播电视、宽带网等基础设施，配套公共服务，并相应采取免费住房设计、减免有关收费、提供建房补贴等措施，吸引有建新房意愿的农户入驻综合体；农民自主选择是否进入综合体建房居住，自主选择是自建住房还是承包给承建公司建设，按规划设计自主选择建设三人居、四人居、五人居住房，自主选择独建还是邀约亲友在相邻地块组团建设，充分发挥农民新农村建设主力军的作用。新农村综合体立足于小规模，入住户数多在100至400户，基本上以行政村为单位，相对集中所辖自然村湾的人口，在原有较大的中心村落基础上进行改造，保留原村落中的林木、池塘和山冈坡地等自然风貌，依地形地貌进行规划和建设。农民迁出后即进行拆迁和土地整理，少部分不愿意搬迁的农民仍住在原先的自然村落里。

二是多种风格美化。充分挖掘产业、历史、民族、民俗等文化元素，建设山水相依、文化相融的特色新村。如根据民俗特点打造的"前庭后院＋小楼"的川滇民居风格、"前庭后院＋屋檐"的彝家新寨风格、体现"巴人文化"的川东民居建筑风格和藏区特色建筑风格等。

三是多种类型带动。根据区域特点，构建新型业态支撑，打造乡村旅游型、产业带动型、园区拉动型新村，并因地制宜推进现代农业产业园区建设。蒲江县大兴镇炉坪村充分挖掘抗日名将李家钰故居等文化资源，加强历史人文景点修缮、保护和开发，打造炉坪村文化品牌，大力发展文化旅游产业，同时带动周边村共建3500亩优质茶叶、5000亩猕猴桃标准化示范基地，成为新农村综合体建设典范和现代农业样板区。

4）强化项目整合，注重资金投入

建立"群众主体、政府引导、项目整合、金融扶持、社会参与"的多元化投入机制，采取"政府投、群众出、项目捆、单位助、社会捐、政策补、金融贷"等方式，充分发挥财政资金"四两拨千斤"的作用，从六个方面筹集新农村建设资金。一是省财政投资。2012 年共拿出 20 亿元，每个示范县（片）补助专项资金 1500 万元，按实际建设进度分批拨付。二是开发土地资源筹集。建立迁村腾地节余土地市级收储调剂制度，筹措新农村建设投资。蒲江县西来镇两河村结合新农村建设，整理复耕土地 398.4 亩，结余集体建设用地指标 295.5 亩，由成都市土地储备中心按亩均 20 万元左右的价格收储，共筹措 6000 多万元，全部用于补偿农民和农村新社区公共基础设施建设。三是县市配套投入。县市根据财力予以配套并整合各类涉农资金。宣汉县 2012 年本级财政投入 1800 万元、整合涉农项目资金 12941 万元，用于新农村建设。四是农民筹措。加强村级班子建设，采取"一事一议"等筹资投劳方式，引导鼓励群众投入。五是市场融资。引进龙头企业及种养大户入驻示范片，参与新农村产业建设。六是金融信贷。搭建投融资平台，采取贷款贴息、项目补助等方式，引导金融资金投入。

5）狠抓配套建设，强化公共服务

在大力发展产业、强化新村建设的同时，大力推进公共服务向乡村延伸，促进城乡发展一体化。一是大力推进"1+6"农村社区服务活动中心建设。把村级组织（村两委）活动场所，以及便民服务中心、农民培训中心、文化体育中心、卫生计生中心、综治调解中心、农家购物中心"1+6"公共服务中心建设作为新农村综合体建设的基本内容，同步推进。二是建立环境整治长效机制。把旧村改造和城乡环境整治作为新农村建设的重要内容，按照"民办公助"的方式，配套建设水、电、气、路、信、绿化等基础工程，改路治水，美化房屋，配置垃圾箱、垃圾池，并按雨污分离的原则，整体修建排水排污系统。同时注重各类设施的日常维护和管理，建立长效机制，确保长期发挥作用。三是就近提供便民服务。在村建立公共服务平台，安排专（兼）职人员上岗服务，为村民办理户口迁移、优抚救助、宅基地审批、计划生育等基础服务，提供劳动就业、土地流转、农产品价格、房屋租赁、市场营销等信息服务，公共服务向农村延伸成效显著。

（2）"小规模聚居、组团式布局、微田园风光、生态化建设"的美丽新村建设阶段 [1]

2013 年以后四川省的新农村建设进入了"小规模聚居、组团式布局、微田园风光、生态化建设"的美丽新村建设阶段，在之前新农村建设探索的基础上建立了一套成熟定型的新村建设机制，既有融合又有创新，主要如下：

1）把精准脱贫作为幸福美丽新村建设首要任务

四川省委提出建设幸福美丽新村，首要任务是扶贫解困。与打赢精准脱贫攻坚战紧密结合起来，连续实施了三轮幸福美丽新村示范县建设，这些示范县绝大多数都是贫困县，资金、项目集中向乌蒙山区、高原藏区、大小凉山彝区等连片贫困地区倾斜，整村推进，综合开发。在幸福美丽新村建设中，坚持"先难后易"原则，与实施"百万安居工程"、农村危房改造结合起来推进，优先解决居住条件最差的贫困群众住房。

---

[1] 来源：四川省委政研室、四川省住房和城乡建设厅联合调研组。

当前，四川正按照《幸福美丽新村建设行动方案 (2014-2020 年)》和《四川省幸福美丽新村建设总体规划 (2017-2020 年)》既定部署，率先在全国推进乡村规划全覆盖，到 2020 年，全面完成现有存量农村危房改造任务；改造、新建、保护等形式的新村建设覆盖全省所有行政村；贫困村全部退出；全省普遍建成市级或县级"四好村"，60% 以上行政村建成省级"四好村"；建成幸福美丽新村 3 万个，力争突破 3.5 万个，占全省行政村的 80% 左右；全省农村基本实现"业兴、家富、人和、村美"建设目标。

2）新建、改造、保护相结合，不搞大拆大建、推倒重来

从平原、丘陵、山区及民族地区实际出发，把民居新建、改造和保护性修缮结合起来，宜建则建，宜改则改，宜保则保，充分体现地域特点和民俗特色，避免"千村一面"，实现"各美其美"。

新建，主要考虑村庄合并和就地就近城镇化需要，统一规划、合理布局，适合原地建的就在原地，适合集中的就适当集中。改造，主要注重与环境相适应，注重功能配套完善，注重质量安全，注重整体提升，实施建庭院、建入户路、建沼气池和改水、改厨、改厕、改圈"三建四改"工程。保护，主要强化文化传承，坚持保护与开发相结合，对传统村庄院落民居一村一策、一户一策进行保护，打造一批文化价值突出，民族特色、地域特色浓郁的传统村落院落。

旧村改造是四川幸福美丽新村建设的重点。充分考虑城镇化带来的经济发展格局调整和人口转移趋势，把幸福美丽新村与"百镇建设行动"结合，合理布局新村聚居点和新农村综合体，把新村村民入住率作为重要的考量指标，鼓励有条件的农民工到小城镇安家落户，不一味追求新建聚居点数量，不建"空心村"，着重改造旧村落的基础设施，解决上学、就医、生活、出行等现实困难。

3）坚持产业先行、产村相融

以粮食持续增产和农民持续增收为核心，以放活土地经营权为改革主攻方向，促进土地适度规模经营，带动农民就地创业就业。大力推动农村道路、农田水利、广电通信、能源等基础设施建设，建成一批现代农业基地，发展一批龙头企业、家庭农场、农民合作社等新型经营主体，农村发展的内生造血功能显著增强。

在幸福美丽新村产业培育中注重一三产业联动，积极发展乡村旅游业、休闲农业和康养产业，把幸福美丽新村建成"农民安居乐业的家园，城市休闲旅游的乐园"，全力打造环成都、川南、川东北、攀西片区四大乡村旅游示范带。

4）形成"小组微生"的美丽新村建设模式

顺应自然、保持田园，确定"宜聚则聚、宜散则散"的总体要求，探索形成了"小规模聚居、组团式布局、微田园风光、生态化建设"模式。

小规模聚居，就是按照"宜聚则聚、宜散则散"理念，遵循"集约节约用地、方便生产生活"原则进行项目规划。

组团式布局，就是充分利用林盘、水系、山林及农田，合理考虑农民生产生活半径，形成自然有机的组团布局形态，既适当组合集中，又各自相对独立，同时互联互通。

微田园风光，就是相对集中民居，规划出前庭后院，让农民在房前屋后因地因时种植，形成"小菜园""小果园"，保持"房前屋后、瓜果梨桃、鸟语花香"，打造"院在田中、院田相连"的田园风光和农村风貌。

生态化建设，就是尊重自然、顺应自然，充分利用自然地形地貌，正确处理山、水、田、林、路与民居的关系，严格保护优质耕地、保护林盘、保护田园、保护农耕文化，让群众望得见山、看得见水、记得住乡愁。

5）尊重农民主体地位

政府承担新村建设的基础设施、公共服务建设，而住房、机耕道、"五小"水利工程等生产生活设施，以农民群众为主，政府适当奖补，调动农民参与热情。在新村建设过程中，倡导统规自建、统规联建，鼓励在符合规划和确保质量安全的前提下分户建设。具体采用哪种方式，由农村自主选择，有关部门全程参与，把好规划关、建设关、质量关。在土地流转、新村建设、项目开发中，切实维护好农民的土地承包经营权、宅基地使用权和集体收益分配权，形成利益共享、互利共赢的持续健康发展格局。

6）抓住基层党组织建设这个核心创新乡村治理

为每一个幸福美丽新村选好带头人，配齐配强村两委班子，将支部建在专业合作社、建在龙头企业，更好发挥基层党组织战斗堡垒作用。积极扩大基层民主，引导农民群众自我管理、自我教育、自我服务。加强农村社会治理，深化基层法治示范创建，大力开展平安乡村创建，建立健全多元化纠纷解决机制。推进农村新型社区网格化管理和服务，发展各类社区服务组织，关爱农村空巢老人、留守妇女儿童。

2. 浙江新农村建设主要做法

（1）浙江省新农村进程发展历程 [1]

浙江的新农村建设走在了全国前列，其新农村建设发展至今大致经历了几个阶段，分别为：

第一阶段：示范引领阶段（2003-2007年）

2003年，浙江省发布《关于进一步加快农村经济社会发展的意见》，启动实施"千村示范、万村整治"工程，主要任务是整治村庄环境脏乱差，改善农村生产生活条件。至2007年，经过5年的努力，对全省10303个建制村进行初步整治，并把其中的1181个建制村建设成"全面小康建设示范村"。这一过程称为示范引领阶段，是浙江"美丽接力"决胜起跑的关键一棒。它为深化千万工程建设美丽乡村开好了头、引好了路，不仅促进了村容整洁、乡风文明，推动了生产发展和农民增收，还带动了统筹城乡、

---

[1] 文章来源：《美丽乡村，打造美丽浙江的生动实践》。

利民惠民的系列工程在农村"开花结果"。

第二阶段：普遍推行阶段（2008-2012年）

2008年起，浙江在"千万"工程树立"示范美"的基础上，按照城乡基本公共服务均等化的要求，把"全面小康建设示范村"的成功经验深化、扩大至全省所有乡村。这一过程称为普遍推行阶段，是浙江"美丽接力"的第二次交棒。以生活垃圾收集、生活污水治理等工作为重点，浙江从源头上推进农村环境综合整治，逐步形成了农民受益广泛、村点覆盖全面、运行机制完善的整治建设格局。截至2012年，浙江又完成环境综合整治村1.6万个，农村面貌发生了"整体"的变化。

第三阶段：美丽乡村建设阶段（2011-2015年）

2011年浙江省发布《浙江省美丽乡村建设行动计划（2011-2015年）》，提出按照"重点培育、全面推进、争创品牌"的要求，实施美丽乡村建设行动计划。到2015年，力争全省70%左右县（市、区）达到美丽乡村建设工作要求，60%以上的乡镇开展整乡整镇美丽乡村建设。

"十二五"期间，浙江全省投入农村垃圾治理经费125亿元，基本实现集中收集处理建制村全覆盖，安吉、江山、象山、金华市金东区、德清县、浦江、海盐7地入选国家第一批农村生活垃圾分类和资源化利用示范县（区、市）名单；生活污水治理村覆盖率从2013年的12%提高到90%，农户受益率从2013年的28%提高到74%，基本实现全省规划保留村生活污水有效治理全覆盖。[1]

第四阶段：深化美丽乡村建设阶段（2016年以后）

2016年，为进一步深化推进美丽乡村建设，浙江省又发布了《浙江省深化美丽乡村建设行动计划（2016-2020年）》，《计划》指出，下一阶段，浙江要继续以水为镜，全力推进农村生活污水治理；以净为底，努力保持农村干净质朴的第一感观；以美为形，因地制宜打造美丽乡村风景线；以文为魂，强化历史文化村落保护利用；以人为本，着力优化农村公共服务。

截至2017年底，全省2.7万多个村实现村庄整治全覆盖，农村生活污水治理规划保留村覆盖率100%、农户受益率74%，农村生活垃圾集中收集有效处理基本覆盖，农村生活垃圾减量化资源化无害化分类处理建制村覆盖率40%。

（2）浙江省新农村建设主要做法[2]

1）坚持规划科学编制和切实执行相统一

浙江高度重视规划的高立意与规划的接地气之间的统一，积极向各地推荐中国美院、浙江大学、同济大学等著名规划设计单位与市县规划设计中心、县乡村干部群众相互协作的规划编制模式，要求各地用七分力量搞规划、三分力量搞建设，坚持阳光

[1] 中共贵州省党校，贵州行政学院.浙江千万工程美丽乡村建设十年简史（J）.2013（12）.
[2] 中共河南省委农村工作办公室.关于浙江省新农村建设情况的考察报告（J）.工作简报，2013（21）.

操作，让农民群众参与规划编制和实施的全过程，较好地发挥了规划对实践的目标引领和规范指导作用，得到了最广大农民群众的广泛支持和参与。目前，已初步形成了以美丽乡村建设总体规划为龙头，县域村庄布局规划、村庄整治建设规划、中心村建设规划、历史文化村落保护利用规划等专项规划相互衔接的规划体系。

2）坚持点上整治和全面建设相结合

在加大村庄整治覆盖面的同时，注重从根源上化解农村环境脏乱差问题，加快村庄整治由以点为主向点线面块整体推进转变。一是突出环境整治重点。整合交通、建设、卫生、环保、林业等部门的相关资金，逐村实施垃圾处理、污水治理、卫生改厕、村庄绿化、村道硬化等五大环境整治项目。二是推进串点连线成片。为改变"走过几个垃圾村来到一个新农村"的问题，该省每年启动约200个乡镇的整乡整镇环境整治，开展村与村、村与镇、镇与镇之间路网、管网、林网、河网、垃圾处理网、污水治理网等一体化规划和建设。三是创建"四美三宜两园"美丽乡村。在环境整治的基础上，努力把县域建成美丽景区，把交通沿线建成风景长廊，把村庄建成特色景点，把农户庭院建成精致小品。

3）坚持人口集聚和促进公共服务相衔接

坚持把中心镇、中心村作为统筹城乡发展的基础节点和推进基本公共服务均等化的有效载体。一是优化城乡布局体系。围绕加快形成长三角中心城市、省域中心城市、县城和中心镇、一般镇、中心村和一般村等梯次合理、衔接紧密的城乡体系，全省共规划培育中心镇200个，率先启动27个中心镇培育建设小城市试点；规划中心村3468个，保留村约2万个，确立了重点建设中心村、全面整治保留村、科学保护特色村、控制搬迁小型村的整治建设思路，形成了科学的整治建设次序。二是培育建设了一批中心村。出台了《关于培育建设中心村的若干意见》，按照"人口集中、产业集聚、要素集约、功能集成"要求，启动了1500个中心村的培育建设，省里对重点培育示范中心村每村补助40万-60万元。同时，积极推进农村社区股份合作制改造，完善农村信贷担保体系，为人口集聚、农房建设创造了条件。目前居住在中心村的人口占全省农村总人口的30%左右。三是加快公共服务覆盖。发挥中心村的节点作用，每个中心村辐射带动周边3-5个行政村，打造公交、医疗、卫生、教育、文化、社保等30分钟公共服务圈，便捷的农技服务圈、教育服务圈、卫生服务圈、文化服务圈正在形成。

4）坚持建设村庄和经营村庄相促进

把美丽乡村建设与加快产业转型升级、推进农民就业创业紧密结合起来，巧借山水、盘活资源、经营村庄，夯实建设美丽乡村的基础。一是大力发展农村新型业态。大力发展以休闲观光、度假体验等为主的旅游经济，以民宿避暑、养老养心等为主的养生经济，以运动探险、拓展训练等为主的运动经济，以寻根探史、写生创作等为主的文创经济，还涌现了一批淘宝经济专业村，催生了农村经济发展的新优势。二是不断拓展农民创业就业渠道。通过支持建设单位多用本地、本村农民工,利用宅基地整理、村级留用地政策发展物业经济,形成了大批的来料加工集聚点,成为农村经济新的增长点、农民致富的新渠道和村级集体经济发展的新途径。

2017年,浙江省农村常住居民2017年人均可支配收入达24956元,同比增长9.1%,连续33年位居全国各省、自治区首位;城乡居民收入比值为2.054,为全国各省区最小;11个地级市中有7个市城乡居民收入比值缩小到2以内,农民收入最高的嘉兴市和最低的丽水市比值为1.76,区域间农民收入差距逐步缩小。

5)坚持保持风貌和改善人居相兼顾

切实加强传统文化特别是历史文化村落的保护利用,把"修复优雅传统建筑、弘扬悠久传统文化、打造优美人居环境、营造悠闲生活方式"作为历史文化村落保护利用的方向,防止千村一面和城乡同质化、低质化。确定了一批历史文化村落保有重要市、集中县、重点村和一般村,省财政对每个重点村补助500万-700万元,同时给予每村15亩建设用地指标;对一般村根据建设绩效原则上安排每村30万-50万元的补助,市县要根据建设需要保障保护资金的匹配。

3.上海新农村建设主要做法

上海的新农村建设主要分为两个阶段,即2007-2013年美丽乡村建设的初步探索阶段,以及2014年以后的美丽乡村建设阶段。具体情况和做法如下:

(1)第一阶段:实施村庄改造,努力探索美丽乡村建设之路(2007-2013年)

上海市美丽乡村建设工作起步较早,从2007-2013年开展的农村村庄改造,是美丽乡村建设的初步探索阶段。

村庄改造以基本农田保护区、水源保护区、生态林地区、农民集中居住区等规划保留的农村地区为实施区域,以保护修缮、改善环境、完善功能、保持风貌、传承历史为主要原则,在保持农村自然居住风貌的基础上,提升农村地区的基础设施条件、优化综合环境状况。

村庄改造的建设内容包括村内基础设施、环境卫生整治、公共服务设施配套三大类内容。各建设地区可以根据实际需求,因地制宜地开展村内道路硬化、危桥整修、河道疏浚、供水管网改造、生活污水处理、环卫设施布设、农宅墙体整修、宅前屋后环境整治、违章建筑拆除、村庄绿化、路灯安装、公共服务场所、场地建设等工作,优先解决当地农民急难愁的问题。市、区县财政对村庄改造实施专项奖补,奖补标准为每户2万元村庄改造,其中,市级财政根据区县不同财力情况,实行差别化的奖补政策,即闵行、嘉定、宝山、浦东市级补贴40%,松江、青浦市级补贴50%,奉贤、金山市级补贴60%,崇明市级补贴80%。

至2014年末,全市累计约有660余个行政村开展了村庄改造工作,受益农户逾38万户,中央和市级财政累计拨付专项奖补资金约16亿元,已完成全市工作总量的

50%左右。改造后的农村"路平、桥安、水清、岸洁、宅净、村美",村民生产生活条件显著提升,村庄环境大幅改观,有效带动了农村经济发展,促进了各项社会事业。

2007年,首批试点在上海市郊区9个乡镇的27个村开展。改造过后,试点的农村基础设施和人居环境状况发生了巨大变化,得到了基层政府和农民群众的充分肯定。2008年,上海农村的村庄改造工作全面推开,明确了项目建设的政策通道,建立了稳定的财政扶持机制。2009年起,村庄改造工作作为推进新农村建设的重要载体,连续列入"上海市政府实事项目""市政府重点工作"和"上海市环保三年行动计划"。2007-2013年末,全市累计约在630个行政村开展了村庄改造工作,受益农户逾32万户。2011年,这项工作列入国务院综改办(农村综合改革小组办公室)牵头推进的村级公益事业建设一事一议财政奖补工作,并纳入中央财政奖补范围。2007-2013年,中央和市级财政累计投入专项奖补资金约13.3亿元,区县财政再按一定的比例配套实施。

该阶段,村庄改造的主要做法有:

1)坚持重点聚焦农村基本农田保护区

上海的农村地区,尤其是基本农田保护区,二、三产业发展较弱,村集体年可支配收入普遍较低,村内基础设施差,人居环境不尽如人意。不少村内道路未得到硬化,"晴天一身灰,雨天一身泥",一些桥梁年久失修,影响村民出行安全;村沟宅河淤塞严重,生活污水直排河道,生态环境恶化;部分农宅老旧破损,宅前屋后乱堆乱放,脏乱差现象较为突出,基础设施和环境建设十分薄弱。村庄改造以基本农田保护区作为实施区域,将支农惠农政策导向郊区经济、设施、环境最薄弱的地区,能够充分保障财政资金投入的长久性与有效性。

2)采取与农村实际相适应的建设方式

村庄改造以村内基础设施建设、村庄环境整治、村公共服务设施配套等村级公益事业建设为主要内容。在具体项目的选择上,充分尊重各地区自然、社会、经济条件的差异,立足实际、量力而行,将农民最关心、最直接、最现实的问题放在首位,"雪中送炭",率先解决"急、难、愁"的问题,不搞大拆大建,杜绝形象工程。在建设方式上,不生搬硬套城市建设模式,保持村庄原有生态、自然特色,尊重村庄的历史文化及自然肌理,积极倡导农业生产、农民生活、农村风貌的协调统一,体现浓郁的乡土气息。

3)建立稳定增长的公共财政投入机制

市、区两级财政以每户2万元为标准对村庄改造实施专项奖补。其中,市级财政根据区县不同财力情况,实行差别化的奖补政策,近郊的市级补贴40%,中郊的市级补贴50%,远郊的市级补贴60%或80%。2007年以来,村庄改造市级专项资金逐年增长,从2007年试点之初的7067万元,增长至2013年的2.9亿元。市、区各级财政奖补资金全部纳入年度预算,并建立了稳定的增长机制。浦东新区自筹资金开展"村庄改造五年行动计划"，区财政共投入资金 68 亿元，在统筹城乡发展、促进城乡一体化方面走在了上海市全市的前列。

4）发挥农民在村庄改造中的重要作用

农民是新农村建设的最大受益者，也应该是直接的参与者。村庄改造充分关注农民问题，在项目决策、建设、监督、管理等各环节都注重引导农民参与，激发农民对家园的自豪感和归属感，将新农村建设逐渐转化为改造环境、改善生活的自觉行动。开展改造的村全部召开村民会议或村民代表会议，讨论村庄改造的建设方案，并在通过后开始建设。在开展工程监理的同时，号召各村组建村民代表监督队伍，共同监督工程建设。在项目建设过程中，村两委带领农民开展了宅前屋后环境整治、拆除违章建筑等工作，共同清洁家园、美化环境。一些村制作了宣传栏，引导村民珍惜改造成果，营造"爱家园、建家园、护家园"的良好氛围。

（2）第二阶段：响应国家号召，全面提升美丽乡村建设（2013 年以后）

2013 年 10 月，农业部、中农办、环保部、住建部对开展美丽乡村建设工作作出重要部署。2014 年 5 月，国务院下发《关于改善农村人居环境的指导意见》，拉开了全国美丽乡村建设工作的序幕。

为响应国家号召，上海市先后下发《本市推进美丽乡村建设工作的意见》《上海市美丽乡村建设导则（试行）》等政策意见，提出至 2020 年，本市美丽乡村建设工作将着力完成三项任务。一是在已完成基本农田保护地区的约 32 万户农户村庄改造的基础上，进一步完成其余农户的改造。二是从 2014 年起，依据美丽乡村建设导则，每年评定 15 个左右的宜居、宜业、宜游的类丽乡村示范村，累计形成 100 个左右的美丽乡村示范村，引领和带动全市美丽乡村建设。三是不断扩大美丽乡村建设成果，促进农村人居环境的持续改善和村民素质的整体提升。

根据目标计划，上海市的主要做法有：

1）发挥城乡规划的引导作用

虽然上海近几年持续推进了宅基地置换试点工作、村庄归并集中工作，但农村居住分散的基本格局未发生明显变化。至 2013 年，本市郊区共有自然村 37023 个，其中，中小型自然村约占总数的 76%，郊区平均每平方千米有 6.11 个自然村，平均每个自然村有 28.91 户，农村地区还存在较大的规划调整空间。因此，上海将加快完善城乡规划体系，强调规划先行和引领作用，进一步优化农村空间形态，逐步归并位置偏远、规模小、各项基础设施不到位、"空心化"严重的小型自然村落，按照生产功能聚合生活区域，真正实现生产方式与生活方式的统一。

2）全覆盖推进农村人居环境建设

到 2020 年，完成基本农田保护地区的村庄改造工作，实施村内基础设施建设、村庄环境综合整治、村公共服务设施建设三大类工程，达到设施完善、环境整洁、生活便利的目标，这是美丽乡村建设的首要任务，也是基本任务。全覆盖改善农村人居环境面貌的战略，改变以往分散推进的工作模式，解决推进速度缓慢、面貌难以得到根本性改观的问题，为农村地区创新驱动、转型发展打基础。按照各区县美丽乡村建设规划，2015-2020 年，全市基本农田保护区待改造农户数约 37 万户，涉及 570 余个村。2020 年，全市基本农田保护区规划保留农村地区全部完成村庄改造后，覆盖的行政村约 1030 个，受益农户逾 75 万户。

3）生态、产业、文化协同发展

农村环境是乡村发展的前提条件，农业生产是农村生活发展的基础，农村文化是农村生活和农业生产的表现，同时也可以维系和促进农村生产生活方式以及农村环境的改善，乡村是一个自然、经济、社会相互作用的复合系统。本市美丽乡村建设在完善农村基本生产、生活条件的基础上，以"美在生态、富在产业、根在文化"为主线，推进农村生态、产业、文化同步发展。一是进一步完善优化农村生态布局，创新农村造林机制，打造农村生态景观；深入开展农村生活垃圾、生活污水、畜禽粪便的源头治理，加大农业生态环境保护力度，积极发展生态农业、循环农业，提升农村生态品质。二是加快转变农业发展方式，发展家庭农场、农民合作社，促进农业规模化、专业化、集约化发展；做优做强农业旅游，出精品、出亮点、成规模，提升乡村旅游品质；优化区域产业布局，增强农村集体经济实力，促进农村产业发展。三是挖掘、修复，传承和弘扬优秀的本土非物质文化遗产，展示浓郁乡土风情，体现上海江南水乡特色；开展形式多样的科技普及、思想教育、文体活动，提高农民群众的整体素养，培育新型社区文化，深化乡村文化内涵。

4）各条线资源整合共同推进

按照现有市级各部门对农村人居环境建设扶持政策，确定农村村庄改造、河道生态治理、中小河道轮疏、农村生活污水处理、经济相对薄弱村村内道路改造、农村危桥改造、农村低收入户危旧房改造等七大类项目为美丽乡村建设的重点整合项目。同时，各区县围绕本地区美丽乡村建设的目标任务，进一步形成本县区项目整合的清单目录。美丽乡村项目整合工作以满足基层美丽乡村建设需求为导向，由各区县政府作为统筹主体，按照"渠道不改、用途不变、统筹安排、集中投入、各负其责、形成合力"的原则，将各类农村人居环境建设项目在同一建设区域整合聚焦，综合改善农村人居环境面貌，真正实现美丽乡村规划到哪里，各部门资金就投入哪里。

5）项目建设与长效管理并举

到 2020 年末，全市完成村庄改造的总户数预计将达 75 万户，各级财政累计投入的村庄改造专项资金将超过 150 亿元。没有长效管理机制，就无法巩固美丽乡村建设成果，农民的生活环境得不到根本改善，也会造成财政资金的巨大浪费。因此，不断扩大美丽乡村建设成果，促进农村人居环境的持续改善和村民素质的整体提升已成为本市美丽乡村建设中的目标任务。要求各区县建立覆盖村内路桥设施、污水处理设施等的长效管理制度，按照不同类型、不同性质的管护对象，分类确定责任主体、实施主体，落实管护资金，并建立奖惩制度。目前全市9个区县大多落实了长效管理专项资金，并纳入财政预算。各村基本建立管护队伍，确保各项管护内容都能定人、定岗、定责。

6）优化项目管理的体制机制

目前，支农政策缺乏系统性，一些重大支农项目，资金来源渠道多、管理部门多、投入分散、要求不统一、交叉重复等现象比较突出，影响了统筹城乡的深化推进。美丽乡村建设实施在基层、受益在基层，要切实符合基层的建设需求，发挥基层的主观能动性。按照"基层需求导向、区县统筹协调、用途严格管控"的原则，积极探索将项目审批的权限从市级下放到区县，由各区县将"分条"和"分块"下达的涉农资金进行整合优化，统一实行"切块"管理，形成项目安排科学、扶持重点突出、使用规范高效的支农资金整合运行机制。同时，加大市级对区县的考核力度，建立科学的绩效评价体系，将农村人居环境的持续改善纳入对区县政府的考核内容，并建立工作奖惩机制。通过采取以上措施后，上海的美丽乡村建设已有初步成效，首批15个美丽乡村市级示范村已经建成，2015年推出了新一批的市级示范村，引领全市的美丽乡村建设。[1]

1.1.3　新农村建设现状与问题

1. 我国新农村建设的成就

2005年10月，党的十六届五中全会提出了推进社会主义新农村建设的重大历史任务。各地区、各有关部门认真贯彻落实党中央、国务院的决策部署，按照"生产发展、生活宽裕、乡风文明、村容整洁、管理民主"的总体要求，坚持统筹城乡发展，出台了一系列强农惠农富农政策措施，推动社会主义新农村建设取得重大进展。

（1）现代农业加快发展，粮食生产持续增长

一直以来，我国都坚持把发展现代农业作为推进社会主义新农村建设的首要任务，切实加大对农业的支持保护力度，取消了农业税，实施了"四补贴"（种粮农民直接补贴、良种补贴、农机具购置补贴、农资综合补贴）政策，着力夯实农业基础，现代农业建设步伐明显加快。农业综合生产能力稳步提升，粮食生产实现历史性的"十二连增"，2015年我国粮食总产量达62143.5万吨（12428.7亿斤），连续5年超过11000亿斤，标志着我国粮食综合生产能力跃上新台阶；2016年在国家积极调整粮食产业结构的情况下，全国粮食产量为61623.9万吨（12324.8亿斤），比2015年减少520.1万吨

---

[1]　应建敏，汪琦．上海新农村的嬗变升华：从村庄改造到美丽乡村建设（J）．中国园林，2015（12）．

（104.0 亿斤），减少 0.8%；2017 年在持续调整农业种植结构，加快优化区域布局情况下，全国粮食总产量 12358 亿斤，比 2016 年增加 33 亿斤，增长 0.3%。此外，2017 年全国粮食作物平均单产 367 公斤 / 亩，比 2016 年增加 3.6 公斤 / 亩。

（2）农业机械化发展成就显著

"十二五"时期，我国农业机械化主动适应经济发展新常态、农业农村发展新要求，不断创新调控引导和扶持方式，各方面工作稳步推进，"十二五"规划目标任务全面完成。农机装备结构有新改善。农机总动力达到 11.2 亿千瓦，较"十一五"末提高了 20.4%；大中型拖拉机、插秧机、联合收获机保有量分别达到 607.3 万台、72.6 万台和 173.9 万台，分别是"十一五"末的 1.5 倍、2.2 倍和 1.8 倍，大中型拖拉机、高性能机具占比持续提高。农机作业水平有新跨越。农机作业由耕种收环节为主向产前、产中、产后全过程拓展，由种植业向养殖业、农产品初加工等领域延伸。全国农作物耕种收综合机械化率达到 63.8%，比"十一五"末提高 11.5 个百分点；小麦、水稻、玉米三大粮食作物耕种收综合机械化率分别达 93.7%、78.1%、81.2%；棉油糖等主要经济作物机械化取得实质性进展。农业机械化科技创新有新突破。高效、精准、节能型装备研发制造取得重大进展，农机农艺加快融合、成果广泛应用，深松整地、精量播种、化肥深施、秸秆还田与捡拾打捆、粮食烘干等资源节约型、环境友好型、生态保育型技术大范围推广，应用规模分别达到 13537 千公顷、42110 千公顷、34671 千公顷、49939 千公顷和 10766 万吨，分别是"十一五"末的 1.5 倍、1.2 倍、1.2 倍、1.7 倍和 4 倍。适应我国农业生产的农机工业体系基本建立，规模以上农机工业企业主营业务收入达到 4524 亿元，较"十一五"末增长 73.6%，我国农机制造大国地位更加稳固。农机社会化服务能力有新提升。全国农机化作业服务组织达到 18.2 万个，比"十一五"末增加 1.1 万个；农机合作社达到 5.7 万个，比"十一五"末增加 3.5 万个，作业服务面积占全部农机作业面积的 10.5%。农机流通市场体系更加完善，效率不断提升。农机安全生产有新成效。拖拉机联合收割机上牌率、检验率和驾驶操作人员持证率均超过 70%，农机事故死亡人数持续下降。

"十二五"我国农业机械化发展成就斐然，农业生产方式实现了从人畜力为主向机械作业为主的历史性转变，成为农业现代化发展进程中的突出亮点。

（3）农民收入持续增长，生活水平明显提高

坚持把增加农民收入作为新农村建设工作的中心任务，努力拓宽农民增收渠道，促进增产增收、优质增收、务工增收、补贴增收。2017 年全国农村居民人均可支配收入 13432 元，农民收入增长实现了改革开放以来的首次"十四连快"，增速连续 8 年超过城镇居民，城乡居民收入比由 2009 年的 3.33 ∶ 1 缩小到 2017 年的 2.71 ∶ 1；新时期农村扶贫开发稳步推进，全国贫困人口由 2011 年底的 1.22 亿人减少到 2017 年底的 3046 万人，平均每年减少超 1500 万人。2016 年末，平均每百户拥有小汽车 24.8 辆，

摩托车、电瓶车101.9辆，淋浴热水器57.2台，空调52.8台，电冰箱85.9台，彩色电视机115.2台，电脑32.2台，手机244.3部。农民收入不断增加，生活水平不断改善，有力促进了农村全面小康社会建设。

（4）基础设施建设不断加强，农村面貌逐步改善

为摸清"三农"基本国情，查清"三农"新发展新变化，国务院组织开展了第三次全国农业普查。第三次全国农业普查共调查了31925个乡镇，其中乡11081个，镇20844个；596450个村，其中556264个村委会，40186个涉农居委会；317万个自然村；15万个2006年以后新建的农村居民定居点。

根据第三次全国农业普查主要数据公报，2016年末，在乡镇地域范围内有火车站的乡镇占全部乡镇的8.6%，有码头的占7.7%，有高速公路出入口的占21.5%。99.3%的村通公路，61.9%的村内主要道路有路灯。村委会到最远自然村、居民定居点距离以5公里以内为主。

2016年末，99.7%的村通电，11.9%的村通天然气，99.5%的村通电话，82.8%的村安装了有线电视，89.9%的村通宽带互联网，25.1%的村有电子商务配送站点。

2016年末，91.3%的乡镇集中或部分集中供水，90.8%的乡镇生活垃圾集中处理或部分集中处理。73.9%的村生活垃圾集中处理或部分集中处理，17.4%的村生活污水集中处理或部分集中处理，53.5%的村完成或部分完成改厕。[1]

截至2016年底全国乡镇、村交通设施情况（单位：%）   表1.1.3-1

指标	全国	东部地区	中部地区	西部地区	东北地区
有火车站的乡镇	8.6	7.6	8.3	7.7	18
有码头的乡镇	7.7	10	8.5	6.7	3.3
有高速公路出入口的乡镇	21.5	28.9	22.6	17	19.9
通公路的村	99.3	99.9	99.5	98.3	99.7
按通村主要道路路面类型分的村					
水泥路面	76.4	76.4	86.1	70.2	59.3
柏油路面	20.2	22.2	12.3	22.5	35.1
沙石路面	2.3	0.6	1	5.3	3.5
按村内主要道路路面类型分的村					
水泥路面	80.9	84	89.7	72.7	60
柏油路面	8.6	11.1	3.4	9	15.9
沙石路面	6.7	2.4	4.7	11.7	18.9
村内主要道路有路灯的村	61.9	85.9	59.8	35.5	54.1
村委会到最远自然村或居民定居点距离					

---

[1] 本节数据来源于第三次全国农业普查主要数据公报。

指标	全国	东部地区	中部地区	西部地区	东北地区
5公里以内	90.8	97.1	93	80.7	90.9
6-10公里	6.6	2.3	5.5	13	7.1
11-20公里	2	0.5	1.3	4.6	1.6
20公里以上	0.6	0.1	0.2	1.7	0.4

截至2016年底全国村能源、通信设施情况（单位：%）　　　表1.1.3-2

指标	全国	东部地区	中部地区	西部地区	东北地区
通电的村	99.7	100	99.9	99.2	100
通天然气的村	11.9	10.3	8.4	18.3	4.7
通电话的村	99.5	100	99.7	98.7	100
安装了有线电视的村	82.8	94.7	82.9	65.5	95.7
通宽带互联网的村	89.9	97.1	92.7	77.3	96.5
有电子商务配送站点的村	25.1	29.4	22.9	21.9	24.1

截至2016年底全国乡镇、村卫生处理设施情况（单位：%）　　　表1.1.3-3

指标	全国	东部地区	中部地区	西部地区	东北地区
集中或部分集中供水的乡镇	91.3	96.1	93.1	87.1	93.6
生活垃圾集中处理或部分集中处理的乡镇	90.8	94.6	92.8	89	82.3
生活垃圾集中处理或部分集中处理的村	73.9	90.9	69.7	60.3	53.1
生活污水集中处理或部分集中处理的村	17.4	27.1	12.5	11.6	7.8
集中或部分集中供水的乡镇	53.5	64.5	49.1	49.1	23.7

（5）农村社会事业稳步发展，公共服务水平不断提高

高度重视农村社会事业发展，推进城乡基本公共服务均等化，覆盖广大农村地区的医疗、低保、养老三项制度初步建立，教育、文化、体育事业加快发展。

根据第三次全国农业普查主要数据公报，2016年末，全国96.5%的乡镇有幼儿园、托儿所，98.0%的乡镇有小学，96.8%的乡镇有图书馆、文化站，11.9%的乡镇有剧场、影剧院，16.6%的乡镇有体育场馆，70.6%的乡镇有公园及休闲健身广场。32.3%的村有幼儿园、托儿所，59.2%的村有体育健身场所，41.3%的村有农民业余文化组织。

2016年末，99.9%的乡镇有医疗卫生机构，98.4%的乡镇有执业（助理）医师，66.8%的乡镇有社会福利收养性单位，56.4%的乡镇有本级政府创办的敬老院。81.9%的村有卫生室，54.9%的村有执业（助理）医师。

农村社会事业取得明显成效，农民群众"老有所养、病有所医、困有所济"的愿望正在实现。

截至 2016 年底全国乡镇、村文化教育设施情况（单位：%）　　　表 1.1.3-4

指标	全国	东部地区	中部地区	西部地区	东北地区
有幼儿园、托儿所的乡镇	96.5	98.7	98.3	94	96.9
有小学的乡镇	98	98.7	99.5	97.3	95.2
有图书馆、文化站的乡镇	96.8	96.2	98	96.6	95.2
有剧场、影剧院的乡镇	11.9	18.5	14.4	7.9	5.9
有体育场馆的乡镇	16.6	20.5	19.4	13.5	12.1
有公园及休闲健身广场的乡镇	70.6	83.2	73.9	59.4	84
有幼儿园、托儿所的村	32.3	29.6	36.5	33	25.8
有体育健身场所的村	59.2	72.2	55.5	46	62.8
有农民业余文化组织的村	41.3	44.4	40.8	36.7	47.1

截至 2016 年底全国乡镇、村医疗和社会福利机构情况（单位：%）　　　表 1.1.3-5

指标	全国	东部地区	中部地区	西部地区	东北地区
有医疗卫生机构的乡镇	99.9	99.9	100	99.8	99.7
有执业（助理）医师的乡镇	98.4	99.6	99.8	96.7	99.3
有社会福利收养性单位的乡镇	66.8	71.7	87.7	53.3	57
有本级政府创办的敬老院的乡镇	56.4	61.9	78	43.3	40.8
有卫生室的村	81.9	71.9	89.3	86.9	86.2
有执业（助理）医师的村	54.9	49.4	66.7	49.9	60.6

2. 我国新农村建设主要问题

尽管新农村建设取得明显成效，农业农村面貌出现可喜变化，但是农业基础薄弱、农村发展滞后、城乡差距较大的局面仍未根本改变。农业还是"四化同步"（新型工业化、信息化、城镇化、农业现代化同步发展）的短腿，农村还是全面建成小康社会的短板。

（1）农业可持续发展任务艰巨

我国粮食等主要农产品连年增产，但各种资源要素已经绷得很紧，在高起点上继续保持农业发展的好势头面临诸多挑战。农产品消费需求刚性增长与资源约束趋紧并存。随着人口总量和城市人口增加，农产品消费需求刚性增长还将持续很长一段时间，农产品供求"紧平衡"将成为新常态。同时，地减水缺的局面仍将持续，农业生产年缺水 300 亿立方米。农业基础设施薄弱、历史欠账多，靠天吃饭的局面没有根本改变，中低产田还占耕地总面积的 2/3。农业环境问题突出，生态系统退化明显。全国耕地土壤污染物点位超标率达 19.4%，主要农作物化肥利用率、农药利用率、畜禽粪污有效处理率分别仅为 37.8%、38.8 % 和 60%，水土流失面积 295 万平方公里，90% 的天然草原出现不同程度退化。农业生产成本上升与比较效益下降矛盾更加凸显。土地、劳动力等生产要素价格持续攀升，特别是人工成本快速上涨，农业利润空间受到挤压，农产品内外差价倒挂已成为新常态。破解资源环境约束、基础设施薄弱、生产成本上升等难题，实现农业可持续发展的任务艰巨。

（2）农民生活条件和享受基本公共服务水平亟待提升

城乡发展一体化体制机制还不健全，城乡之间在居民收入、基础设施、基本公共服务等方面仍然存在较大差距。

从农民收入看，尽管城乡居民收入、东中西部地区农民收入相对比值逐步缩小，但绝对差距仍在扩大，2017年城乡居民收入绝对差距达到22964元，比2005年增加15726元；西部地区农民人均纯收入与东部地区绝对差距达到近2万元；农户之间收入差距也在扩大，平均数掩盖大多数的情况值得关注。扶贫开发进入攻坚阶段，按照每人每年2300元（2010年不变价）的农村贫困标准计算，2017年年末，农村贫困人口3046万人。

从农村基础设施看，目前我国农村交通主要为村通公路，建设标准低，通达能力有限，尤其是经济较为落后的西部地区和东北部地区；截至目前，全国有20%以上的农村地区尚未普及自来水或者集中供水，部分农村采用小型和分散方式供水，供水保证程度有待提高；尽管我国于2015年基本解决了无电人口用电问题，但西部偏远农村中低压电网还不稳定；全国农村危房改造任务艰巨，2017年、2018年国家安排的危房补助高达266亿元和186亿元；从农村基本公共服务看，农民养老金水平偏低，部分农村幸福院日间照料、文娱等养老服务功能欠缺。社会救助水平低，基本医疗保障水平还不高，部分群众患大病后负担仍然较重。部分村卫生室尚未达到标准化建设要求，设备配置和医护人员不足。农村人口受教育程度较低，职业教育、技能培训还不能满足现代农业生产的需要，劳动力老龄化越来越明显。大部分农村文化活动室面积较小，设施老旧。农村人均商业面积仅为城市的1/10，电子商务在农村虽然快速发展，但总量较低。总体看，农村基础设施和基本公共服务依然滞后，缩小城乡差距任重道远。

（3）农村人居环境仍待改善

目前大部分农村人居环境质量与农民群众的期望、建设美丽乡村的要求还有很大差距。全国行政村村庄规划编制率仅为61.5%，且指导性和约束力不强。受农村青壮年劳动力大量转移的影响，农民老龄化、农村"空心化"问题突出，村庄整治难度大。部分地区村庄建设脱离农村实际，简单照搬城镇模式，搞大拆大建、赶农民上楼、去农村化，破坏了农村自然景观、田园风光和文化特色。农村污水乱排、垃圾乱扔、秸秆乱堆的脏乱差问题依然较为严重，已经开展农村垃圾、生活污水处理的行政村比例仅分别占65%、20%。人畜混居、畜禽散养等现象依然存在，病死畜禽无害化处理还有待加强。改善农村人居环境、构建美丽宜居村庄仍需付出不懈努力。

（4）农村民主管理和精神文明建设有待加强

尽管农村社会风气逐步得到改善、农民素质逐步得到提高，但农村生产经营方式、利益格局、社会结构、组织形式、人口构成正在发生深刻变化，一些地方村委会换届选举中拉票贿选、村干部贪污腐败、侵害农民合法权益等问题时有发生，村集体资金、资产、资源管理不规范、不透明，封建迷信等活动不同程度地存在，实现乡风文明和管理民主任务依然比较艰巨。

此外，一些地方新农村建设中也存在组织协调机制不完善、缺乏专项投入、调动农民主动参与的积极性不够等问题。[1]

1.2 中国新农村建设关键问题及破解思路

1.2.1 农业产业化与新农村建设

1. 二者之间的关系

农业产业化，是指以市场为导向，以经济效益为中心，以主导产业、产品为重点，优化组合各种生产要素，实行区域化布局、专业化生产、规模化建设、系列化加工、社会化服务、企业化管理，形成种养加工、产供销、贸工农、农工商、农科教一体化经营体系，使农业走上自我发展、自我积累、自我约束、自我调节的良性发展轨道的现代化经营方式和产业组织形式。它实质上是指对传统农业进行技术改造，推动农业科技进步的过程。这种经营模式从整体上推进传统农业向现代农业的转变，是加速农业现代化的有效途径。

农业产业化是推进新农村建设的核心战略，是促进乡村发展、农民致富的重要而有效途径，在新农村建设中发挥着积极的作用，因此新农村建设必须以推进农业产业化为抓手。

2. 农业产业化发展现状

近年来，在国家大力推动下，我国农业产业化快速发展。数据显示，2000年我国农业产业化组织仅为6.6万个，带动农户5900万户；2006年农业产业化组织上升至15.5万个，带动农户总数9098万户；2013年全国各类农业产业化组织33万个，其中龙头企业12万多家，实现年销售收入7.9万亿元，辐射带动农户1.2亿户，农户参与产业化经营年户均增收3000多元，保障供给、带农就业增收效果持续显现，为稳增长、惠民生发挥了重要作用；2015年全国农业产业化组织总数达38.6万个，辐射带动农户1.26亿，农户从事产业化经营户均增收达3380元；2016年全国各类农业产业化组织超过41万个，通过订单带动、利润返还、股份合作、服务联结等方式辐射带动农户1.27

[1] 资料来源：国务院关于推进新农村建设工作情况的报告（第十二届全国人民代表大会常务委员会第十二次会议上）。

亿户，农户从事产业化经营年户均多增收 3493 元。

2000-2016 年中国农业产业化发展规模变化（万个，万户，元）   表 1.2.1-1

年份	农业产业化组织（万个）	带动农户总数（万户）	联系农户户均增收（元）
2000 年	6.6	5900	—
2004 年	11.4	8454	1202
2006 年	15.5	9098	1486
2008 年	20.2	9808	1800
2010 年	25.1	10913	2144
2013 年	33.0	12000	3000
2015 年	38.6	12600	3380
2016 年	41.7	12700	3493

为了加快农业产业化的发展，2012 年 3 月，国务院出台《关于支持农业产业化龙头企业发展的意见》，厘清了农业产业化发展的总体思路、基本原则和主要目标，明确了加快发展壮大农业产业化龙头企业的政策措施。农业产业化龙头文件明确提出，进一步推进对农业产业化龙头企业在基础设施建设、规模化、标准化等方面的政策扶持，为农业产业化龙头企业的融资信贷提供便利。文件规定农业产业化龙头企业不仅包括上市公司，而且包括拟上市公司，还进一步包括了一些地区龙头和细分行业的龙头企业。广大龙头企业以此为契机，进一步优化产品结构，强化质量管理，创建知名品牌，进入快速发展的新阶段，展现出快速发展的新特征。

据农业部统计，截至 2016 年底，农业产业化龙头企业达 13.03 万个，同期增长了 1.27%。农业产业化龙头企业年销售收入约为 9.73 万亿元，增长了 5.91%，比规模以上工业企业主营业务收入增速高 1%；大中型企业增速加快，销售收入 1 亿元以上的农业产业化龙头企业数量同比增长了 4.54%；农业产业化龙头企业固定资产约为 4.23 万亿元，增长了 3.94%。

此外，2016 年农业部公布了第七次监测合格农业产业化国家重点龙头企业名单，总共为 1131 个。其中，山东省共计有 85 个，位居首位，第二名是四川省（58 个），河南省和江苏省并列第三（55 个）。有 13 个省份的国家重点农业产业化龙头企业数量高于 40 个，还有 7 个省份的数量介于 30-40 个之间。从地区的分布来看，国家重点农业产业化龙头企业主要分布在东部沿海地区和传统农业大省。例如，经济发达省份的浙江和广东等省份，传统农业大省的四川和河南等省，这些地区的农业产业化龙头企业对产业发展带动作用明显，对周边地区经济辐射力强。农业产业化龙头企业是产业化经营的组织者，一端与广大农户链接，另一端与流通商或消费者链接，充当着农产品供需市场的桥梁，同时也是产业化经营的营运中心、技术创新主体和市场开拓者，在经营决策中处于主导地位，起着关键枢纽的作用。[1]

农民日报社三农发展研究中心调查的 833 家农业产业化龙头企业（不含流通性农业企业）数据显示，高于 45 亿元营业收入的龙头企业有 103 家，营业收入为 15 亿 -45 亿元之间的龙头企业为 150 家，而 2 亿 -15 亿元营业收入的龙头企业数量最多(444 家)，8000 万 -2 亿元营业收入的龙头企业数量为 101 家，低于 8000 万营业收入的仅有 35 家。从中可知，我国农业产业化龙头企业的营业收入主要集中在 2 亿 -15 亿元，占比 53.3%。

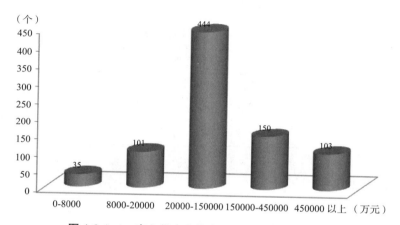

图 1.2.1-1　农业化产业化龙头企业营业收入分布

此外，农业产业化龙头企业在促进农业经济发展、保障农产品有效供给等方面作用突出，也为相关农业生产经营主体提供了多种类的社会化服务。数据显示，我国农业产业化龙头企业所提供农产品及加工制品占农产品市场供应量的 1/3，占主要城市"菜篮子"产品供给 2/3 以上，有效保障了市场供应。

当前，农业产业化龙头企业已经成为中国农业产业化经营的一种基本形式。在不改变家庭联产承包责任制的条件下，通过与农户的契约关系，将一家一户分散经营的农户组织起来，实现区域化布局、专业化生产和一体化经营，为深化农村经济体制改革，解决生产、加工、销售相脱节、农户小生产和大市场矛盾的状况提供了一条切实可行的途径。

农业产业化龙头企业在不同的经济区域，呈现不同的发展水平。为推进各地区的农业产业化龙头企业的发展，各地区根据本地区的资源禀赋条件，开展了不同内容的管理工作并制定了相应的发展规划等。例如，福建省制定了《福建省人民政府关于加

---

[1]　本节数据来源于 2018 年中国新型农业经营主体发展分析报告。

快农产品行业协会发展的意见》《福建省农业产业化经营规划》等文件，安徽省主办名牌农产品评选，湖北省组建了农业产业化信用担保公司为农业产业化龙头企业融资进行担保，江苏省开通网络和组织技术交流等工作，广东省组织有关专家支持农业产业化龙头企业，推进农地流转等。

对833家农业产业化龙头企业的分析结果显示，有286家龙头企业位于东部沿海地区，占比34.33%；有337家龙头企业位于中部地区，占比40.46%；有212家龙头企业位于西部地区，占比25.45%。

从数量上可以看出，中部传统农业省份等地区农业产业化龙头企业具有明显的量的优势，并明显高于东部和西部地区。

国家级农业产业化龙头企业区域分布情况（单位：个）　　　　表 1.2.1-2

区域	省市	数量
东部地区	北京、山东、江苏、广东、辽宁、上海、浙江、海南、天津等	286
中部地区	内蒙古、湖南、河南、吉林、湖北、山西、江西、安徽、黑龙江	337
西部地区	宁夏、陕西、甘肃、青海、四川、贵州、广西、重庆、云南、新疆、西藏	212

3. 农业产业化进程中的问题

（1）总体投入不足，资金配置不合理

近十年来，尽管中央将农业经济发展提到了前所未有的高度，出台了一系列推动农业产业化发展的政策，全国各地农业产业化得到了较好发展，但农业产业化这个复杂的系统工程在农业大国的中国需要资金投入的地方很多，如生态保护、土地改造、技术革新、品种选优、品质提升、品牌培育、结构优化、市场公关、创意设计、广告宣传、功能定位和机制完善等一系列环节，都需要资金来保障。地方政府虽然为了加快农业产业化进程制订了一些发展政策措施，但由于地方财政困难，企业又受到资金短缺的制约，难以发展。一是农业产业化项目建设资金配套跟不上。除了中央财政和省财政给予农业产业化项目资金支持外，县级财政配套几乎没有，资金支持"头重脚轻"，农业产业化发展自然"两腿"乏力。二是对产品认证、产品评优、技术创新、企业升级和人员培训，县级基本都没有安排专项资金，在这方面地方财政投入明显不足。三是创意设计不新颖，产业结构欠优化，市场对接不精准，功能定位不准确，现代管理不专业，资源配置不合理，同一品牌重复建设等问题，造成了一定的资金浪费。上述一系列问题，致使农业产业化发展出现"脸黄肌瘦"的疲惫状态。

（2）部门协调不给力，上下左右欠互动

农业产业化涉及基地生产、企业加工、市场营销、政策扶持等各个环节，牵扯诸多部门，在实际工作中缺乏统一安排、协调，特别是有的部门在支农资金落实上随意性大，资金不能用在刀刃上，如农业开发、农机补贴、扶贫资金、水利设施等项目资金都没有围绕农业产业化经营发展来使用，因此出现了都在抓而不知如何抓的局面，难以形成上下联动、横向互动、整体推进的合力。

（3）企业制度不健全，利益机制不规范

现在不少企业在发展过程中，更加看重的是发展速度和规模扩张，各种规章制度不够完善，没有建立现代企业制度，个别企业法人满足于现状，缺乏开拓创新精神，有的实行家族式管理，忽视人才的引进和职工的培训。农业产业化的核心问题是企业与农民之间的利益机制，目前一般采用的是合同契约方式，但受市场行情影响，更因部分农民、企业法律意识不强、诚信不够、合同不规范等，出现了合同履约率不高、农民利益得不到保障、纠纷时有发生的情况。

（4）市场研判不准确，盲目生产后患多

一是由于广大农民接受的教育程度不同，受几千年来小农意识思想的束缚，农民适应市场需求的能力弱，抵御风险的能力有限，按照自己的意愿盲目种植作物，因供过于求而导致产品贱卖的现象时有发生，这样就大大降低了农民的生产积极性。二是对市场需求"把脉不准"，更缺乏专业化、现代化的市场推广和营销策略，产品难以在国内、国际市场打开局面。三是粗放的生产、产品品质达不到因市所需、因人而制，创意设计不适，广告宣传不到位，品种品牌与市场需求不能"对号入座"，营养价值、健康安全特质不能体现，样式与便捷不适宜，这些都使农民及企业在生产经营中存在诸多隐患。

（5）自然灾害频发生，羁绊产业化发展

我国是自然灾害频发的国家，每年都会出现不同程度的暴雨洪涝、干旱少雨、病虫侵害，甚至不可抗拒的地震等自然灾害。一旦遇到自然灾害，农民普遍感到手足无措，因为农民个体抵御自然灾害的能力实在有限，如果没有其他增收路径，仅靠农业种植或养殖作为家庭经济的收入来源，当遇到不可抗拒的自然灾害时，全年将血本无归；当遇到地震等重大自然灾害时，企业也同样会损失惨重，发展的压力剧增，企业发展"步履艰难"。

（6）科技水平仍不高，发展引力还不大

一是我国农业科技水平与发达国家相比仍有很大差距。受自然地理环境等因素制约，很多偏远山区的农民至今基本还是依靠传统的种植技术，机械化作业难以展开。二是农产品生产加工技术落后，精品化程度低，进入市场后售价普遍较低，剔除成本后利润所剩无几。三是创新驱动能力较弱，大多以粗放型经营为主，农业科技成果转化率不高。作为农业产业化发展推进的主体，广大农民文化水平偏低，接受新事物能力差，劳动力整体素质不高。各方面的现实因素决定了我国农业产业化发展缺乏动力。

（7）农药化肥残留严重，产品安全受威胁

一是农药、化肥施用不合理，残留较严重，农产品质量安全问题较为突出，产量也有待提高。二是随着我国养殖业的迅速发展，养殖方式从家庭式、零散式逐步走向集约化、工厂化，一些地方兽药和抗生素残留问题给食品安全带来巨大的威胁。

（8）产业链扣得不紧，有待链接并延伸

一些地方在发展农业产业化时，往往挣脱不了传统的思想束缚，只重视种养示范基地建设、种养大户建设、龙头企业建设、规模化生产经营，忽视了家庭式、个体化、小作坊的生产经营，这样无形中挫伤了一部分弱势人群发展生产的积极性；忽视了与二、三产业的融合。即使口头经常强调与二、三产业的融合发展，却又因缺乏资金和技术支持，导致产业链变形甚至脱节。例如，马铃薯种植产业链上就基本只有种植、淀粉或粉丝的加工与销售环节，很难看到有因此而开发出的与其他产品融合制作的方便菜包、营养套餐等。瓜果类的西瓜，市场上只看到大小不一的西瓜，据此开发的日用与药用产品寥寥无几。农业产业链接环节过少，没有经过精深加工的农产品进入市场，价格低廉可想而知，竞争优势亦无从谈起。产业链过短，不仅不能实现产品增值，而且还会造成严重的浪费。农业本身随时会因生产环境影响而发生意想不到的变化，如果产品种类单一，产业链又过短，一旦遇到自然灾害发生，只会在瞬息万变的市场需求前望而却步。只有优化产业品种结构，合理利用和配置产业资源，延伸产业链，补齐发展短板，提升产品品质，方能在市场竞争中扬优成势，增强抗风险的能力。

（9）农业生态在退化，持续发展压力增加

一是我国工业化进程加快，大气污染对农业生产危害程度加重。二是城市扩张，土地资源无序开发时有发生，造成农业可利用的土地资源减少。三是大量农村劳动力转移或迁居城镇，使得许多本来尚好的农业生产土地撂荒，一些多年失修的河道、机耕道、农田灌渠不是堵塞就是崩堤。四是一些需要改造的地产良田和水面养殖滩涂，也因不能实施机械化，又缺劳动力人工修复而荒废。五是土地流转后，承包人大面积承包开发后，当经营出现亏损时，就一撂挑子不干了，这种"脱荒"现象给农民的责任地带来复耕的沉重负担。六是农药、化肥的施用残留严重，使土壤肥力下降。七是农产品加工过程中废弃多、消耗大、利用率低，农产品价值难以充分实现。因此，必须转变经济增长方式，走集约、高效、节约资源型的农业产业化可持续发展道路。[1]

4.农业产业化发展对策

（1）加大资金投入力度，建立资金配套机制

长期以来，中央和地方各级政府都十分重视农业产业化发展，制定了一系列扶持

[1] 钟小成.农业产业化发展中存在的问题和对策（J）.江西农业，2017（19）.

政策和措施，2013年中央一号文件明确指出：财政要增加扶持农业产业化发展资金，支持龙头企业建设原料基地、节能减排、培育品牌。一是省财政要继续加大对农业产业化项目专项资金支持力度，市县两级政府也应安排一定的专项资金，并列入财政预算，用于扶持龙头企业发展，金融部门要增强服务"三农"意识，加大信贷投放规模，实行灵活信贷，解决龙头企业贷款难题，工商、税务、土地、水电部门也要结合实际积极为农业产业化提供发展优惠政策。二是要整合社会资源，形成多元投入机制。在发展中，要坚持"企业投入为主，社会投入为辅，政府投入相结合"的思想，通过资源整合，围绕农产品加工和生产基地建设，对企业升级、技术创新、产品评先、品牌评优和人员培训给予必要的补助。要加强对龙头企业的动态管理，积极引导企业发展订单农业，支持龙头企业的发展。三是要对新型农业社会化服务组织实行奖补措施，让这些组织在推进现代农业发展中更好地提供精准服务。

（2）完善部门协作机制，形成产业发展合力

政府应转变职能、转换观念，为农业产业化发展创造良好的治安环境、政策环境；同时，产业化领导小组要经常听取龙头企业、合作社、家庭农场、农业社会化服务组织等农业经济主体的意见，及时了解生产过程中出现的新情况、新问题；政府各部门要加强协作，完善统一的政策、资金、技术等帮扶支持联动机制，形成促进农业产业化发展的合力。

（3）拓宽招商引资渠道，让农工商互助发展

改革开放30多年来，通过招商引资促进了我国的经济发展。然而，几十年来，引进的外资、技术基本是融入大、中城市经济发展中，农业招商主要是集中在农业示范园区，这样是壮大了"龙头经济"，但农业产业化是一链条，链接"龙头"的环节因缺乏资金、技术、人才等支持显得疲软，有如火车头拉着几节或几十节的空罐车飘然前行。更因农村劳动力经过30余年大量向城市、城镇转移，农村空巢现象严重。为此，各级政府及有关部门应加大对返乡农民工创业和农民就近创业的支持帮扶力度，加大对外商落户村镇办厂的政策扶持力度，鼓励在城市的国有企业、民营企业、社会中介服务组织及新型经营主体走进乡村，反哺农业，让农民既能就近找到适合自己的工作，增加收入，又能兼顾农业生产的发展。要大力发展订单农业、精品农业、一村一品、基础农业，让企业加工原材料有保障，使农民生产的农产品有销路。建立农工商产业协作机制，促进农工商共赢发展。

（4）立足地域资源优势，精准对接市场需求

一个地方农业事业的发展，一是要立足资源优势，准确研判市场需求，做好顶层设计与发展规划及操作规程。二是要根据瞬息万变的市场供求情况作出对应的产业结构调整，并在面临激烈竞争的市场中适时转变增长方式。三是加强品牌维护，完善相关制度，依法依规保护好地域农产品品牌优势。四是要加强广告宣传，让当地具有地

方特色的农产品在市场上展示风采。

（5）延伸产业发展链条，良性推进产业化

农业生产中的龙头企业作为引擎，牵引的应该是满载特色优势的实物列车挺进竞争日益激烈的市场。要在市场中赢得一席之地，一是应选择优质良种，提高科技种植与养殖水平，提升产品质量，做精做强产业。二是应根据市场和消费者需求与嗜好，对农业产品进行有针对性的创意、设计、包装，如加工制作便捷、旅游、营养、品位、美感等特色产品。三是积极支持农村社会化服务组织建设，加大对农机、农技、植保、施肥和营销等农业社会化服务组织的资金补贴力度。四是加大对示范基地、种粮大户、养殖大户的资金奖补力度。五是加大农业产业扶贫力度。六是积极鼓励支持发展乡村旅游、休闲农业、创意农业、农村电子商务和家庭农场等新型农业经济主体，让这些农业新型主体有效补充实体经济，让农村、农业呈现丰富多彩又壮实稳健的良性发展局面。

（6）加大农业执法力度，保障农业生产安全

一是要完善农业执法相关法律、法规、条例、制度，对农药使用、化肥施用、环境保护、农产品质量监测、农产品商标维权、农产品认证、农产品的产地认证和检验检疫等，制订严谨的规程，出台可行的操作办法。二是要建立一套较完整的农产品品质监测流程，使农产品生产初始至终端的追溯有据可依。三是加大对我国农产品知识产权保护力度，尽量减少贸易争端带来的风险损失。四是加大打假力度，对假冒、伪劣农产品依法严厉打击，要严厉执法，做到执法必严、违法必究，确保农产品质量安全。

（7）完善利益联结机制，保护各方利益共赢

一是要坚持走区域化、专业化、规模化和集约化生产发展路子，使产业链中的各个环节产生功能效力，实现自身价值。二是要处理好各方利益关系，特别是企业、农民合作社、农业社会化服务组织与农户间的利益联结关系，以合同、协议等法律文书形式强化企业、农民合作社、农业社会化服务组织和农民的约束，使双方都在保障自己利益的同时，全身心投入生产实践中。三是要提高生产加工技术水平，优化农业产业化结构，扣紧生产加工环节，充分挖掘、开发利用产品的价值，精准对接市场需求，促进精深加工，同时带动运输、销售等环节的发展，让双方都能获得较高的利润回报。

（8）加强科技兴农建设，创造智慧农业效益

一是建立农业专业人才进出机制，建立农业专业人才业绩档案，并以此作为提拔、晋级、加薪的重要依据。二是加大对科技创新的奖励力度，按照贡献大小给予相应奖励，充分调动广大农业科研技术人才的工作积极性。三是鼓励农业学术交流和技术交流，鼓励产品研发、技术创新。四是加强大学院校、科研机构与企业、合作社、家庭农场的协作，建立产学研实验基地，让更多的科研成果转化为实际效益。大力支持全民创业，万众创新，让科学技术推动农村经济更繁荣，使广大农民得到更多实惠，让广袤田野

更加精彩纷呈。

（9）合理利用自然资源，实现农业可持续发展

一是加强江河、湖泊、水库监测管理，保持良好的农业生产水质。二是加强农田水利建设和农业基础设施建设，建设畅通的农业排涝管网系统，减少自然灾害对农作物的损害。三是加大对农业生产用地的低产改造力度，让瘦田变沃土。四是加强对自然灾害的预警，增加对农业生产受灾的补贴，建立抗灾救灾互助机制，提高农民抗风险能力。五是合理利用和保护自然资源，通过合理的投入和系统功能的协调，保证农业可持续发展的持续性和资源的持续利用，促进农村生态、农业经济、社会效益的协调、可持续发展。

1.2.2 新农村建设土地问题分析

1. 新农村建设与用地之间的矛盾

新农村建设，土地资源发挥了不可替代的支撑作用，特别是在保障农村居住、交通、公共服务等方面。各级国土资源部门为支撑农业农村发展，出台了不少措施办法，涵盖设施农业、农村道路、宅基地、乡村旅游等多方面。

但随着新农村建设各项工程的逐步实施，农村用地供需矛盾突出，一些农业农村发展必需用地难以得到有效保障，造成农村违法用地多发；一些用地行为游走于政策灰色地带，实际已触碰了法律红线。

2017年，结合永久基本农田划定和土地利用总体规划调整完善，地方为不少农村违法用地调整了规划，完善了用地手续，但这种做法治标不治本。在建设用地总规模控制下，地方往往优先满足城市和集镇建设用地需要，调整后的规划并未给农村发展用地预留足够的空间，而新划定的永久基本农田则被占用，用来建设农村道路和公共设施，甚至作为宅基地等。

2018年2月初，中共中央办公厅、国务院办公厅印发了《农村人居环境整治三年行动方案》，提出未来将加快实施乡村振兴战略，改善农村人居环境，建设美丽宜居乡村，而随着这些乡村工程的实施，未来农村用地供需矛盾将会愈发突出，农村土地利用和管理将面临更为复杂和严峻的形势。

2. 农村土地产权制度改革情况

2013年11月，党的十八届三中全会决定提出要"坚持农村土地集体所有权，建立城乡统一建设用地市场，赋予农民更多财产权利，加快构建新型农业经营体系，推进城乡要素平等交换和公共资源均衡配置"，为"新土改"定了调，明确了方向。

2014年1月，中央一号文件《关于全面深化农村改革加快推进农业现代化的若干意见》单立"深化农村土地制度改革"一节，提出"完善农村土地承包政策，引导和规范农村集体经营性建设用地入市，完善农村宅基地管理制度，加快推进征地制度改

革"，为"三块地"试点改革的正式开启铺路奠基。

2014年12月2日，中央全面深化改革领导小组第七次会议审议了《关于农村土地征收、集体经营性建设用地入市、宅基地制度改革试点工作的意见》。自此，农村土地制度改革"三箭齐发"，在全国33个试点地区分类进行，正式拉开了"新土改"的大幕。

农村土地制度改革试点工作启动以来，已经形成一些可复制、可推广、利修法的制度性成果。其中，集体经营性建设用地入市方面，试点地区已经形成了比较完整的工作制度和政策体系。截至2018年3月，集体经营性建设用地入市地块812宗，面积1.6万亩，总价款约183亿元。改革过程中，各试点地区摸清了集体经营性建设用地的底数，33个试点地区共查明农村集体经营性建设用地约11.9万宗141.5万亩。同时，推进集体经营性建设用地确权登记，为入市改革廓清了权属基础。

尤其是集体经营性建设用地入市已经开始和资本市场结合。33个试点地区通过探索多种入市途径及配套措施，开展就地入市、调整入市等方式，建立、健全市场交易规则和服务监管制度。截至2018年3月，试点地区共办理78宗集体经营性建设用地抵押贷款，贷款金额约23.56亿元。

在宅基地制度改革方面，各地在宅基地确权登记颁证以及盘活闲置宅基地等方面进展明显。其中，大部分试点地区均已开展房地一体的不动产统一登记。截至2018年3月底，试点地区共办理农房抵押4.7万宗，抵押金额91亿元。另外，试点地区还通过探索不同地区、不同阶段农民户有所居的多种实现形式，以及有偿使用制度，通过土地整治等方式统筹利用闲置宅基地。截至2018年3月底，各地共腾退出零星、闲置的宅基地9.6万户7.1万亩。

在征地制度改革试点方面。各地普遍将一些不属于公共利益范围的建设用地，不再实行土地征收，缩小征地范围；在规范征地程序方面普遍建立社会稳定风险评估机制等，签订征收补偿安置协议，建立、健全土地征收矛盾纠纷调处机制；在多元保障方面，通过入股安置等方式将被征地农民纳入城镇社会保障体系等方式，保障被征地农民长远生计。

下一步各试点地区除了要严守试点工作的政策底线，还要敢于触碰一些难点问题。这些难点问题包括：征地制度改革中的公共利益确定，既公开、公平、公正又科学简便的程序设计，合理期限的多元保障机制，国家、集体和个人增值收益分配机制等问题；集体经营性建设用地入市中的实施主体、入市交易规则、入市的集体决策程序、入市与规划关系等问题；宅基地制度改革中的所有权、资格权、使用权"三权分置"的载体、形式、外延界定，历史遗留问题处置，节约集约利用等方面。

3.新农村建设用地的合理利用

（1）农村建设用地存在的问题

1）规划指标分配不合理

在建设用地指标分配上，村镇一级往往成为被遗忘的角落，缺乏城乡统筹安排，导致农村建设非法占用严重。长期以来，只重视城市的用地安排，只考虑到城市建设占用耕地的问题，而忽略了农村和集镇的建设用地需求，使得乡村道路、车站和村镇公共服务设施的建设因没有建设用地指标而受到限制，造成农村道路建设缓慢，公共服务设施落后。

2）农村居民点建设缺乏规划，乱建、乱占现象严重

目前，农村居民点内部分散、缺乏统一规划，特别是近几年，由于农村经济迅速发展，农民生活有了较大改善，农民建房也开始追求舒适的环境与宽敞的布局，以新建住房为生活富裕标志的广大农村掀起争相建房的热潮，建房随意布点，片面追求宽敞，造成建设用地的浪费；另外，由于经济利益的驱使，为了追求便利的区位条件，农民沿公路摆摊、建房现象突出，致使出现了一大批"空心村""路边店"，造成村庄内部土地的浪费和建设用地结构的不合理，制约了农业用地和非农业建设用地规模优势的形成和发挥，不利于农村基础设施和公共设施的配套建设及农村居住环境水平的整体提高，影响了农村城镇化和现代化的进程。

3）村庄分布零散，新农村创建中存在土地浪费现象

由于居民点分布比较分散，各地在新农村建设中存在各自为政、独自创建的情况，在创建过程中，一个只有几十人的小村庄也需要单独引路、水、电进村，浪费了很多资金，浪费了大量建设用地，不利于资源的集约利用。

4）对农村建设投入不够，居民点内部闲置土地比重高，土地利用率低

当前农村居民点空闲和闲置用地面积多达 3000 万亩。2000-2011 年，在全国农村人口减少 1.33 亿人的情况下，农村居民点用地反而增加了 3045 万亩。而且，每年因农村人口转变为城镇居民而新增农村闲置住房 5.94 亿平方米，造成农村居民点内部土地的大量闲置，农村居民点用地效率偏低。

另外，在农村居民点内部土地尚未得到充分利用的情况下，部分地区仍在外围划出一定数量的农田作为村庄建设预留用地，致使农村居民点不断蔓延，占用耕地，蚕食良田。[1]

（2）新农村建设用地合理利用的发展对策

1）规划先行，科学引导

新农村建设作为一项重大的、长期的、历史性的任务，必须在做好规划的基础上，积极稳妥地推进，而不是搞短期的群众运动。土地的承包要区分农用地和建设用地，村庄规划的制定要科学，要分村内村外，分别明确产权，切实发挥规划对土地利用的引导、促进和制约作用。

---

[1] 王振伟，汪晓春.合理利用农村建设用地的几点思考（J）.农村经济与科技，2007（12）.

在土地利用总体规划中，要转变重城轻乡的规划思路，重视农村建设用地的规划，特别是农村住宅用地和基础设施用地的规划布局。要重点研究农村建设用地的合理安排和布局，确保村镇建设规划有法可依、有法必依，推动农村建设用地的节约、集约利用，促进城乡建设用地的合理配置。

2）组建中心村，提高基础服务设施综合利用水平，降低生产成本和污染水平

本着边远地区村庄向着中心村聚集，区位条件恶劣的村庄向区位条件好的地区迁移，农村向集镇归并，集镇向小城镇发展的指导思想，按照"以方便生产、总量控制、合理布局、集约用地、保护耕地"的原则，统筹城乡建设用地，合理确定中心村数量、布局、范围和用地规模。提高基础服务设施综合利用水平，降低生产成本和污染水平。

农村居民点要优先保证中心村建设用地，从严控制零星居民点和自然村发展，推动农村居民点向中心村集中，同时要及时做好旧宅的整理工作。贯彻"一户一宅"的法律规定，禁止出现新的超标准占地建房，并采取措施逐步解决已有的超标准用地问题，促进农村宅基地节约、集约利用。

3）新农村建设中成片、联合创建

在新农村创建中，打破以往的各自为政、独自创建的情况，实行多个村庄成片、联合创建，有利于资金筹措，提高基础服务设施综合利用水平，降低生产成本，节约、集约用地。

4）加大农村建设用地整理的投资力度，推进农村建设用地的循环利用

长期以来，对乡村规划、建设用地管理、整治的忽视，造成农村建设用地利用粗放现象严重，随着建设用地供需矛盾的进一步加大，城镇建设用地逐渐紧张，推进农村建设用地的整治势在必行。应多方筹集资金，建立农村建设用地整理专项资金，专款专用，制定年度计划等措施，通过加大农村居民点整理力度，促进建设用地内部结构调整和布局优化，提高建设用地整体集约利用水平。

5）完善城镇建设用地增加与村庄建设用地减少相挂钩的政策措施

在国家严格控制建设用地总量的情况下，农村大量的低效建设用地其实是一种"宝贵的资源"，如何协调农村建设与城市总体规划之间的关系，补充和完善土地利用方面的特殊要求，探索城市建设用地与农村建设用地相挂钩制度，是当前亟待解决的一项重要任务。挂钩应结合农村集体建设用地流转制进行，按照"依法、自愿、有偿、规范"的原则，创新激励机制，开展土地评估、界定土地权属，按土地的用途、价值和产权，合理进行土地调整、互换和补偿。挂钩制度有利于筹集农村建设整理资金，完善农村基础服务设施的建设，有利于提高建设用地整体集约利用水平。

6）建立农村土地流转和利益分配机制

建立促进农村宅基地与其他建设用地流转机制。土地不仅是重要的生产要素，还

是农村居民的生活保障，对于迁出农民来说，放弃土地就意味着放弃财富。在农村，农民的土地产权主体不明，流转受到严格限制，转移农户土地收益权不能体现对人口城镇化产生的粘连效应，也造成了大量的"两栖"农民，形成了城镇化的反拉力。因此，建立农村土地产权的分割流转机制，势在必行。

建立健全产权清晰、主体明确、流转便利、开发经营自主的新型农村土地产权制度，突破农村建设中的产权瓶颈。"土地制度改革"核心，就是要授予农民对现有土地的使用权，可以出让、可以抵押，可以参股，其实质就是授予农民土地的法定物权，亦即授予农民土地的产权，使农村土地进入市场，允许农村土地合法流转，通过市场盘活农村土地资产价值。

建立农村居民点整理的激励机制，并对农村居民点整理的利益进行合理分配。加强农村居民点整理后的指标折抵以及指标空间置换等问题的研究，并探索农村居民点整理及折抵指标的有偿流动机制，其收益在国家、集体和个人之间进行合理分配，提高农村居民点整理的积极性，统筹城乡发展。

7）健全法制和实施管理措施，解决以往"有政策没工具"的现象

推进农村建设用地合理流转，建立农村土地新型产权制度，近些年一直是党中央、国务院关注的焦点，但是到目前还没有具体实施细则，在流转程序、流转手段、流转档案管理等方面缺乏统一规定，造成"有政策没工具"的现象。为解决这一问题，要抓紧健全法制和实施管理措施，使农村建设用地合理流转和促进农村建设用地节约、集约利用等相关政策措施有效落实，各项操作有法可依，按章行事。

4. 新农村建设用地的优化整合

土地在经济社会发展中的基础作用、动力作用与制约作用，在中国高速发展的新时期尤为突出。在保护耕地总量红线18亿亩的前提下，既要满足现代化建设用地需要，又要努力实现动态平衡，实施农村土地整理、挖掘各种土地资源、提高土地质量，是当前最有效、高效与可行的举措。根据针对全国110个县市国土资源部门的网络问卷，100%的县市已经开展或正在开展土地整理活动，除了南部、东部等发达地区外，85%以上的县市通过土地整理活动实现了耕地的动态平衡，且25%的县市还具有一定的土地整理并实现总量增长的空间。结合各地土地整理的实践，以此为契机积极开展各种相关的土地改革，以整合资源与激活农村生产力潜力。

（1）新农村建设用地的优化整合意义

新农村建设中无论哪个方面都必须立足农村土地才能得以发展实现。由此，农村土地整理孕育、催生、激活与优化了各种资源，使新农村建设不仅具有坚实的物质基础，更具有较为科学高效的资源潜力。

1）保持耕地动态平衡

耕地安全是国家安全的基本保障之一，它不仅关系到国家的粮食安全，也为国家

其他产业发展做好了基础性准备。农村土地资源整理在提升基础耕地质与量的同时，也开发整理了那些原本荒废的土地，积极地修复或治理那些被污染或被矿区废弃的土地，即实现适宜耕种土地的动态增加与总量平衡。从当前国内农村土地治理的实践来看，实现了两个层面的动态平衡：第一，全国耕地总量平衡。国家是把全国耕地 18 亿亩作为警戒线，通过全国各地区的积极整理，尽管会有各种建设需要如高铁、高速公路建设等占用一部分耕地，但却会在农村土地的整理中实现补缺补差，达到总量的安全与年度平衡。第二，地区耕地总量平衡。各地区发展的不平衡，也造成了用地需求的不均，相对发达地区显然由于现代化发展水平高而对土地需求量较大，为了维持当地农村耕地总量比例的安全，土地整理是新农村建设的唯一出路。例如，大连市 2013 年通过土地开发新增耕地 800 公顷，通过土地整理新增耕地 200 公顷，完成高标准基本农田建设 28 万亩；梧州市启动低丘缓坡荒滩土地综合开发利用试点工作，全市 2012 年低丘缓坡完成土地平整 6485.4 亩。通过土地整理进而把各种土地都按照其性质及其地理基础作出整体性的规划开发，例如针对那些历史遗留的企业厂房等，在恢复农业生产代价太大的情况下，可以针对性开展新农村农庄住宅的规模建设等，从而追求土地资源的优化利用。

2）优化农村土地运用结构

生产的充分、科学发展不仅能提高新农村建设对国家的政策与各种资源投入的利用率，也会在工业与城市的反哺中，实现城乡结合、工业与农业结合的创新。

首先，优化种植结构。通过土地整理工作，尤其是把那些地块细碎化的家庭承包责任田，改造为大面积高质量的农田。在对农业科技充分运用的基础上，可以更加精确地掌握土壤的成分，进而科学地判断其种植什么样的作物更高效，在遵照地域分异规律的前提下，开展适宜性种植，例如南方的香蕉、橘子、橙子等，山东的苹果等。78% 的被调研县市以此作为土地整理的直接目标之一。

其次，优化养殖业与渔业机构。通过土地整理，在综合掌握土地用途与土质的情况下，可以全新规划土地用途，把那些原来作为厂房等的地块设计为专业养殖区域，把那些地势低洼的耕地通过置换的方式开发成专门的鱼塘，从而实现各种资源节约情况下的集约经营。

最后，优化森林覆盖结构。加强生态文明建设在国内成了当前较为急迫的共识，农村具有开展生态建设的土地基础，可以积极探索水果经济林、观赏苗木林的规模种植，把经济发展、景观与生态发展三结合。

因而，在抓好基本农作物种植的情况下，广大农民都会积极地利用自己所承包的土地，去实施植树造林活动，一方面可以增加家庭的经济收入，另一方面也可以改善自己承包田地的生态环境等。通过种植那些适宜树种等开展生态景观建设，实现生态与景观的双赢，尤其是北方的县市中有 27% 的被整理新增土地用作植树造林。

3）提升土地质量

农村土地整理的实质也是对农村土地质量的排查，会相应地探索针对性的土地保养、改善、修复与提升办法，以追求土地质量的整体提升。

首先，保养与提升优质耕地。针对那些适宜耕种的优质耕地，务必保持两个不下滑：其一，土地质量不下滑，避免各种污染、废弃、沙化等现象出现，尤其是在耕作的时候尽可能使用绿色肥料，禁止使用高毒农药等。其二，保证此类耕地的数量不下滑。例如广西壮族自治区开展整县推进土地整治工程，整体提高项目区耕地质量 1—2 等，达成这种目标的被调研县市占比为 95%。

其次，改善劣质耕地。废弃或闲置的耕地，由于长时间不耕作，其肥力也在自然下降，又因其并没有受到污染等，具有可以种植农作物的基础，因而，可以根据其营养成分缺失的实际，采用测土施肥措施实施针对性的改善提高。全国的绝大部分地区在相关土地整理后，都继续跟进针对性措施改善土壤成分，使其成为适宜生产的良田。

最后，修复污染土壤。农村土壤污染成因有三种：一是矿区土壤污染，一般表现为各种金属污染；二是工业废水污染，这样的土地往往在河流沿岸，或者在相关企业的附近；三是生活污染，即土壤受到了生活污水污染，其中也包括当地一些养殖户所排出的废水等。针对上述不同的情况，一般采取不同的措施，化学改良和植物固定与吸收是常见的两种办法，在经过一定的时间后根据科学检测情况，具体确定种植的农作物，实现土地质量的真正提高。由于此种治理涉及范围大、投入多、治理难度高且时间长，因而属于特殊的专项治理，占被调研县市的 11%，且多数为产矿区或发达地区。

（2）新农村建设用地的优化整合路径

1）农村土地分类整理

从当前农村土地整理的实际来看，可以分为三类：

第一类，优质耕地的整理。即把细碎化的地块整理为能开展集约化、规模化等经营模式的大面积地块，包括在耕耕地整理、闲置耕地整理、排洪灌溉河流沟渠整理。例如广西壮族自治区通过开展整县推进土地整治工程，引导农民自发开展田地"小块并大块"整治工作等，加快转变农业生产经营方式，提高土地产出效益。此类情况的县市占 32%。

第二类，村庄及周边闲置废弃耕地治理，主要是通过各种方式如土地置换等，把围绕着村庄的一切闲置的土地都盘活起来，充分开发其作用，根据其土壤情况即以往建设的历史情况，有针对性地治理与开发运用，包括空心村整理、废弃集体厂房占地等整理。开展此类治理的县市占 65%。

第三类，特殊地块的整理，主要为低丘缓坡开发、林地整理、渔业地整理与道路整合。例如林地整理主要是把在田间地头或村庄周边的零散林地，实施集中种植或有规划性的种植，既追求美观也达到森林覆盖的生态效果；渔业用地整理意在避免针对优质耕地的人工挖掘对耕地整体性的破坏，通过土地整理引导渔业专业户积极利用河流、池塘发展，或者开挖那些地势非常低洼的土地，实现当地生态的多样性。全国开展低丘缓坡治理的县市达 73%。

2）农村土地功能规划

土地整理的根本目的是通过功能的科学规划来挖掘土地更大的潜力，例如土地高产、特色作物适宜种植与现代化经营模式的运用等。科学规划是能否真正把土地的潜力转为现实生产力或其他能力的关键。

其一，因地势制宜规划。即根据地势的情况去科学规划各种功能区，如种植区、养殖区或渔业区等，同时也把地势与农作物的成长原理结合起来，实现其高效成长。例如福建省为提高土地节约、集约利用水平出台了八条措施，按照布局集中、产业集聚、用地集约的原则，开展土地利用总体规划和城乡建设规划。这种土地整理后对新增土地科学规划使用的县市占 83%。

其二，因地质制宜规划。即在整理过程中全面掌握整理土地土壤的成分，种植适宜作物，开展规模化产业化特色种植，让其生产出具有高度市场适应性、需求性的品牌产品。全国绝大部分县市都在积极实施科学适宜种植，以实现当地农业经济的可持续发展。

其三，因发展潜力而进行规划。即把包括农田在内的农村看作一个整体，从大局上宏观规划其用途，例如采取种植区、养殖区、渔业区、村庄区等规划形式，把整个农村在鲜明的规划与功能发挥中建设起来，并使各个功能区都在最佳模式上得到最具有潜力的发展。当前各县市都在结合土地整理制定潜力规划，以实现当地经济社会的突破发展。此类县市占 95%。

3）农村土地产权改革

针对农村土地的整理工作，各种产权的确权登记与颁证工作要及时跟进，并用法律来维护各相关主体的合法权益，同时创造良好的产权流转秩序。根据当前农村土地产权实际，相关产权的改革可以采取下列形式：

其一，家庭包干产权向集体产权过渡。在发达地区或者农民思想认识水平较高的地区，为实现农业的现代化需要把原本基于个体家庭承包权上的细碎化地块集中起来，可以采取相对灵活的形式，用集体产权去覆盖家庭产权，用作为生产要素投入的股份制整合集体大产权，为农业的集约化、规模化经营奠定基础。在全国 81% 以上的县市都有着相关的试点，零星化或大规模化的形式并存。

其二，原始承包产权向二次承包流转过渡。在某些不成熟的地区，依然要以维护家庭承包责任制为主，稳定农民的积极性、主人翁意识等，但针对他们的经营能力，可以鼓励那些致富能手或专业带头人采取相对灵活的家庭对家庭、个人对个人的方式，从农民手里二次承包，既维护了原有的权益制度，也实现相对的规模化发展。当前合作社、家庭农场等，都有着二次承包的创新尝试。

其三，土地附属产权确权。这种产权主要是林权、房屋产权（厂房、设施等）等，需要相关部门按照法律的精神智慧处理，既要维护原有的产权秩序，也要保护新兴的产权。

4）实施农村生态环境要素补偿机制

加强对农村生态补偿机制的建设，是当前农村土地整理中生态环境资源优化整合的应急、有效与公平的手段之一。要运用制度与经济的手段来激活农村土地生态保护与治理的积极性。根据谁经营、谁保护、谁受益的原则，当地政府可创新地预算专项保护补偿资金、加大生态破坏针对性处罚与治理资金的收缴等，实现专项保护专用，为实施农村生态环境要素补偿机制做保障。

首先，土地保护补偿。一是耕地保护补偿。针对那些靠近城市或交通要道以及一些比较偏远地区的耕地，实施保护补偿制度。二是山林或林地保护。主要是保护树木不受非法砍伐，以及减少或避免各种可能导致树木枯死的污染行为的发生。同时也积极地借鉴志愿者工作模式，并实施认种制度即谁种植、谁受益的形式，鼓励组织或个人每年义务种树、保护村，实现种植、保护与相关产权的并举。三是水源地与渔业用地保护补偿。即对当地作为饮用水水源的水库、河流、湿地等采取保护措施，禁止那些违规投放有毒有害物品、倾倒垃圾或废水的行为。同时为了开发水利生态资源，可以与渔业发展相结合，采取谁保护谁承包、谁受益的方式，调动水源保护的积极性，实现资源效益的开发。

其次，耕地修复治理补偿。根据农村土地生态被破坏的后果，客观存在两种情况：一是被破坏非污染区治理补偿。即针对因倾倒无害垃圾（建筑垃圾等）或者对农田破坏性的取土造成的耕地失肥、河流湖泊面积缩小、森林面积缩小以及其他的例如在耕地内建设厂房并废弃的现象等，开展耕地土壤肥力与农作物生产能力恢复。二是被污染耕地治理补偿。农村土地的污染一般有三种情况，即直排污水的河流沿岸村庄与农田污染，矿区的重金属污染，有毒有害工业废料恶意倾倒或排放污染。这些污染在各种自然或物理化学条件下，随着各种污染元素的迁移，不仅污染了地下水源也造成农田无法生产安全的农作物，甚至无法生长任何生物。这类补偿资金除了政府专项预算外，也要通过对责任主体的经济处罚来加大治理投入，调动治理主体的积极性。然而，农村土地生态保护与保护补偿并没有同步展开，其中既有理念认识的制约，也有政府工作重点的偏离。[1]

---

[1] 卢新海，龚茂盛.农村土地整理在新农村建设中的资源优化整合研究（J）.青海社会科学，2014（1）.

1.2.3 新农村建设投融资难题分析

1. 新农村建设的资金瓶颈

新农村建设是一项长期而又艰巨的系统性工程，包括了"六通"（通路、通上水、通下水、通电、通信、通燃气）、"五改"（改厕、改水、改圈、改厨、改路）、"两建"（建园、建池）等基础设施工程，以及产业发展，教育、医疗、卫生、文化、社会保障等公共服务项目。这也使得新农村建设需要的资金量极其庞大，资金成了新农村建设的关键。然而长期以来，农村经济发展落后、农民偿债能力不足和参与度不高，导致新农村建设的资金来源主要依靠政府资金投入。但随着新农村建设进入新的阶段，资金不足已经成为主要问题，不仅使得新农村建设无法全面开展，即使完成了一部分的基础设施建设，也由于资金的缺口使得后续的建设无法展开，就连已建设完成的基础设施的维护工作也无法保证，这样既不利于新农村的实际建设，同时也不利于新农村项目的推广。

因此，如何建立起有效的融资渠道，拓宽资金来源，解决新农村建设中的资金缺口问题，成了当前新农村建设的当务之急。

2. 新农村建设投融资现状

（1）投资缺失

1）财政支持欠力度，支农效果不明显

从表面上看，国家财政对于农业投入的资金量稳步上长升，甚至保持年增长幅度在 10% 以上，2008 中央财政用于"三农"的支出安排合计为 5625 亿元，年增幅为30%，年增量为 1307 亿元；2013 年中央财政用于"三农"的支出安排合计为 13799 亿元，年增幅为 11.4%，年增量为 1573 亿元；2015-2017 年中央财政用于"三农"的支出安排每年超过 3 万亿元。尽管中央财政对"三农"投资支出规模巨大，但 70% 以上的"三农"资金往往用于行政、教育、医疗等农村社会事业支出，而农业发展投入资金则相对不足，从而导致每年支农效果不明显,对农村基础设施的改造只能是小修小补，不能从根本上改善发展性资源脆弱的状况。

2）集体经济组织投资重点发生了转移

家庭联产承包责任制确立，农民的生产积极性和投资热情得到了大大提高，但当前农户资金需求分散、小额、周期不固定、缺少抵押保证，集体经济组织的投资重点也开始转向非农领域的长期投资，农业投资在农村集体总投资中的份额不断下降。

3）工商业企业缺乏对农业投资的积极性

由于农业生产自然风险较大，加之家庭生产规模较小，劳动生产率的提高受到很大制约,农业资金收益率也远低于非农业部门，工商业企业严重缺乏对其投资的积极性。

4）外商投资很少

首先，农村的生产方式基本上是分散经营，规模小，生产专业化程度低，必然难以利用外资。其次，由于缺少政策优惠措施，审批时间较长、手续繁琐，直接影响了外资进入农村的积极性。再次，农业领域的外商投资立法相对滞后，也客观上构成了外商投资的重大阻碍。

（2）融资不足

目前，农村金融体系主要包括农村合作金融、商业金融、政策性金融等三大机构，三者各自为政，缺乏必要的协调和协商，使农村金融市场管理混乱、效率低下。其中商业金融机构对农村金融市场兴趣不大，已经慢慢撤出农村金融市场；政策性金融机构本身资金来源不稳，业务范围限制严格，功能不健全，经营不灵活，支农的效果不明显；农村合作金融机构，由于自身历史条件的限制，无论治理结构、管理机制还是资本能力都存在很大的欠缺，自身实力相当有限。

另外，金融资金本身具有"趋利"的特性，这种"趋利"的特性对于农村金融资本产生了很大的不良的影响。农业作为第一产业，比较古老和原始，生产技术及生产手段都比较落后，而且受许多自然因素的制约和限制，相对于第二、第三产业，农业确实属于高投入、低产出、投资长、回收慢的高风险产业。许多商业金融机构，甚至是部分农村合作金融机构往往都从自身经济效益出发，对新农村建设的服务功能不够重视，支农贷款率逐年下降，在效益的驱使下，许多银行在农村金融市场只收不放，或是多收少放，将在农村金融市场吸收到的资金用于获利较高、风险更少的工业和城市，使大量的农村资金外流，使原本就非常紧张的农村金融资金雪上加霜，缺口越来越大，新农村建设金融资金支持力度严重不足，不能有效解决农民贷款的难题。

（3）投融资监管不力

1）中央与地方政府间农业投入职责不清，事权不明

虽然在现行的农业投资制度中，中央政府和地方政府共同承担对农业的投入，但哪些投入应当由中央承担，哪些投入应当由地方政府承担，并没有明确规定。因此，不少地方政府推卸在发展农业方面的责任，减少了对农业的投入。

2）支农资金管理混乱

支农资金管理混乱。条块分割、政出多门，无法集中管理、统一使用，缺少农业投资规模效益，使用效率较低。另外，由于财政体系不够完善，加之没有良好的监督机制，各级财政对于农业的投入相当一部分不能及时到位或根本不能到位。据国家审计署2008年对全国10个省级、113市级和980个县级财政的重点抽查显示，部分地方和主管部门违规使用政府农业投资26.93亿元，其中5837.4万元用于建房买车。

3）农业项目投资中财务软约束现象较多

由于缺乏统一的引导与监督管理，农业项目投入普遍缺乏科学的预算和决策分析，

客观造就了大量低效农业项目的投入，甚至还形成了部分投入资金的完全损失。[1]

3. 新农村建设投融资破解路径

2017 年 2 月，国务院发布《关于创新农村基础设施投融资体制机制的指导意见》，提出构建多元化投融资新格局，健全投入长效机制。《指导意见》的发布，为我国新农村建设的投融资提供了努力的方向，具体内容如下：

（1）健全分级分类投入体制

明确各级政府事权和投入责任，构建事权清晰、权责一致、中央支持、省级统筹、县级负责的农村基础设施投入体系。对农村道路等没有收益的基础设施，建设投入以政府为主，鼓励社会资本和农民参与。对农村供水、污水垃圾处理等有一定收益的基础设施，建设投入以政府和社会资本为主，积极引导农民投入。对农村供电、电信等以经营性为主的基础设施，建设投入以企业为主，政府对贫困地区和重点区域给予补助。

（2）完善财政投入稳定增长机制

优先保障财政对农业农村的投入，相应支出列入各级财政预算，坚持把农业农村作为国家固定资产投资的重点领域，确保力度不减弱、总量有增加。统筹政府土地出让收益等各类资金，支持农村基础设施建设。支持地方政府以规划为依据，整合不同渠道下达但建设内容相近的资金，形成合力。

（3）创新政府投资支持方式

发挥政府投资的引导和撬动作用，采取直接投资、投资补助、资本金注入、财政贴息、以奖代补、先建后补、无偿提供建筑材料等多种方式支持农村基础设施建设。鼓励地方政府和社会资本设立农村基础设施建设投资基金。建立规范的地方政府举债融资机制，推动地方融资平台转型改制和市场化融资，重点向农村基础设施建设倾斜。允许地方政府发行一般债券支持农村道路建设，发行专项债券支持农村供水、污水垃圾处理设施建设，探索发行县级农村基础设施建设项目集合债。支持符合条件的企业发行企业债券，用于农村供电、电信设施建设。鼓励地方政府通过财政拨款、特许或委托经营等渠道筹措资金，设立不向社会征收的政府性农村基础设施维修养护基金。鼓励有条件的地区将农村基础设施与产业、园区、乡村旅游等进行捆绑，实行一体化开发和建设，实现相互促进、互利共赢。

（4）建立政府和社会资本合作机制

支持各地通过政府和社会资本合作模式，引导社会资本投向农村基础设施领域。鼓励按照"公益性项目、市场化运作"理念，大力推进政府购买服务，创新农村基础设施建设和运营模式。支持地方政府将农村基础设施项目整体打包，提高收益能力，并建立运营补偿机制，保障社会资本获得合理投资回报。对农村基础设施项目在用电、

---

[1] 王玉宝.农村投融资制度的现实困境及其破解路径（J）.吉林工程技术师范学院学报，2016（03）.

用地等方面优先保障。

（5）充分调动农民参与积极性

尊重农民主体地位，加强宣传教育，发挥其在农村基础设施决策、投入、建设、管护等方面作用。完善村民一事一议制度，合理确定筹资筹劳限额，加大财政奖补力度。鼓励农民和农村集体经济组织自主筹资筹劳开展村内基础设施建设。推行农村基础设施建设项目公示制度，发挥村民理事会、新型农业经营主体等监督作用。

（6）加大金融支持力度

政策性银行和开发性金融机构要结合各自职能定位和业务范围，强化对农村基础设施建设的支持。鼓励商业银行加大农村基础设施信贷投放力度，改善农村金融服务。发挥农业银行面向三农、商业运作的优势，加大对农村基础设施的支持力度。支持银行业金融机构开展收费权、特许经营权等担保创新类贷款业务。完善涉农贷款财政奖励补助政策，支持收益较好、能够市场化运作的农村基础设施重点项目开展股权和债权融资。建立并规范发展融资担保、保险等多种形式的增信机制，提高各类投资建设主体的融资能力。加快推进农村信用体系建设。鼓励利用国际金融组织和外国政府贷款建设农村基础设施。

（7）强化国有企业社会责任

切实发挥输配电企业、基础电信运营企业的主体作用，加大对农村电网改造升级、电信设施建设的投入力度。鼓励其他领域的国有企业拓展农村基础设施建设业务，支持中央企业和地方国有企业通过帮扶援建等方式参与农村基础设施建设（国务院国资委、国家发展改革委、财政部、工业和信息化部、国家能源局等负责）。

（8）引导社会各界积极援建

鼓励企业、社会组织、个人通过捐资捐物、结对帮扶、包村包项目等形式，支持农村基础设施建设和运行管护。引导国内外机构、基金会、社会团体和各界人士依托公益捐助平台，为农村基础设施建设筹资筹物。落实企业和个人公益性捐赠所得税税前扣除政策。进一步推进东西部扶贫协作，支持贫困地区农村基础设施建设。[1]

1.2.4 新农村建设基础设施问题分析

1. 新农村基础设施建设存在的问题

目前，我国对农村基础设施建设的重视度不断提高并逐渐完善。然而，有许多农村的人居住环境不够理想，各项基础设施建设不完善，在新的环境下主要存在以下几个方面的不足影响新农村基础设施的建设。

（1）资金投入不足，融资体制过于单一

---

[1] 资料来源：《关于创新农村基础设施投融资体制机制的指导意见》。

首先，农村基础设施建设主要靠财政拨款，财政投资力度不够大，投资结构不科学，下发资金到位率低，投资效益不理想，财政管理单位与建设单位缺乏内在的一致性，导致最后建成的基础设施存在各种问题。其次，财政支持与银行信贷、民间融资等其他融资渠道存在着互相割裂的问题，财政力量对其他融资渠道的引导及鼓励作用不够，彼此之间没有形成一个良好的共同合作、利益共享的融资体制。对于出现的问题，财政力量不能采取及时的补救措施，导致其他融资方式的失效、退出或减少。

（2）管理不到位，制度体系不完善

农村基础设施在前期规划、建设过程、后期维护都存在部门职责不清晰、管理体制不健全的问题。首先，在前期规划中不注重基础设施的使用效益，只是单方面地完成任务或搞"形象工程"致使农村基础设施布局不合理，使用率低，造成资源浪费。并且，各部门分工不明，职责不清晰，在农村基础设施建设的整个过程中缺乏协调与内在的一致性，消极怠慢，推卸责任。此外，农村基础设施建成后没有专门的管理部门与管理机制，滥用、盗窃现象严重，导致基础设施被损坏，寿命缩短，使用率降低。最后，环境保护法制在农村不健全，农民节约资源与环保意识不强，使用基础设施时不注重保护并且滥用现象严重。

（3）农民主体意识较低，环保意识不强

作为新农村基础设施建设的参与主体，农民自身主体意识与生态环境保护意识的强弱影响着新农村建设的效率。一方面，村民主体意识不强，维权意识不足，在涉及一些集体事务时不敢也不愿意主动提出自己的意见，依赖性较强，知政、参政、议政能力不足。另一方面，农民生态意识薄弱，卫生健康观念落后，传统的生活习惯一时难以改变，如乱倒生活垃圾，使用传统的旱厕，燃烧柴草等。这些现象的背后反映了农民生活方式滞后，环保理念不足，这不仅制约着农民生活水平的提高，而且破坏了农村生态环境。[1]

2. 新农村基础设施建设问题的对策

完善农村基础设施是改善农村人居环境和统筹城乡发展一体化的必要措施。不断完善农村基础设施是建设新农村的必然要求，也是推动当前生态文明建设的重要举措。以上问题结合当代新要求提出相关的对策和建议。

（1）创新融资渠道，积极筹集资金，为新农村基础设施建设提供资金保障

我国农村经济发展水平低、底子薄，制约着农村各方面的发展。农村基础设施建设不仅要靠财政拨款这一单调投资方式，还应积极探索其他融资方式，保障基础设施的资金来源。

第一，贯彻落实国家的优惠政策和财政投入。积极响应国家的优惠政策，注重农

---

[1] 郝嘉瑜. 当前新农村基础设施建设的问题及对策（J）. 现代化农业，2017（9）.

村的发展，珍惜财政拨款的一丝一毫，将有限的资金投入提高农民生产生活的公共基础设施建设中。

第二，拓宽农村银行的服务范围。对于一些经济及生态效益好的农村基础设施建设项目，农村银行应放宽政策，例如降低贷款利息、延长还款期限等有助于基础设施完善的可行待遇。

第三，改革融资体制，吸引社会各类资金投入农村基础设施的建设。加快农村基础设施产权制度改革，根据"谁投资、谁所有、谁经营、谁受益"的原则，推动基础设施市场运行，吸引投资方的目光。"放宽民间投资的准入领域，通过出台相关的优惠政策，调整收费、税收以及允许投资方对设施命名等方式，引导、鼓励社会资金，特别是民企、龙头企业支持参与农村基础设施建设。"

除此之外，要加强自身的"造血"功能，即挖掘特色，利用优势，壮大农村经济实力。这就需要发挥领导干部的才智与农民的主人意识，发展当地经济，为基础设施建设提供雄厚的经济基础。

（2）完善相关制度建设，为新农村基础设施建设提供制度保障

农村基础设施的建设与管理应有相关的制度作保障。第一，建立各项基础设施综合效益考核评价体系。对于基础设施的优劣需要作出适时的评估和评价，为此，需要建立一整套有关基础设施的经济与生态效益评价指标体系。让基础设施建设更加完善，实现利用率，生态效益最大化，为村民的生产生活提供更好的物质基础。第二，规定生态保护红线，建立责任追究制度。树立底线思维，划定保护红线，实行公共基础设施有偿使用制度和生态补偿制度，对于浪费资源，破坏农村生态环境、公共基础设施的行为严加惩罚。第三，完善法律法规，建立一整套建设农村基础设施的规章制度。涉及建设农村基础设施的各部门、单位自上而下都应加强监管，保证财政拨款的落实以及基础设施的质量与安全性能。对于怠工的行为进行有效处理，提高基础设施建设进程。

（3）转变农民意识，树立生态文明理念，发挥农民在基础设施建设中的主体作用

农村基础设施的享用者是农民，这就需要农民有较高的思想认识水平并积极参与基础设施的建设与保护。第一，转变农民意识，发挥主人翁的作用。使农民认识到农村基础设施的建设与自身利益有密切的关系，提高村民的参与热情，使农村基础设施最大化地满足村民的需求。应当提高农民的参与度和农民在建设过程中的地位，让农民能够在最终决策过程中施加自己的影响力，同时让农民的意愿能够得到真实的反映和执行。第二，加强对村民的宣传引导，树立生态文明理念。只有提高村民的思想水平才能从行动上做到保护生态环境，维护公共基础设施。"生态文明建设不是项目、资金、技术问题，而是核心价值观问题。"要求农民树立尊重、顺应、保护自然的生态文明理念，坚持节约优先、保护优先的使用观，要通过各种宣传教育手段，让农民意识到环境保护是全民族的事业，农村公共基础设施的保护是农民的责任。

第2篇 新农村建设举措篇——新型农村社区

2.1 中国新型农村社区建设概述

2.1.1 新型农村社区概述

1. 新型农村社区的内涵

关于新型农村社区的定义,至今没有统一的标准,不同的学者看法也不一致。结合我国新农村建设的各地实践,新型农村社区的概念内涵可理解为:打破原有的村落布局和生活形态,或由交通便捷、人口较多的行政村建设而成,或由几个行政村合在一起进行统一规划和建设,通过集聚人口、发展产业、创新管理模式,构建以现代人际关系为纽带的新型社会生活共同体。它与传统行政村和城市社区都有不同,是通过新型生活形态的营造和公共服务的大力改善,提升村民的生活质量。

2. 新型农村社区提出背景

"新型农村社区"概念是在推进社会主义新农村建设的大背景下提出的。

2006年10月,党的十六届六中全会通过了《中共中央关于构建社会主义和谐社会的若干重大问题决定》,提出"积极推进农村社区建设,健全新型社区管理和服务体制,把社区建设成为管理有序、服务完善、文明祥和的社会生活共同体"。第一次在中央的决定和文件中使用"农村社区"概念,说明中央认同了城市社区和农村社区两种社区形式,社区不再是城市的"专利"。

2006年12月,民政部下发《关于做好农村社区试点工作推进社会主义新农村建设的通知》(民函〔2006〕288号),确定全国28省的251个县成为国家首批农村社区建设实验县。

2007年3月,民政部在山东青岛召开了全国农村社区建设座谈会后印发了《全国农村社区建设实验县(市、区)工作实施方案》(民函〔2007〕79号),全国农村社区建设试验地扩大为304个。

2008年前后,村庄合并建设农村新型社区进入高潮,东部的浙江、山东、江苏推进速度较快,随后河北、河南、天津、安徽等地也陆续跟进。

2009年3月,民政部印发《关于开展"农村社区建设实验全覆盖"创建活动的通知(民发〔2009〕27号)》,共命名106个县(市、区)为"全国农村社区建设实验全覆盖示范单位",全国农村社区建设覆盖面扩大,发挥了巨大的模范引领作用。

2015年5月，《关于深入推进农村社区建设试点工作的指导意见》出台，在肯定了实验试点工作成效的同时，进一步明确了深入推进试点建设的工作目标，农村社区建设继续向纵深发展。

截至目前，包括天津、江苏等全国大部分地区出台了省级层面具体实施意见，进一步加强全国农村社区建设示范单位指导标准建设，初步形成了农村建设指标体系。全国农村社区试点建设进入深入推进和优化提升阶段。

3. 新型农村社区建设的意义

新型农村社区建设是推进社会主义新农村建设和实现城乡一体化发展的重要举措，不仅方便了群众生活，也实现了就地城镇化，深受广大农民欢迎。不少专家认为，新型农村社区是继家庭联产承包制后农村的"第二次革命"，是破解城乡二元结构的根本之策，对于农村的发展具有深远意义。

（1）有利于改变村貌，提高生活质量

统一规划和建设的新型农村社区将实现群众集中居住，且配之以学校、医院、广场、超市、菜场、休闲公园、绿化等相关基础设施，社区面貌美观大方、整齐漂亮，并有专人打扫社区卫生，垃圾统一转运处理，一些地方甚至建有污水处理厂。这将改变村庄"散、小、旧、脏、乱、差"的村貌，从根本上改善环境面貌，提高村民的生活质量。

（2）有利于节约资源，发展农村经济

与分散村落的投入相比，因集中化建设，水电路等基础设施建设成本大大降低。社区的村民共同享用各种公共设施和服务，土地资源得到充分利用，与分散居住的平房相比，能节约50%-80%的土地。节约出的土地可流转出去，搞规模化的粮食、蔬菜、水果、苗圃种植、畜禽饲养或发展农家乐、旅游等二三产业。农民既可以获得土地流转的收入也可从非农业生产中获得收入，从而推动产业结构调整和农民增收。尤其一些交通和经济条件较好的地区，在复垦的土地上吸引了不少投资项目，土地价值大幅翻升。通过合村并居建设的新型农村社区，将原有分散的资源整合使用，能有效提高资源的使用效率和产出效益，推动农村经济的发展。

（3）有利于整合诉求，加强政治参与

伴随新型农村社区建设，社区组织将发挥重要作用。人口集聚使得空间距离缩短，相互之间的联系更加便捷，有助于交流、学习，增强自身综合素质，并通过参与选举和公共事务的管理、进行民主监督等不断增强农民的主人翁意识。新型农村社区也打破了宗族、家族关系对基层政权的影响，更有利于村民意愿的表达。通过社区的内部管理和参与机制，将农民分散的利益诉求，变为组织化的有序参与，这使得农民的利益诉求更加集中、有代表性，有助于农民群众的利益整合，提高政治参与的制度化水平，增强政治对话能力和博弈能力，减少各种侵害农民利益的行为，推进农村社会的和谐稳定。新型农村社区建设有助于完善基层民主制度，进一步增强村民的政治参与和民主意识，保证农民当家做主的地位。

（4）有利于创新管理，提高行政效率

通过合村并居建设的新型农村社区推进了城镇化发展和城乡一体化进程，打破了原有以亲缘关系为纽带的村落格局，也带来了管理方式的转变，即由熟人社会中依靠人情和权威管理转变为科学化制度化的现代管理方式。人口规模的扩大也有助于扩大人才的选择范围，克服了一些小村"选不出村长"的现象。因人口集聚，办公用品、交通等行政成本将大大降低，行政层级减少，行政效率提高。[1]

4. 新型农村社区建设的成就

（1）积极推进村庄环境整治工作，打造美丽乡村

农村人居环境的改造与提升是新型农村社区建设的重要内容，也是在新型农村地区实施绿色发展战略，稳步推进"人的城镇化"的首要工作。新中国成立以来，受工业和城市优先的经济社会发展政策的影响，城市和农村在人居环境上也呈现了明显的二元结构特征：城市人居环境的研究和改善得到持续重视，农村则长期受到忽视，造成了农村聚落发展空间无序、自然生态失衡、人文景观破坏、基础设施落后、公共服务不足、传统文化衰落等严重的后果。

近年来，随着城市支持乡村、工业反哺农业等国家发展战略的调整，农村的人居环境建设工作得到了前所未有的重视。党的十六届五中全会提出的"生产发展、生活宽裕、乡风文明、村容整洁、管理民主"是社会主义新农村建设的总体方针，村容整洁是二十字方针中的一项重要内容。党的十八大提出"要努力建设美丽中国，实现中华民族永续发展"，以此理念为指导，2013 年中央一号文件正式提出"美丽乡村建设"的奋斗目标。2014 年国务院办公厅下发了《关于改善农村人居环境的指导意见（国办发〔2014〕25 号）》，对全国范围内的农村人居环境改善工作进行指导。尤为值得一提的是，2008 年 3 月《村庄整治技术规范》GB 50445-2008 和 2015 年 5 月《美丽乡村建设指南》GBT 32000-2015 两部国家标准的发布将乡村建设从方向性概念转化为定性定量的可操作化实践，为在全国改善农村人居环境，开展美丽乡村建设提供了框架性、方向性的技术指导。

在积极推进农村人居环境整治，建设美丽乡村方面，浙江省走在全国的前列。2008 年起，浙江省以城乡建设用地增减挂钩政策为契机，以打造"宜居、宜业、宜游"的美丽乡村为目标，在乡村环境整治、打造美丽乡村风景线、生活垃圾污水集中处理、历史古村落保护、浙派民居建设、加快农村产权和户籍制度改革等方面做足文章，有效改善了农村人居环境和农业生产条件，促进了现代农业转型，提高了城乡公共服务均等化水平，尤其在缩小城乡差距、提高农民收入方面成效明显。2017 年浙江省城乡

---

[1] 王建深.关于推进新型农村社区建设的思考（J）.攀登（双月刊），2018（3）.

居民收入差距为 2.054 ： 1，远低于全国 2.71 ： 1 的平均水平，农村常住居民人均可支配收入达到 24956 元，连续 33 年居全国省区第一。

（2）大力推进农村住房建设与危房改造工程，打造宜居乡村

农村住房建设与危房改造是由国家推动实施的重要民生保障工程，也是建设农村新型社区、加快推进新型城镇化的有效途径。2008 年，中央先从贵州开始开展农村危房改造试点，并逐步扩展到全国。2009 年、2010 年，住建部、国家发改委和财政部连续两年联合发出《关于扩大农村危房改造试点的指导意见》，鼓励各地按照"保民生、保增长、保稳定"的要求开展农村危房改造试点，解决农村困难群众的基本居住安全，推动农村基本住房安全保障制度建设。经过 8 年多的努力，我国农村危房改造取得了突破性的进展。数据显示，截至 2016 年底全国累计完成农村危房改造 2300 多万户，仅 2016 年当年就完成了 314 万户危房改造，而 2016 年中央财政危房改造补助资金更是高达 266.9 亿元。

同时，为了更好地将危房改造聚焦到贫困户上，从 2017 年开始，中央财政补助资金将集中聚焦到建档立卡贫困户等四类重点人群上，并大幅度提高中央的补助标准。2018 年全国 27 省份危房改造中央补助达 185 亿元。

（3）农村新型社区建设与产业发展同步推进，打造富裕乡村

产业基础是农村新型社区可持续发展的内生动力和物质保障。经过多年的建设与发展，农村新型社区的产业集聚功能逐渐显现，农村居民收入取得较快增长。

一是将农村新型社区建设与产业发展相结合，积极发展特色优势产业，因地制宜，宜工则工、宜农则农、宜商则商，突出专业分工，引导规模经营，加快建设产业园区，优化基础设施配套，方便社区居民就业创业，切实提升农村新型社区的产业支撑能力，逐步实现居住在社区、就业在园区和就地就近城镇化。山东省从 2008 年开始，通过逐步推进"两区同建"（即农民居住区和产业园区建设同步推进）的新型城镇化模式，让农民在社区居住、在附近园区上班，生产生活方式同步变化，打造富裕乡村。该省德州市按照"每个社区都有主导产业、每个主导产品都有龙头带动、每个龙头企业都有产业基地"的思路，在农村社区建设方面推行农村社区与产业园区"两区同建"，促进了农民收入不断提高。

二是改革农村社区集体产权制度。集体产权制度改革是建设农村新型社区，打造富裕乡村绕不开的关键环节。当前大部分农村新型社区的主要做法是对社区所有的集体资源性、经营性资产进行股份制改造，作股量化到户。同时出台相关配套政策，积极鼓励发展社区股份合作社、土地股份合作社、集体资产股份合作公司等农村新型集体经济组织，逐步实现农村集体资源变资产、资产变资本、资本变股权的良性循环，最终推动建立归属清晰、权能完整、流转顺畅、保护严格的现代农业产权制度，为增加农民的财产性收入畅通渠道。当前农村产权制度的改革在城镇化水平相对较高的城

中村、城边村和乡镇驻地附近村等城镇聚合性农村新型社区表现较为明显，也积累了不少的经验。2014年以来，上海市以闵行区和松江区为试点推进的农村集体经济产权制度改革成效明显，为促进农村集体经济的可持续发展和赋予农民更多的财产权利奠定了坚实的基础，在全国具有一定的示范意义。

除此之外，近年来农业集约经营积极推进也是促进农民增收打造富裕乡村的重要途径之一。

（4）积极推动基层社会治理体制创新，打造和谐乡村

创新基层社会治理体制机制，保持社会稳定和谐是改革开放以来中国社会发展和社会建设的基本经验，也是经济社会发展新常态下构建新型村落共同体的基本前提和重要保障。十年来，乡村社会治理的新进展主要表现在以下几个方面：

1）乡村社会治理的理念实现了从"社会管理"到"社会治理"的重大转变

党的十八届三中全会指出，大力推进社会治理体制创新，加快从传统社会管理向社会治理转变，加强基层社区治理与服务是基础和关键。近年来，基层社区治理理念的创新主要实现了以下几个转变：从重经济建设、轻社会建设向更加重视社会建设和经济社会协调发展转变；从重政府主导、轻群众参与的一元治理模式向政府—公民社会—社会组织为特点的多元社会治理模式转变；从重管理、轻服务向实现社会治理与服务的一体化转变；从重管制控制、轻协商协调向更加重视协商协调转变；从使上级政府满意向使人民群众满意的目标追求转变；从重事后处置、轻源头治理向更加重视源头治理转变；从重行政手段、轻法律道德等手段向多种手段综合运用转变。

2）社会治理结构的改变

实施合并村庄，推进农民集中居住的农村新型社区建设模式一定程度上解决了原来分散居住所带来的政府配套设施难以集中、社区公共服务和管理不方便的问题，节约了社区建设成本，但是"共住"之后如何"住好"成为所有农村社区面临的主要问题。因此，解决问题的关键是探索一套新的超越原来村庄边界的农村社区治理与运行机制。

山东省日照市是民政部2011年10月批复的全国唯一的农村社区管理和服务创新实验区。在农村新型社区治理结构上进行了有益的探索：在具备条件的地方，探索开展行政村合并工作，撤销覆盖村村委会，以农村社区取代行政村，变辖区行政村为自然村。把农村社区作为农村基层社会治理服务的基本单元，采取上级委派、民主选举两种形式成立社区管理委员会或社区村民委员会，并健全各类下属组织，建立社区成员(代表)会议制度，实施社区事务村民公决、民主听证、全程公开，形成了以自治组织为主体、区务公开为保障、依法运作、多元参与的农村社区自治体系，将村民自治由村级提升至社区级、村民自身扩大到社区成员多方、村民自己治理转变为社区共同治理，以使民主选举、民主决策、民主管理、民主监督在更大范围、更宽领域、更高层次实现。在实践中为强化社区权威，积极探索将各级党委、政府能够下放的权力

下放到社区，将辖区行政村能够集中的权力集中到社区，逐步把社区做实、做强。

从法律上来讲，《中华人民共和国村民委员会组织法》规定村民委员会才是农村治理和村民自治的主体，日照市在社区层面上成立的社区村民委员会缺乏一定的法律地位，但这种根据农村社区发展的实践进行的积极探索将为未来农村治理结构的变革提供有益的借鉴。

3）社会治理手段上，从过去的更多依赖党政行政力量的直接干预的一元治理转向激发社会活力、动员多种社会力量进行协同治理的多元治理方式转变。

清华大学的"社会学新清河实验"就是在北京清河社区通过"社区再组织"和"社区提升"，挖掘社区居民中存在的积极社会因素、社会力量和社会动力参与社区营造，从而不断激发社会活力，动员社区多元主体进行社区建设与社区治理。

4）社会治理路径的创新

网络社会的迅速崛起和信息技术的广泛运用标志着大数据时代的到来。利用大数据分析平台，将"互联网+"运用于基层社会治理领域是近年来基层社会治理的新趋势。这一手段的运用为社会治理的共建共享和社会治理精细化提供了重要的技术和手段。目前部分经济社会发展水平较高的农村地区已经开始利用物联网和大数据等信息技术，搭建区域信息和资源共享平台，这一新技术的运用打破了原有基层治理结构的条块分割，建立起了智能化、立体化的网状治理架构和公共服务平台，促进了政府部门、市场主体和社会组织之间的横向沟通和联系。这一技术的运用将为加快建立更加精细化的社会治理体制机制，实现全民共建共享的社会治理格局贡献力量。

（5）实施传统村落保护行动，打造特色乡村

农村是乡村风貌和乡土文化的载体，农村新型社区建设要注重对传统村落格局和历史风貌的保护，避免全面"拆旧建新""弃旧建新"。为此，中央要求各省市在农村新型社区建设中，要尤其注重深入挖掘传统村落，按照《关于切实加强中国传统村落保护的指导意见（建村〔2014〕61号）》和《关于做好中国传统村落保护项目实施工作的意见（建村〔2014〕135号）》的要求，逐步建立村落档案，编制保护发展规划，保护文化遗产，加强特色村庄保护，以彰显传统村落风貌，传承优秀乡土文化。山东省在农村社区建设中提倡要根据不同地区的自然历史文化禀赋，明确区域差异，提倡形态多样化，建设有历史记忆、文化脉络、地域风貌、民族特点的美丽乡村，使村庄发展更具特色、更有活力、更加生态。一是建立了特色村庄评价机制；二是实施乡村记忆工程；三是将特色村庄保护与促进农民增收结合起来，把潜在的自然资源、历史文化资源转化成促进农民增收的资产和资本。

（6）完善农村社区服务体系，推动城乡公共服务均等化

社区是公共服务与社会治理的重要载体，以何种途径提供何种标准的公共服务是社区建设的核心问题。完善农村社区服务不仅是改善农村生产条件、提高农村居民生

活质量的必要条件，而且对缩小城乡差别、化解社会矛盾、促进社会和谐都有着重要的意义，同时还有助于培养居民的社区认同意识，激发其参与社区建设的内在驱动力。经过多年的建设，目前的农村新型社区服务体制已经形成了自己的特点：

1）农村社区服务设施和服务平台标准化建设进展迅速。农村新型社区建设过程中，各地根据当地经济社会发展水平，逐步建成以社区服务中心为主体、专项服务设施为配套、市场服务网点为补充、室内室外设施相结合的农村社区服务设施网络。山东省按照每千人 200 平方米，总面积不少于 500 平方米的标准建设农村社区服务中心，在一室多用的原则下，以"一厅一校八室"（"一站式"服务大厅，社区教育学校，社区综合办公室、多功能会议室、党员活动室、文体活动室、阅览室、农业综合服务室、社会组织服务室、电子商务室）的基本标准规范社区服务中心功能。社区综治警务、医疗卫生、计划生育、养老托幼、残疾人康复和托养照料、便民利民等专项服务设施，以及农资供应、农产品购销、农机维修、便民超市、金融通信、邮政物流等市场服务设施，按照有关规定标准，与社区服务中心一同建设。

2）不断创新社区服务体制机制，农村社区服务内容和服务模式更加丰富多样。一是以社区服务中心和"一站式"服务大厅为依托，推进基本公共服务项目和相关职能下放下沉，将医疗卫生、社会保障、社会救助、劳动就业、文体教育、环境卫生、人民调解、技能培训等基本公共服务延伸到基层社区，使农民群众在 2 公里服务圈内享受到直接、快捷、优质的公共服务。这一方面山东省农村社区服务的"诸城模式"备受关注。二是以激发社会组织活力，满足社区群众对专业化、个性化、社会化的社会服务为导向，部分省市在基层社区层面上建立了以社区、社会组织、社会工作者、社区志愿者为核心的四方联动服务机制，满足了经济社会发展水平提高后社区居民多层次、多样化的社会服务需求，推动了社区共建共享，实现了社区融合发展。三是建立了政府购买社会组织服务制度。2013 年 9 月，国务院办公厅公布了《关于政府向社会力量购买服务的指导意见》（国办发〔2013〕96 号），该文的发出奠定了政府向社会力量购买服务的制度化基础。以此为指导，全国各省市相继出台《政府向社会力量购买服务办法》以及《政府向社会力量购买服务指导目录》等文件，将适合采取市场化方式提供、社会能够承担的公共服务转让给社会，推动政府职能转变，增强社区服务的活力，提高社会组织的服务能力。[1]

5. 新型农村社区建设存在的问题

新型农村社区与行政村和城市社区均有不同，不是简单的居住形式的改变和人口集聚，从本质上讲，是要享受与城市一样便捷的公共服务，实现农村生活向城市生活的转型。但在实践中因各地经济发展程度和观念差别等因素，出现了"好得很"和"糟

[1] 闫文秀，李善峰.新型农村社区共同体何以可能？——中国农村社区建设十年反思与展望(2006-2016).山东社会科学，2017（12）.

得很"的巨大差别，即使在已经建设好的农村社区中，建设的水平（整体规划和配套建设等）也参差不齐。此外，因社区内部管理跟不上、没有经济实体的支撑等原因，不少农民无法脱离原有的农业生产，虽然有楼房，生活上却处处不便，以致"搬得进"却"稳不住"。更有甚者，因楼房质量不好、补偿不到位等问题弄得民怨沸腾，成为新的矛盾纠纷点。

（1）资金不足制约着新型农村社区的建设和发展

社区建设的资金来源基本有四个方面，分别为政策扶持资金、所节省土地的补偿金、村集体资金、自筹资金。其中政策扶持资金因一些地区财力有限，无法足额落实；土地补偿金要等到土地复垦验收之后才能兑现；村集体资金方面多数村为空白；村民自筹资金也是困难重重。

在中心村，因农村社区建设要占用部分农民房屋，需要拆迁，可以通过将平房置换为楼房面积的方式直接上楼，但对于大多数的居民来讲，需要一次性交清所有费用。此外，楼房装修费用对农民来说也是一笔不小的负担，农民收入普遍较低，很多人负担不起，而农民的宅基地房屋也无法在银行抵押贷款，贷款的渠道比较狭窄。因资金限制，一些地方的社区建设标准不高，公共设施配套和公共服务提供不到位，经营管理费用缺乏，不少农民因为感到社区生活"不便利"而不愿"上楼"，从而制约着新型农村社区的建设和发展。

（2）文化活动水平低，村民参与不足

新型农村社区的文化设施建设相对于城市社区差距较大，即便有广场、舞台、排练室等文化场地，也因专业人员缺乏等原因，很多地方的社区文化仍然处在"锻炼身体""丰富业余生活"等自娱自乐阶段，文化活动单调，缺乏吸引力。自发组织起来的文化队虽有一腔热血，但能力不足，无法承担大型的文化策划和演出等。从参与人员看，多是老年群体、妇女群体，而在职的中青年参与不多，且一些地方极具地方特色和民族特色的文化活动没有挖掘出来，一味是广场舞、健身操等，趋同性严重，特色不明显，群众参与的热情不高。

（3）对社区的不适应导致抵触情绪

村民世代在村庄里生活，不仅思想观念、生活模式定型，且经长期积累形成了稳固的文化习俗，一朝搬上楼房居住后，原有的生活状态就此打破，很多村民出现了"水土不服"。

一是生活方式的不适应。多年从事农业活动，使农民对土地、牲畜等有了一种难以割舍的情感，而在搬上楼房之后，不再从事农业活动，突然显得手足无措。原先自家带有庭院，且耕地也离家不远，可以自己种蔬菜、养牲畜等，生活成本不高，而搬上楼房后，几乎无一事不要钱，水、电、买菜等日常消耗要比原先多很多。情势所逼，不少村民"重操旧业"，纷纷在楼房周围开辟菜地，甚至养畜。

二是人际交往的不适应。传统乡村关系建立在血缘和地域基础上，除了本家族的成员间保持着浓浓的血脉之情外，村民习惯于串门、聊天，相互帮忙，因长期的共同生活、共同劳动，村民之间非常熟悉。而新型农村社区则是有不同村落的合并和外来人员的大量涌入，他们与本地村民混居，这打破了村民原来已建立起来的比较牢固的村脉关系、近邻关系等。新型农村社区的防盗系统和楼层格局也不利于村民间互相帮助，村民见面需要提前预约。社区管理中普遍采取的制度化、组织化管理使得村民间原有的富有温情和乡土气息的亲缘关系慢慢淡化，而为社区较为刻板的业缘关系所取代。虽然居住条件比以前要好得多，但很多村民变得不适应，觉得无聊、苦闷，因而不少农民存在抵触心理，已经"上楼"的对自己的生活状态不满，还没有"上楼"的不想改变原有的生活状态。

（4）社区事务的管理难度大

在"撤村并居"基础上形成的新型农村社区，面临的一个重要问题就是管理者队伍建设问题。因为不同村庄间的村民彼此间还不甚了解，要选出一个有大局意识、能力强、大家公认的管理班子队伍并不容易。原有的村干部因"撤村并居"而失去职务，不免心生怨气，新组建的管理班子成员相互认同又需要时间检验，这无疑加大了社区工作的难度。且与村庄相比，社区的管理范围明显扩大，包括管辖人口数量的增加和服务内容扩大等，需要有更多的公共事业投入和保障供给，以及先进的理念、科学的方法和措施等，这对社区的管理也提出了更高的要求。

（5）农民意愿体现不足

目前在新型农村社区建设中，政府仍为主体，农民的主体地位及意愿体现不足。同时，因引导和宣传工作不到位等原因，很多农民对新型农村社区建设的政策缺乏了解，对今后社区生活的状态和如何应对等也没有概念、比较茫然。在具体的建设推进中往往是"一刀切"，方式简单粗暴、缺乏长远性和科学性，对农村实际和农民利益考虑不够。一些地方的农村社区建设仅停留在"盖楼房"的形式上，不顾及生态环境建设，甚至拆除了文化遗产，对产业发展、人际关系构建、文化发展等没有统筹考虑。

6. 新型农村社区建设的对策与建议

（1）做好思想疏导工作，积极开展文化活动，增强村民对社区生活的认同感

1）积极引导，转变思想观念

上楼居住后，原先农村生活的耕作、种菜、喂鸡养猪、火炉取暖、烧火做饭、下河洗衣服等方式都将改变，改为集中供暖、天然气做饭，家庭琐碎事务大大减少，这对于长年习惯于农村生活，尤其年龄较大的村民来说是一个挑战。要尽快转变观念，积极适应社区的生活状态。对此要做好思想引导工作，稳定情绪，赢得支持。一方面是家庭子女要积极引导父母适应现代的生活方式，另一方面社区也要做好宣传疏导工作，工作人员要经常到老人家里走访，帮助其转变生活方式和理念。政府层面要对建

设新型农村社区的重要性、优势等讲明白，同时在经济基础较好、群众思想较为开放的地方先开展，积极培养典型，以点带面，激发群众的参与热情，推进新型农村社区建设的步伐。

2）加强交流，开展文化活动

新型农村社区建设中，要充分考虑村民对文化活动的需求，建设广场、礼堂、书屋、远程室、健身室、棋牌室、舞台等，组织开展唱歌跳舞、体育健身、棋牌比赛等文体娱乐活动，丰富居民的文化生活，增进彼此间的了解和情感。挑选底子好、热爱文化事业的人员组成专业文化队伍，并进行培训，同时发展志愿者队伍、兼职队伍等，带动文化水平的整体提升。当前有自发组织的文化团队、社会组织，他们相互学习和探讨，对于提升文化活动水平发挥着积极作用，对此政府要大力扶持，可采取购买服务等形式让其承担大型文化策划演出，提升文化活动的专业水平和层次。

（2）解决资金和就业问题，解除村民后顾之忧，力求"搬得进""稳得住"

1）统一规划，整合使用资金

新型农村社区建设通过合村并居、建设单元楼等，实现居住形态的转变，这是一项系统工程，要全方位考虑、系统规划，有序推进，不留遗患。要设计面积不等的户型，以满足不同级别经济条件农户的需求，增加社区入住率。因村级资金困难，建议由政府解决规划费用，并找经验丰富、资质强的设计公司进行规划设计。施工建设中要严格把关、保证质量，建设一个环境优美、配套齐全、生活便利的居住环境，满足群众的需求，增强社区的吸引力。成立综合协调部门，统一协调涉农单位的项目资金，在道路硬化、排水系统、广场、用电等配套建设中，统一整合使用，发挥支农资金的最大效益。广泛调动社区群众及各行业的参与热情，探索建立社区发展基金，用于社区的软硬件建设。对于在新型农村社区建设中失地农民的补偿，要采取多种保障措施，如可采取补偿两套住房的方式（一套用于居住，一套向外出租），或安排到本地工厂就业等途径，保证其财产性收入高于原有的土地收入。

2）发展产业，稳定社区居民

要让社区居民完全适应社区的生活方式，解除后顾之忧，需要有稳定的收入来源，而要实现这一点，关键就在于发展产业。要考虑社区所处区位、人口素质、经济基础等情况，制定不同的发展策略，宜农则农、宜牧则牧、宜工则工、宜商则商。充分发挥土地潜力增加收入。积极引导农民流转土地，使土地向大户集中，适度规模经营，走专业化、集约化道路。充分利用土地资源发展农林牧渔及特色种养殖，夯实农业基础，同时发展农产品加工和销售产业，增加就业，延长产业链条，提升农业产品的附加值，提高农民收入。积极拓展就业渠道，鼓励农民转行，从事运输、餐饮、零售、建筑装修、电器及水暖维修等行业。交通便利的地区可到附近城市务工。立足本地优势，发展观光农业、乡村旅游等，吸引城市人口到农村消费，增加农民收入。培育和发展社会组织、社区企业。积极购买社会服务，支持社会组织和社区企业的发展，不断增加就业、改善生活、提高服务水平。国家层面加大对社区产业的支持力度，如拨付专项经费用于农村社区的劳动技能培训，为创业者提供贷款帮助等。

（3）建设推进上考虑不同村庄情况，组织管理上注重与原有方式的对接，实现平稳过渡

1）科学推进，建设美丽村社

在新型农村社区建设的推进中，行政推动仍是主要途径，其优点是政策统一性强、进程快，有利于集中解决矛盾和问题，而不足在于不利于多样化意愿和需求的解决。因此在新型农村社区建设的推进中，要区分发达村、新建村、特色村、文化村、偏远村等情况，突出维护农民利益和意愿，注重乡村优秀传统和文化的保护。在条件具备、时机成熟的村庄积极推进社区建设，集聚人口，而对于文化村、特色村、偏远村则等要注重保持其原有风貌和生活方式，建设成既有现代气息，也蕴含传统底蕴的美丽乡村。

2）积极作为，创新管理方式

要适应新型农村社区的要求，转变组织和管理方式。社区的居民构成、生活方式等都与村庄有明显不同。城市中的社区居委会往往充当了收费员的角色，与居民间的接触主要是在收取物业费、暖气费、水电费等的过程中，而在增强居民间的感情、增进交流方面相对缺失，居民与居委会相对较陌生。而村庄像一个大家庭，村委会则像这个大家庭的"管家"，不仅要谋划发展，增加收入，殷实家底、精打细算，把"日子过好"，且村里的利益纠纷乃至邻里矛盾等都往往由其出面调解，村委会与村民间互动频繁，村民间也形成了一种相互依存关系。

新型社区建成后，虽然在生活形态上由村民变成了社区居民，但大家心理上都习惯于村委会的管理模式。为使新型社区的管理更富人情味，也为了理顺各合并村之间的组织关系，宜将村民自治的传统做法融入社区管理。可建立农村社区党委（党总支），由乡镇领导兼任党委（党总支）书记，合并之前各村庄的支部书记任党委（党总支）委员，这样有利于跟原先的管理方式有效衔接，有效开展壮大集体经济、整治卫生、调解纠纷等各项工作，增强社区整体的凝聚力和归属感，实现平稳过渡。

2.1.2　新型农村社区建设途径选择

开展新型农村社区建设必须注意社会经济发展的不平衡性，综合当前全国新农村社区建设的开展情况，我国新型农村社区建设途径从经济社会层面概括起来可以分为"革命"型模式、"改革型"模式和"改良型"模式。[1]

---

[1]　王永宇．新型农村社区建设的思考（J）．驻马店日报，2012（01）．

1."革命型"模式

指地区财政收入和人均GDP水平较高，且发展受到国家特殊政策支持，发展形式上以统筹城乡发展、打破城乡二元结构为目标的地区，如成渝经济区、天津新区等，其新农村建设能够从政策、地方财政和农民自身需求上保障开展。目前这些地区已初步实现产业向园区集中，土地向集中规模经营集中，农民向城镇、中心村集中。

2."改革型"模式

主要在一些沿海省份和地方财政、集体经济组织收入较高地区采用，如浙江省、江苏省等。这些地区虽没有国家的特殊政策支持，但能享受到省、市政策倾斜，其财政收入较高，人均GDP领先全国，发展形式上能在局部实现城乡统筹、局部解决城乡二元结构，同时还存在着常规的新农村建设形式。在局部区域实现了产业向园区集中，土地向集中规模经营集中，农民向城镇、中心村集中。

3."改良型"模式

主要在广大经济欠发达以农业经济为主的地区。这些地区政策倾斜较少，财政收入、人均GDP、集体经济组织收入、人民群众收入水平均较低。其发展形式上较难进行城乡统筹，即使在局部也难以解决城乡二元结构。这些地区的新农村建设形式，只能是生产、居住生活条件的改良，走小村并大村、瓦房变楼房的渐进式改善方式。

2.1.3 新型农村社区建设模式总结

1.按照建设背景进行划分

（1）城市化型模式

在城市化空间迅速扩张的背景下，位于大都市城乡接合部地带的城中村、城郊村通过撤乡设街道办事处或居委会两种方式完成社区建设。深圳市于2004年全面撤销镇政府成立街道办事处，撤销村委会成立居委会，成为全国第一个没有镇和村的城市。这一类型的农村社区建设主要取决于当地相对较高经济发展水平和城镇化水平。村庄发展应纳入城市长远发展规划之中，进行合理规划定位，以"社区建设"为途径推动村庄发展和全面转型。

（2）就地城镇化模式

农村工业化是农村现代化的必经阶段，也是农村社区建设的根本动力。以江浙等地为代表的东部沿海经济发达地区，在村落集体工业、村办企业大规模发展的支撑下，形成了"超级村落""亿元村落"等形式的单位社区以及村落集镇化或乡镇政府所在地形成的小城镇大社区。该模式是一种发自农村内部的社区发展需求，是村级经济发展到一定程度的必然结果，一般适用于村级集体经济状况较好或有村级工业企业的村庄。

（3）村民自治型模式

江西、湖北是我国最早开展新型农村社区探索的地方，开创了基于共同文化纽带的"村民自治型"农村社区。江西以自然村落为基本单位,以"五老"人员为中心,以"一会五站"为平台,构建了"自然村落"社区。湖北秭归县杨林桥镇撤销村民小组改建社区,成立社区理事会,建立了以"村委会 - 社区理事会 - 互助组 - 农户"为基本结构的村小组社区模式。上述模式成功之处在于社区建置于村民小组或者自然村落之上,具有较高的亲和力与认同性。基于共同的文化心理素质纽带,依托"五老"人员等村里较有威望的人员进行服务管理,可以最大限度地保持村民情感认同、增强合作自治氛围。但社区规模小、数量多,基础设施建设投资成本较高,只着眼于村组内部关系的稳定,没有实现更大范围内的开放融合,自治过程需要依托村中精英人物的权威。

2. 按照空间区位进行划分

（1）中心城镇集聚型模式

中心城镇集聚型模式是指随着城镇的对外扩张,处于城镇规划用地范围内的村庄进行选址合并,纳入城镇社区管理范围的农村社区类型。一般包括城市集聚型与小城镇集聚型两种类型。城市集聚型社区是指位于城市周边地区的城中村与城郊村,受城市影响逐渐加强,其"乡村性"逐渐减弱,居民身份和生活方式逐渐城市化,最终纳入"城市社区"管理范围的社区类型。小城镇集聚型社区是指在建制镇或者乡集镇域中心,依托其区位交通的优势,通过加强基础设施建设与公共服务完善,积极引导镇域人口经济等集聚而建立的集镇型农村社区。

（2）中心村集聚型模式

中心村集聚型模式是指在远郊地区,村庄受城市发展影响相对较小,通过选择建设中心村来整合人口、土地等资源基础上而开展的农村社区建设。一般包括强弱组团型、多村合并型、搬迁集中型、边远村直改型四种类型。强弱组团型指空间距离较近而经济水平存在差距的村庄之间,选择强村作为中心村、弱村作为基层村形成组团,强村带动弱村发展。多村合并型指多个村庄规模较小,不存在明显差异,多村进行合并选择交通方便、用地充足、多村交界处新建农村社区。搬迁集中型指村庄现状位于地质灾害易发区、偏僻山区或者生态环境保护区,由于原址不适于继续建设而搬迁到其他安全地带新建农村社区。边远村直改型指原村庄规模较小,周边没有可合并的村庄,或者出于特殊保护的目的,原村庄直接改造为社区。该模式以村庄为集聚中心,以村庄合并为主要方式,在村庄地形复杂的区域可因地制宜选择适当模式进行社区建设。

3. 按照社区建置与边界进行划分

（1）一村一社区模式

该模式将社区建置于行政村,既保留行政村建制,又将其纳入职能更加完善的社区平台进行工作,实行"村社合一"。该模式典型案例有四川宜宾,山东胶南、胶州、莱西以及甘肃省金昌、临泽等。浙江、江苏、重庆、四川、甘肃等省份多采用此模式,是目前实施最普遍的一种模式。该模式的优点是未增加管理层与管理成本,容易处理好社区与村委会之间的关系，也不涉及村庄之间、居民之间的关系变动，村民认同感强，推行阻力较小。缺点是"村社合一"导致社区力量相对薄弱，制约了社区职能的发挥；一般需要较为雄厚的村级集体经济的支撑，发达地区依靠村集体经济或企业带动，欠发达地区则主要依靠政府财政支持。

（2）多村一社区模式

该模式是按照地域相近、规模适度、公共资源集约配置的原则，将相邻两个或两个以上行政村规划为一个社区，选择人口、经济或区位最佳的村庄作为中心村建立社区综合服务中心，并引导周边村庄人口向中心村集聚，推进基础设施和公共服务共享。该模式典型案例有山东诸城、莒南，按体制建构可分为"社区 - 行政村 - 农户""社区（行政村）- 农户"两种形式。

"社区 - 行政村 - 农户"模式，仅将若干建制村纳入一个社区开展服务，社区与原有建制村没有隶属关系，也不干预村里工作，只在社区层面上成立协调议事机构，主要定位在服务，能较好推进基础设施和公共服务的共享。但是面临着管理层的增加和机构的重叠问题，会相对弱化乡镇政府及行政村职能。该模式适用于集体经济实力相对落后、原来村庄规模较小，农村公共服务相对匮乏以及乡镇地域面积较大，边远村庄到乡镇中心距离较远的情况。

"社区（行政村）- 农户"模式，原有若干建制村规模较小，合并为一个建制村的基础上成立社区。该模式可以减少村庄散弱带来的资源浪费以及公共服务不足，也可以突破固有的村庄界限，构建起村民之间更广范围的交流与融合。但是开展行政村撤并，涉及原建制村债务债权、土地资源、集体经济的整合问题。

（3）一村多社区模式

该模式是将社区建置于自然村庄或村民小组，一个建制村设立多个社区。组织形式上是"行政村 - 社区 - 农户"或"行政村 - 自然村落 - 社区 - 农户"。该模式村民认同感强、参与热情高，利于实现村组范围自治与稳定。缺点是社区规模小，服务人员少，社区职能不够完善，基础设施建设投资成本大，需要政府层面的大力推动，社区治理过分依赖"五老"人员，缺少长远考虑。农村社会变化加剧，村民的认同日益跨越原有的村组范围，在更大范围内推动社会的融合成为可能和必然。该模式一般适用于建制村由若干较为分散的自然村所组成的地区，尤其是在一些偏远山区，村庄分散不宜组织集中规划建设，或是出于特殊村庄保护的目的，视其规模设立两个或两个以上的社区。

（4）集中建社区模式

该模式是对多个规模较小的村庄进行合并，在异地集中新建社区，或者在农牧民原聚居地附近规划新建社区，对周边一定服务半径内的村庄开展社区服务。以天津、成都、甘肃阿克塞县等地为例。该模式优点是不受建制框架束缚，以一定的空间范围为半径整合散居村庄资源，可以很好地推进基础设施与公共服务的共享。缺点是完全异地新建成本较高，村民搬迁意愿以及在新社区的融合问题突出，与原有建制村在具体的管理服务工作上可能存在重叠或者空缺。该模式适用于农牧民聚居区或者原来村庄规模较小、区位不佳、需要集中搬迁的地区。

4. 按照产业基础进行划分

产业是农村社区可持续发展的关键支撑，产业非农化程度是衡量社区发展程度的重要标准。按照社区建设所依托的产业基础，可以将其划分为农牧业主导型社区、工业主导型社区、商旅主导型社区。

（1）农牧业主导型模式

农牧业主导型村庄建立社区，是大多数村庄开展社区建设的主要方式。该类型村庄应该按照主要农牧业类型选择建设模式以及具体方案。种植业主导型村庄，应该依据作物类型、耕地分布等确定社区建设方案，积极进行土地资源整合，确定合理的耕作半径、服务半径。牧业主导型村庄，需要依据牧业类型及特点配置相应的环境设施及确定具体实施方案。

（2）工业主导型模式

村办企业或者有在村庄周边布局的企业时，社区建设与企业发展融合进行，推行"村企共建"社区。企业为社区建设投资建设资金，而社区需要为企业发展提供土地或者劳动力等必备条件。东部沿海多此类型农村社区，"苏南模式""温州模式"等均是借助农村工业化实现农村现代化发展起步而建成新型农村社区的典型案例。

（3）商旅主导型模式

商旅主导型社区建设，主要是利用近郊地带农田等乡村特色景观开展农家乐、农业观光、农业休闲度假、商贸流通等经营活动并在此基础上开展农村社区建设，完成农村发展的转型。该模式以近郊村庄为主，需要积极利用村庄区位优势，强化基础设施建设，大力发掘村庄内部所有旅游观光、商贸物流、民俗文化等方面的资源，推动农村服务业发展，建设"服务型农村社区"，促进经济与社会协调发展。[1]

2.2 新型农村社区建设典型模式与案例分析

2.2.1 国外新型农村社区建设经验与借鉴

1. 国外典型新型农村社区的概况

（1）德国"巴伐利亚试验"

在第二次世界大战结束后，德国农村问题比较突出，城乡差距进一步拉大。由于

---

[1] 张鹏，杜宏茹，倪天麒. 我国新型农村社区建设典型模式综述及其启示（J）. 生产力研究，2017（1）.

农村公共服务等基础设施条件比较落后，农民仅靠农业生产难以维持生计，为了生存和发展需要，大量农业人口离开农村涌向城市寻找就业岗位，这使得城市不堪重负。为了解决这一严重问题，赛德尔基金会提出了"等值化"理念。该理念主要是指不通过耕地变厂房和农村变城市的方式使农村在生产、生活质量上而不是在形式上和城市逐渐消除差距，使在农村居住和当农民仅仅是环境和职业的选择，通过土地整理、村庄革新等方式，实现"与城市生活不同类但等值"的目的，进而使农村与城市在经济方面达到平衡发展，也使涌入大城市的农村人口大大减少。

"城乡等值化"理念提出之后，得到当地政府部门的支持，并开始在巴伐利亚州进行试点试验。巴伐利亚州是德国16个联盟州中面积最大的州，面积70548平方公里，农村面积占该州总面积的80%。人口12493658人（2008年），居全德第二位。巴伐利亚试点村的"城乡等值化"主要包括片区规划、土地整合、农业机械化、农村公路和其他基础设施建设、发展教育和其他措施。这一计划在50年多前在巴伐利亚开始实施后并获得成功，这一做法被称为"巴伐利亚经验"，这一经验和做法随之成为德国农村发展的普遍模式。根据2010年统计数据，巴伐利亚州的城乡GDP仅差0.1个百分点，实现了城乡居民生产、生活条件等值化的发展目标。

（2）韩国的"新村运动"

作为一个人多地少的国家，韩国的耕地仅占其国土面积的22%。在20世纪60年代，韩国提出了出口工业战略，工业得到了快速发展并且粗具规模。但重工轻农的做法使其农业落后，农民贫穷，工农脱节，城乡差距拉大，贫富差别悬殊，人均国民收入只有85美元，农业劳动力占就业总人口的63%。"住草屋，点油灯，吃两顿饭"是当时韩国农民的真实写照。

为了改变这一现实，20世纪70年代初，由总统亲自倡导和政府强力推动的，旨在改革农业、改变农村、改造农民的大变革运动——"新村运动"在全体国民参与下启动。韩国政府实施"新村运动"具体可分为基础建设阶段、扩散阶段、丰富和完善阶段、国民运动阶段和自我发展阶段5个阶段，每个阶段都有其工作重点，具体为改善居住条件——改善居住环境、农业技术推广——发展农业——建立和完善民间组织——经济开发和社区文明建设。

"新村运动"开始，国家将"工农业均衡发展"放在首要地位，将农村开发战略和精神开发战略与公民运动相结合。在其推进阶段，对农民生活和生产条件进行改善，如加大对屋顶、厨房、厕所、水井改造及架桥修路等基础设施建设等。与此同时，政府着力帮助农民增加收入，并在1974年实现了农民整体脱贫，城乡差距逐渐缩小。在该运动的加速建设阶段，政府通过计划、协调和服务，为其提供必要的资金、物资和技术支持，并加大调整农业结构和发展农村加工业的力度，使农民的生活环境和文化环境得以改善，农民的生活水平也得以大大提高，基本上接近城市居民的生活水准。

在该运动全面发展阶段，政府致力于国家道德建设、社区教育、民主意识及法制教育，同时积极推动城乡流通业的发展，使城市繁荣发展逐步向农村扩散，最终达到城乡统筹发展的目的。

（3）日本的"市町村"大合并

日本的一个重要国情就是资源相对贫乏，人多地少。其土地总面积不到38万平方公里，且耕地资源非常少。面对这样的国情，日本一味地追求工业的发展，以此来实现经济的飞速发展，但这种发展模式使日本的农业凸显出很多问题，造成了城乡差异矛盾，城乡差距也越来越大。农村人口逐步涌向城市，造成了农业耕地废弃和空置等非常严重的问题。为了解决这一问题，日本实行了大规模的"市町村"大合并运动，来平均城乡发展的不协调，促进城乡一体化建设。由于日本市町村的规模都比较小，难以大规模发展，这一方面限制了农村的发展，另一方面也加大了政府管理成本，为此，"市町村"大合并就成为必然。

为了实现城乡统筹发展，日本政府采取了以下措施：第一，为防止城市人口过度集中和农村人口涌向城市，日本政府推行了相关经济激励政策，如鼓励或对工厂下乡进行补贴，使城市大企业转移到农村地区投资建厂，以此来实现农民离农。第二，加强农村基础设施建设。为了改善农村人居环境，由中央政府对农村建设项目进行财政拨款和贷款，地方政府除财政拨款外，还可以利用发行地方债券的方式进行融资，以此来用于公共设施的建设。第三，积极发挥农协的作用，为农业劳动力向非农业部门转移创造条件。

此外，日本政府还制定了许多合理的政策，确保规划实施，而且在实施合并过程中，还特别注重传统文化的保护等。进入21世纪后，日本"市町村"大合并的速度又开始加快了。通过合并，既消除了城乡之间的不平等，也使"町"成为市与村之间的桥梁。它不仅兼具城市和农村的一些特点，还使得日本建成了很多"城中有乡，乡中有城"的田园城市。

2. 国外新型农村社区建设成功经验

（1）德国"巴伐利亚试验"的成功经验

德国"巴伐利亚试验"的整个过程首先都是在一系列详细的规划指导下进行的，这些规划不仅包括村庄发展的科学的总体规划和详细设计，还包括村庄发展的功能分区等。其次，在进行试点时，政府特别重视村（社区）的社会发展和环境的建设，将教育、卫生、文化事业与环境保护等放在非常重要的位置，以确保实现均衡发展。再次，在进行试点时，德国也特别重视土地与农业在农村发展中的特殊性，并把"土地整理"作为村庄发展的最重要工作。

（2）韩国"新村运动"的成功经验

首先，韩国的"新村运动"基本运作模式是以政府积极引导与农民自主相结合的方式进行的。"新村运动"是由村民选出的新村指导员进行领导，这些民选的指导员有热情、有干劲也有能力，而且还具备一定的技能。由他们带领农民，在政府的指导和帮助下，制订计划并实施。

其次，韩国的"新村运动"的实施是以基础设施建设与增加农民收入相结合的方式实现的。韩国的"新村运动"在把道路的扩张、桥梁的架设、农用耕地的整理和农业用水的开发等作为农村基础设施建设重点的同时，又因地制宜地开辟出城郊集约型现代农业区、平原多层次的精品农业区、山区观光型特色农业区，这大大拓宽了农民增收的渠道，增加了农民的收入。

最后，在"新村运动"过程中，政府将村庄分为基础村庄、自助村庄和自立村庄3个级别，并根据村庄的不同等级，采取不同的政策进行分类指导，而且在实施过程中比较尊重村民的意愿，以解决最实际的问题。

（3）日本"市町村"大合并的成功经验

日本的"市町村"大合并首先是在全国一体化的规划和开发体系指导下进行的。为了缩小城乡之间的差异，日本政府非常重视对农业的保护，先后制定了很多政策和法规，以扶持日本农业的发展。其次，大力发展农民组织，通过农协来维护农民的权利。日本政府还颁布《农协法》，将农协这一民间组织转变成为正式的组织机构，使得广大农民的权利得到法律保障。再次，为了推动城乡交流，日本政府还鼓励城市居民，利用农村资源建设的属于城市居民的"市民农园"。为此，日本政府还制定了《市民农园整备促进法》，推动"市民农园"的顺利实现。

3. 对中国新型农村社区建设的启示

对国外相关实践的分析，可提供以下几点启示：

（1）新型农村社区建设可借鉴"不同类但等值"的思维方式

各地推进和建设新型农村社区建设时应根据各自的资源禀赋、区位优势和经济发展水平来进行，如农村工业化、生态农业、观光农业发展等社区建设。

（2）准确定位新型农村社区建设的主体

从德国、韩国和日本的建设实践看，政府只是新型农村社区建设的配角，在建设中做好引导、统领、服务作用的角色，而农民才是新型农村社区建设的主体。更好地调动农民自主意识和积极性，最重要的是将与农民生活最密切、农民最关注的问题放到首位来抓，如就业、教育、社保、低保、医疗等方面。

（3）要在注重基础设施的建设与改善的同时，真正解决农民的增收和富裕问题

从上述的建设实践中可以看到，国外在把道路的扩张、桥梁的架设、农用耕地的整理和农业用水的开发等作为农村基础设施建设重点的同时，又因地制宜地开辟出城郊集约型现代农业区、平原多层次的精品农业区、山区观光型特色农业区，这大大拓宽了农民增收的渠道，增加了农民的收入。

（4）加快新型农村社区建设有关法律、法规的建设，新型农村社区建设要依法推进

从德国、韩国和日本的建设实践看，他们在这方面的成功主要是建立在民主法治的基础上，其涉及新农村建设的每一项措施都是以法律的形式确定或者是有法可依的。而在我国目前，如河南省的新型农村社区建设的法律法规还不够健全，如农村集体建设用地无法入市，这在一定程度成为农民在办理抵押贷款的障碍，由于缺少稳定的法律保障，目前的工作主要是靠行政推动的方式来进行，这些都阻碍了新型农村社区建设。

（5）加大财政投入和农业融资力度

纵观上述国家的农村建设，都是以政府财政政策的支持和财政投入为后盾的。目前，河南省各地在推进新型农村社区建设中基本的做法是采取市、县、乡3级财政分担，加上整合国家财政支农资金以及社会或私人捐赠的办法，这一做法仅适用于在试点阶段集中于少数社区，但长期下来还是远远不够的。因此，必须建立稳定财政支农支出增长机制，不断加大公共财政的支持力度。[1]

2.2.2 国内新型农村社区建设实践与经验

1.四川新型农村社区建设经验

（1）新型农村社区建设整体情况

为积极实施十六届六中全会提出的农村社区建设新任务，以及2006年民政部下发的《关于做好农村社区试点工作推进社会主义新农村建设的通知》（民函〔2006〕288号）的农村社区试点工作，2007年四川省发布了《全省开展农村社区建设试点工作的通知》，《通知》明确了开展农村社区建设试点工作的指导思想、基本原则、主要目标和基本任务。

全省开展农村社区建设试点工作的主要目标是：按照社会主义新农村建设的总体要求，探索创新农村社区建设管理体制和工作机制，实现在村党组织的领导下，发挥农民群众的主体作用，整合农村社区资源，强化农村社区功能，深化村民自治，实现村民自我管理、自我教育、自我服务，促进农村经济、政治、文化、社会建设的协调发展，稳步推进社会主义新农村建设。

全省开展农村社区建设试点工作的基本任务包括：一是搭建社区平台。按照地域相近、规模适度、群众自愿的原则，根据平原、丘陵、山区不同村组的实际，因地制宜地界定农村社区范围，可"一村一社区"，也可"以村民小组或自然村为单位建社区"。二是依法建立和健全社区各类组织。引导农民在自愿的基础上，建立各类社区民间组织和专业服务组织。三是协商推选社区工作人员。可以由村民民主协商，推选能够主持公道、热心公益事业、致力扶贫济困、倡导文明新风的志愿工作者为社区工作人员。四是解决议事和活动场所。可将农村闲置房产和其他场地改建为社区活动中心，为村

---

[1] 郭永奇.国外新型农村社区建设的经验及借鉴——以德国、韩国、日本为例（J）.世界农业，2013（3）.

62

民议事和参加活动提供场地。五是探索投入机制。整合社会资源，引导、动员政府公共服务向农村延伸；支持企事业单位结对帮扶农村社区建设；鼓励村民自办、联办社区低偿（有偿）服务，提高农村社区服务的社会效益和经济效益。六是建立社区工作制度。围绕自愿参与、量力而行、服务村民、互帮互助等环节，落实各项工作制度，规范工作程序。七是积极开展活动。要在各社区内，大力开展改善村民居住环境、提高村民素质、丰富村民业余生活、发展农村公益事业以及帮助困难村民排忧解难等活动，不断提高村民的物质文化生活水平。

2008 年，四川省成都市温江区、双流县、宜宾市翠屏区、宜宾县、成都市龙泉驿区、都江堰市、自贡市大安区、射洪县、珙县、长宁县十地区成为全国农村社区建设实验县（市区）。

2014 年底，四川省已建成新型农村社区近 500 个，已经开建的新型农村社区约1800 个，已规划待建的新型农村社区约 5000 个。

2015 年 8 月，民政部确认 40 个全国社区治理和服务创新实验区，四川省成都市武侯区、成都市青羊区入列，实验时间从 2015 年 7 月至 2018 年 6 月，为期三年。

2016 年 5 月，四川省下发《关于开展农村社区建设试点工作的实施意见》（川委办〔2016〕17 号），明确从 2016 年起，全省 18 个地级市选择 2% 的村，阿坝州、甘孜州、凉山州等 3 个少数民族地区各选择 5 个村至 15 个村，按全省每年 1000 个村的规模开展农村社区建设试点工作。

2017 年 4 月，四川省印发《四川省幸福美丽新村建设总体规划(2017-2020 年)》，《规划》提出，每年实施 1000 个农村社区建设试点，到 2020 年试点面达 10% 以上，其中不少于 2600 个行政村开展农村社区建设试点。

2017 年 12 月，民政部公布首批全国农村社区治理实验区名单，四川省成都市郫都区、攀枝花市仁和区、乐山市沙湾区入列，实验时间从 2018 年 1 月至 2021 年 1 月，为期三年。

截至 2017 年，四川全省有 45934 个村、7143 个城市社区、5965 个农村社区，在实现城乡融合之后，全省社区总数将达到 59042 个。

2018 年 1 月，民政部确定并公布了首批全国农村幸福社区建设示范单位，经自愿申报、考察推荐和遴选验收等环节。四川省 5 个地区入选，1 个县（市、区、旗）级示范单位：四川省成都市温江区；4 个村（农村社区）级示范单位：江油市大康镇官渡村、广元市利州区赤化镇泥窝村、遂宁市蓬溪县常乐镇拱市村、宜宾市兴文县僰王山镇永寿村。

（2）新型农村社区建设主要举措及经验启示

四川省作为西部的经济和农业大省，近年来采取了多种举措推进新型农村社区建设，使四川的城镇化率在全国居于前列。四川的新型农村社区建设在解决"三农"问题上的积极实践，有许多值得总结的经验和方法：

1）以民生为着力点推动新型农村社区建设

四川省将新型农村社区与城镇化相结合进行规划布局。围绕成都城市群、川南城市群、川北城市群、攀西城市群进行统筹布局，将新型农村社区作为城市规划的延伸部分，从而形成市级中心城市、县级中心城市、乡镇、新型农村社区的四级城镇体系，使每一个城市群中有中心、有辐射，以中心带动周边，以周边影响中心。这样的规划布局，就将新型农村社区的居民作为了整体城市规划的一部分，便于推进新型农村社区的民生工作。截至 2017 年，四川全省有 45934 个村、7143 个城市社区、5965 个农村社区，在实现城乡融合之后，全省社区总数将达到 59042 个。四川推进新型农村社区建设的进度快，群众支持力度大，主要是因为在新型农村社区建设中关注民生，解决群众关心的利益问题。其工作主要体现在以下方面：以民生发展为科学规划的依据、以农民意愿为创制政策的导向、引导农民转变传统观念。

2）以完善制度保障新型农村社区建设

四川省新型农村社区建设的目标是在推进城镇化的进程中实现农地、工业和农民的"三个集中"工程，从而更便于实现政府公共资源在城乡的均衡分配，提高农民的生活质量，引导农民共同享有社会主义建设的成果。在这一目标导向下，地方政府特别重视制度建设，以理顺新型农村社区建设中的利益纠纷，化解城镇化中的矛盾。

一是完善土地集约使用和管理制度。土地集约性使用是推动新型农村社区建设的核心和难点，是农民利益的焦点，因而完善土地使用制度是破解新型农村社区建设阻力的关键。因此，党和政府需要慎重做好以下工作：

①科学制定土地权益保障制度，保证农民从耕地中应该获得的权益。目前，各级地方政府通过政策引导和政府补贴等政策，探索了土地托管、企业承包、社区经营等方式对农民土地经营权进行有序的转让和管理，在保证农民土地利益稳定并能持续增长的情况下，扩大农民转让土地经营权的选择渠道。

②建立农宅与社区房屋的置换和补差制度，保障农民的房屋产权。四川省成都市周边的县市由于地理环境好，农民生活条件好，所以通过集中统一兴建新型农村社区，引导农民用农宅置换新房，并根据当地的房价、地价进行科学合理的折算，农民只需要缴纳适当的差价就可以迁入新房。由于新房设计规划充满了乡土风情，再加上完善的公共服务提高了农民的生活品质，农民对房屋置换的积极性很高。因而，这些地方城镇化的进展快，反响好。

③探索集体用地向社区用地的转换制度。在农民充分知情并达成共识的情况下，原来村组的集体用地向社区进行集中转移，将集体用地的整体权益转化为社区用地的整体权益，并由全体居民共同享有。社区可以将这些集体用地的经营权进行整体有偿转让，居民以股份方式全体享有转让后的收益。这种方式推动农村土地整合利用，解

决了近年来大量的土地撂荒问题，为农业产业化、规模化提供了用地保障，有益于农业现代化、市场化和城乡一体化发展。

二是规范社区的管理制度。社区是农民的新家园，要使农民真正转变为居民，必须通过规范的社区管理使社区成为服务完善、文明祥和的生活共同体，才能形成居民对社区的认同感和归属感，从而融入社区生活。四川省各地在规范社区管理制度方面主要有以下经验值得借鉴：

①搞好多村居民融合。由于新型农村社区是由多个村组合并而成，不同村组有不同的风俗习惯和生活情趣，甚至个别村组因为林地纠纷等还有历史积怨，社区必须培育他们在农商经济、文化教育、社会风尚、人情往来等方面共同的价值观，吸取传统优点，开创新的特点，培育起新的社区文化。

②开展社区的有序管理和多种服务。主要的措施是：以城市社区标准建设公共设施，从而保证新型农村社区具有完善的功能；建立社区事务管理规则，重点加强对社区治安、环境卫生的管理，组建业主委员会，定期召开社区事务研讨会和听证会，形成良好管理氛围和居民生活秩序；拓展社区服务功能，从出行、购物、娱乐、教育、休闲、医疗、就业、交友等方面为居民提供综合服务，提高居民对社区管理的信任度和支持度；协助搞好居民社会保障服务，社区要与地方民政部门和社保部门建立对接制度，开展帮助居民办理社区养老、新农村合作医疗缴费和报销等方面的服务工作，消除居民在社区养老和医疗的后顾之忧。

3）以因地制宜原则推动新型农村社区建设

由于四川省各地经济社会发展差距大，地理环境、人文环境差异大，所以在推进新型城镇化过程中，不能全省统一模式、统一政策。四川省鼓励各级地方政府选择可行路径，因地制宜、循序渐进地推进新型农村社区建设。目前，比较成功的主要有以下路径。

一是城郊改造型社区。在成都市三环路以外、各市级城市如宜宾、南充等的郊区有一些城中村，在近年来的城市扩展过程中进行了改造，兴建了很多拆迁户集中居住的改造型社区。这些社区位于郊区，区位优势明显，经济条件较好。政府根据这些特点指导社区发展酒店餐饮、加工贸易、物流仓储等城市经济的配套产业，为社区居民提供很多就业和创业的机会，还吸引了一些外来务工人员，扩大了社区居民住房出租的经济收入。在这类社区中，普遍形成了较为完善的管理制度，居民的社区认同度高，对原有村组资产和土地的处置较为合理，居民的土地与宅基地权益得到了很好的保障。这类社区在将来的城市化进程中融入大中城市的潜力比较大。

二是平原示范型社区。成都平原周围新都、温江、郫县、新津、大邑等区县的乡村非常富庶，农村经济条件好，农民文化素质高，四川省政府在这些区域建立了平原示范型社区。政府主导建立了规模较大的社区，楼房建筑美观，配套设施齐全，农民加入社区的积极性非常高。在构建这些示范性社区时，政府以条件相对更好的自然村落为基础，整合邻近风俗、区位、产业等具有相似性的村落。然后集约化地流转农民承包地和集体土地的经营权，供企业进行农业产业化经营，发展蔬菜、瓜果、苗木等特色农业，为当地居民带来了稳定的土地收益。社区为居民提供了教育、医疗、养老等方面的服务，增强了社区对居民的吸引力。社区还组织乡村花卉节、旅游节等，带领居民开办农家乐等休闲服务，吸引城市来观光游玩，为居民增加了创收的机会。现在这些社区公共服务完备、居住环境优美、生活条件宽裕，在全国各省推进城镇化中发挥着示范作用。

三是乡镇发展型社区。为推动乡镇发展，四川省评选了100个示范小城镇和100个美丽小城镇。这些小城镇以此为契机大力推进新型农村社区建设，这些新型农村社区就属于发展型社区。这些社区交通便利，生活环境相对较好，经济发展有特色，因而社区的规模比较大，一般常住居民有500人左右。社区通过招商引资等形式，发展农产品加工业，提高农产品附加值，帮助居民增加收入；居民集中居住也增加了居民的就业渠道，各类餐饮、娱乐、休闲类服务业发展起来，解决了部分不能外出务工人员的就业问题；社区通过完善基础设施，保证生活用品的正常供给，提高了公共服务能力，逐渐培育了居民的社区认同感，也使居民逐渐摒弃传统的农业生产生活方式，受商业化的影响，具备了从居民向市民转变的身心素质。

四是山区生态型社区。在四川盆地边缘的宜宾、广元、巴中等地，由于山区地型所限，政府在推进新型城镇化的过程中，主要是构建山区生态型社区。由于这些山区的生态环境好，民风质朴，但经济条件相对较差，所以，政府在推进新型农村社区建设中给予了大力支持。比如，宜宾市兴文县的春风村，由于全村主要是山地，传统农业产量低，在地方政府的支持下，以新农村建设为契机建立了新型农村社区。政府以原春风村为基础，整合周边几个乡村，兴建新型农村社区，将所有村民集中居住于几个定居点，政府为每家修建新房和搬迁提供现金补贴，调动了农村进行新型农村社区居住的积极性。然后在保证村民土地承包经营权的基础上将全村土地进行统一规划，种植水果、茶业等经济作物，并利用一些花果节吸引周围游客，开发了山区生态旅游项目。这些社区与良好的生态环境融为一体，成为山区开展新型农村社区建设的典范。[1]

2.山东新型农村社区建设经验

（1）新型农村社区建设整体情况

在新型农村社区建设中，山东省一直走在全国前列，既出现了诸城市和青岛黄岛区这样的全国示范典型，同时在进行大规模村庄合并、建设新型社区方面也引起了全国的高度关注。

[1] 李永忠.四川省新型农村社区建设经验探析（J）.黑龙江科技信息，2015（5）.

　　山东省从 2006 年结合新农村建设开始推动村庄合并和农村社区化发展，2007 年农村社区建设开始试点，2008 年全省有 38 个县（市、区）被民政部确定为全国农村社区实验单位，2009 年省委省政府出台《关于推进农村社区建设的意见》（鲁发〔2009〕24 号），提出用五年左右的时间实现全省农村社区建设全覆盖。关于农村社区建设模式，提出除了以原有村庄为基础的"一村一社区"形式外，对村庄规模较小、村庄密度较大或生产生活方式相近的地区，可按"几村一社区"形式建设。同时提出，大力提倡通过兼并邻村、撤并弱小村、改造空心村进行合村并居，加快推进新型农村社区建设。

　　随后，在"城乡建设用地增减挂钩"政策和大力推进新型城镇化背景下，山东各地全面开展了新型社区建设。2013 年 9 月下发了《关于加强农村新型社区建设推进城镇化进程的意见》（鲁办发〔2013〕17 号），更明确地提出农村新型社区聚集人口一般不少于 3000 人。应发挥中心村镇集聚带动作用，建设城镇聚合型社区；而对规模小、分散的村庄，则以中心村或经济强村为依托合并，建设聚集型的中心社区。

　　2014 年 9 月所颁布的《山东省农村新型社区和新农村发展规划（2014-2030）》，把农村新型社区界定为"在规划引导下农村居民点集中建设，形成具有一定规模和产业支撑、基础设施和公共设施完善、管理民主科学的农村新型聚落形态"。所建设的新型社区主要分为城镇聚合型和村庄聚合型两大类。目标是到 2030 年，山东省将建设 7000 个农村新型社区，其中城镇聚合型 3000 个、村庄聚集型 4000 个；建设中心村 5000 个，保留基层村 25000 个。

　　这意味着，在这 15 年间，山东现有的行政村将有一半多"消失"。在此背景下，山东省各地开展了大规模的农村新型社区建设。在潍坊、淄博、德州、莱芜、泰安、济宁、菏泽等地，新型社区纷纷设立，出现了越来越多的"万人村"，"大村庄制"似乎成了当前齐鲁大地广大农村发展的主流模式。

　　2015 年 11 月，山东省发布《关于深入推进农村社区建设的实施意见》，提出实施农村社区服务中心建设三年行动计划，到 2018 年 1.2 万多个农村社区全部建成面积达标、功能完善、运转正常的社区服务中心。

　　截至 2016 年底，山东省共有 7878 个农村社区建成社区服务中心，平均建设面积 1087.79 平方米，其中直接用于服务群众的面积达到 794.56 平方米。已建成农村新型社区集中供水率达到 100%，燃气覆盖率 49.3%，供暖覆盖率 29.9%，网络宽带开通率 48.6%，建设生活污水处理设施的社区达到 70% 以上，平均每个社区有垃圾收集点 11.5 个。

　　（2）新型农村社区建设主要举措经验启示

　　山东省对新型社区建设的主要举措包括如下方面：

　　1）统筹编制规划和组织领导

　　在 2006 年开始新型农村社区建设以来，山东省一直将新型农村社区建设作为建设新农村和加快城镇化的重要举措进行实施，实现了统筹编制规划和组织领导。如民政部门负责农村社区建设的组织协调、工作指导、政策制定、项目安排、督促检查、考核和业务培训等工作；组织部门负责农村社区党组织建设和党员教育服务管理工作指导；住房城乡建设、规划部门负责农村新型社区规划建设和农村社区基础设施、公共设施建设；财政部门负责农村社区建设资金预算管理和资金整合、集中投放；国土资源部门负责落实城乡建设用地增减挂钩等政策；其他相关部门要各司其职，积极配合，形成合力，共同推进农村社区建设。

2）统筹资金管理 加大资金扶持

为了保证新型农村社区建设资金到位，山东省要求各级，统筹用好中央和省级安排的相关涉农资金，拓展资金来源渠道，统筹利用好村集体经济收入、政府投入和社会资金，重点保障基本公共服务设施和网络、农村居民活动场所建设需要，按规定合理安排农村社区工作经费。在县（市、区）、乡镇（街道）层级整合村干部报酬补贴资金，统筹用于社区工作人员报酬补贴，保障社区工作人员报酬待遇按时足额发放。福利彩票公益金可用于扶持农村社区社会工作服务，体育彩票公益金可用于农村社区体育设施建设完善，其他各有关部门也要通过直接补助、以奖代补等方式补助农村社区建设。

3）加强政策支撑

积极采用补助、贴息、奖励、收费减免、购买服务等激励措施，鼓励社会力量参与社区建设，逐步建立起以各级财政资金、村级集体经济投入为主，企业投资、社会各界参与、慈善捐助为补充的多元投入机制。《省委办公厅、省政府办公厅关于加强农村新型社区建设推进城镇化进程的意见》规定的农村新型社区享有的资金、用地、税费和信贷等各项支持保障政策，同样适用于其他形式的农村社区。

4）深化配套改革，支持社区建设

一是优化服务环境，严格督导考核；二是健全组织机构，完善运行机制，注重社区化服务；三是涉及居民土地承包经营权的股权化、农村集体资产股份化、建立新型农村合作经济组织、建立统筹城乡建设用地使用制度。

从山东省新型农村社区建设规划和建设成果来看，主要的启示如下：①新型农村社区的建设要按各地具体情况进行分类指导。我国地域辽阔，村落众多，各村落经济、地理分布、文化等存在较大的差距，因此在新兴农村社区建设时，需根据具体情况进行分类指导。如山东省根据全省村落分布状况，共规划农村社区12818个，其中2000个左右属于"一村一社区"，其他10000多个都属于"多村一社区"，并对各级市的农村社区建设进行分类细分规划指导。②新型农村社区建设需梯次推进。我国村庄数量庞大，截至2016年底，全国自然村达261.7万个，行政村52.85万个，已编制村庄规划的行政村323373个，占所统计行政村总数的61.5%。如此庞大的村庄数量，导致新农村建设和新型农村社区无法全国范围内全面实施，而需要根据实施难易程度、紧迫程度等进行分步实施，梯次推进。③逐步提高。新型农村社区的建设是一项巨大而又系统性的工程，因此需要循序渐进、逐步提高。随着新型农村社区建设深入发展，新型农村社区不再仅仅是住楼房、新房这样简单的诉求，而是综合服务设施建设、服务水平、文化建设、经济建设、法制建设、人文环境建设的综合考量。因此未来随着未来新型农村社区建设的深入推进，更高层次的居民诉求将不断完善。

2.2.3 新型农村社区典型模式与案例解析

1.诸城模式——服务完善型

（1）诸城市新型农村社区建设现状分析

诸城市作为山东半岛重要的陆上和港口交通枢纽，是直属山东省的县级市，现由潍坊市代管，其位于山东半岛的东南部，西邻临沂，南接日照，东靠青岛，总面积达2183平方公里，包括13处乡镇、1处山东省经济开发区。

诸城市作为全国百强县、山东省文明城市以及全国优秀旅游城市，一直以来秉承优良的改革传统，紧随改革开放的先进浪潮，先后提出了工农贸一体化、商品经济大合唱、中小企业改革制度以及农业产业化等一系列推动经济快速发展的策略和措施。

近年来，诸城市针对农村公共服务中的诸多问题，政府工作人员深入基层并针对这一问题进行了详细的走访调研。在此基础上诸城市政府制定并提出《关于农村社区建设的意见》，详细规定了农村社区建设的基本原则、实施措施以及职能机构的设置等内容。以此为起点诸城市开始在全市范围内推广建设农村社区工程，使基本公共服务拓展至所有规划建设中的农村社区，达到了公共服务的全市覆盖，形成了具有诸城特色的农村社区建设新模式。

诸城市建设农村社区的首要任务是满足广大农民群众在基本公共服务方面的迫切需求，因此建设社区服务中心成为农村社区建设的关键环节。社区服务中心作为服务农民的工作平台，并不是作为政府的一级政务机构，而是承接政府部门并延伸到基层农村的公共服务与政务服务工作平台，因此社区服务中心实质是政府与广大农民间的连接桥梁。诸城市为防止农村社区服务中心的服务半径过大而造成的效率低下以及服务半径过小而造成的资源浪费等情况的发生，决定将社区服务中心的工作半径固定在2千米左右，能够同时覆盖3-5个村、1000-3000户左右，依据上述布局规划，诸城市累计建设208个农村社区。为完善社区服务中心的工作落实，诸城市建立了与农民社会保障和基本生活服务密切相关的服务保障体系，同时由社区环卫、社区医疗、计划生育、文教体育、社区治理以及社会保障共同构成六个社区服务站，并为服务站设定了专门的工作人员，以确保社区居民可以享受到高效便捷的社区服务。

诸城市政府为鼓励农民积极搬迁入住到建设完成的农村社区，遵循政府推动和社会协调的原则，提出以乡镇投入为主，各社会事业单位投入为辅，市政府适当补贴的帮扶政策，同时诸城市对第一批进行农村社区建设的农村给予 20 万元的建设补助金。

此外，诸城市还引导各市直部门、企事业单位、社会团体以及个人通过各种方式参与农村社区建设的过程中。通过有效整合各类社区资源，改造农村社区的服务于办公场所，诸城市在农村社区建设中新增加了体育、文教等娱乐场所。诸城市推广建设的社区服务中心并不是政府的一级行政机关，而是更好地为社区居民提供服务的工作平台，因此其政治性被弱化，但是强化了专业服务能力，社区服务的专业化、系统化、标准化以及科学化水平得到极大的提高。农村社区的建设使政府职能实现了本质的转变，由传统的管理农村与农民转变成现在的服务农村与农民，而农村社区正是政府职能下移的工作平台与载体。农村社区居民在社区服务中可以快速办理与其基本生活、社会保障相关的各类事情，增强了政府的办事效能，体现了由管理型政府转变为公共服务型政府的质变。政府工作人员的工作作风与工作方式在农村社区建设中发生了直接性的转变，由之前的被动服务变为现在的主动服务，密切了党群和干群的关系，机关干部在与基层民众的接触中体会到自身价值所在。[1]

截至目前，诸城市统筹规划建设了 208 个农村社区，51 个农村新型社区，目前已有 22 个纳入城镇化统计，约 10.49 万人。

（2）诸城市新型农村社区建设经验分析

1）加强政府的组织领导，实行市镇帮扶共建

积极加强政府对新型农村社区建设的领导。实行市领导牵头四大班子领导挂牌联系和市直单位分包帮扶制度，确定几名市级领导和几个市直单位分包帮扶具体几个乡镇，要求各分包领导和帮扶单位要深入基层乡镇，了解乡镇社区建设和拆迁情况，及时研究解决新社区建设和乡村拆迁中出现的问题，实行一对一的帮扶。

2）市镇政府加大宣传力度，营造浓厚社区建设氛围

通过在拆迁镇村开设宣传专栏、在电视台开办专题节目、邀请领导座谈和外出参观学习等多种形式，在拆迁乡镇营造浓厚的舆论氛围。

3）坚持科学规划，集约节约用地。用先进思想科学规划全市新型农村社区的编制工作。全市所有新型农村社区的修建性详规要求按时完成统一公示，并由市财政承担全部规划费用以减轻乡镇经济负担，全力助推新型农村社区建设。

4）调整农村生产结构，转变农村经济增长方式加大农业结构调整力度，发展现代化农业，规模化经营，大力发展园区化、生态化、现代化农业，积极完善基础设施，吸引外资解决村中闲杂人员的就业问题。

5）强化巡视审计考核，依法实行奖惩制度

将农村社区建设的乡镇纳入全市巡视组和审计局重点巡视和审计的行列，对于违

---

[1] 张崇阳. 山东省诸城市农村社区建设评价研究（D）. 山东理工大学，2017（03）.

法现象发现一批严惩一批。[1]

2. 马桥模式——工业企业带动型

（1）马桥镇新型农村社区建设现状分析

山东省淄博市桓台县马桥镇，位于桓台县西北部，镇域面积 79.12 平方公里，总人口 6.3 万人，辖 52 个行政村。马桥镇是典型的工业企业带动型村镇发展类型，工业形成了造纸、化工、电力三大产业，镇内马桥产业园是淄博市齐鲁化工"一区四园"的重要组成部分，园内有集团博汇和金城石化集团两家"500 强"，带动就业 1.8 万余人；农业生产以种植速生林为主，粮食生产以种植小麦与玉米为主。

为推动马桥镇的发展，实现农村居民的小康，马桥镇在政府的支持和带领下，加快了新型农村社区的建设。马桥镇坚持镇村一体规划，打破原有村庄区划界限，把全镇统一规划为组团居住、工业集中、文化商贸、生态保护、农业生产五大功能区，编制了镇村一体建设总体规划。

在农村社区经济发展上，马桥镇通过龙头骨干企业的培植和引入，壮大了该镇经济实力，带动了非农产业的发展，为农村居民提供了丰富的就业机会和岗位，推动了农村劳动力的转移，转变了农村居民的生产和生活方式，为农村社区化发展提供了物质基础和发展条件。数据显示，马桥镇镇域工业发展就地就近转移农村劳动力 5 万多人，仅博汇、金城石化两家企业带动 1.8 万人就业。

在农村社区服务功能完善上，马桥镇积极开展基础设施配套建设，在城镇硬化、绿化、亮化、美化工程，银行、超市等服务行业等方面全面发展，服务设施建设日趋完善，能够满足北营社区村民对教育、医疗、养老的基本需求，城镇综合功能日益完善。

目前，诸城市新型农村社区建设取得成果如下：

2016 年，全镇实现 GDP 收入 120 亿元，规模以上工业企业实现产值 629 亿元，主营业务收入 622 亿元，利润 22 亿元，税收 15.8 亿元，完成地方财政收入 5.48 亿元，农民人均可支配收入达 22483 元。2017 年上半年，规模以上工业企业实现产值 379 亿元、主营业务收入 370 亿元、利润 11 亿元，税收 10 亿元，同比分别增长 41%、40%、4.5%、14%。

全镇经济在科学和谐发展的前提下，保持了强劲的发展势头。2016 年马桥产业园被确定为齐鲁化工区"一区四园"之一，坚持"大项目、大企业、大产业"带动战略，依托金诚、博汇两大龙头企业，不断拓展延伸以 MZRCC 联产工程为主的石油炼化产业链条，以丙烯、环氧丙烷为主的聚氨酯精细化工产业链条，以 ABS、尼龙 66 等为主的聚酰胺产业链条，以生物医药、高端制剂、医药研发、现代健康服务等为一体的大健康医药产业链条，通过优化配套、强化服务引导，实现产业转型升级，促进价值

---

[1] 张崇阳，张敏．山东省诸城市农村社区化建设的研究与分析．西部皮革，2016（11）．

链向中高端迈进。

全镇社会事业发展迅猛。中小学整合为两处市级规范化学校，投资 800 多万元的北营小学已建成使用，并入选"全国青少年校园足球特色学校"；投资 1000 余万元进行扩建的中心学校已于 2017 年建成并投入使用；投资 1500 万元兴建的桓台县第二人民医院，在全县最早完成智慧医疗网络链接，已成为经济和社会效益最好的乡镇医院之一；建成使用马桥公园、马桥植物园、北营休闲园，成功举办马桥镇牡丹展及摄影大赛，马桥镇文体中心正在建设中，2018 年正式投入使用，人民生活质量不断提升。

全镇 52 个村先后全部建成村级文化大院，其中，后金文化大院建成后，每年接纳省、市各艺术团体演出，成为全县最大的村级文体活动中心；全镇共有图书馆室 20 处，藏书 20 万册，各种报纸杂志百种，有线广播电视入户率 100%；2017 年，全镇幼儿园 9 处；中小学 5 处，全部为省级规范化学校；2016 年 9 月 9 日，马桥镇首届金诚教育基金颁奖大会举行，200 名学生、38 位教育工作者、24 名优秀班主任共计领到 19 万元的现金奖励，另有 5 万元用于资助困难学生。

（2）马桥模式经验借鉴分析

马桥模式是典型的工业企业带动型村镇发展类型，该类型镇域自身经济社会基础条件较为优越，与县域城区距离相对较远，对周边农村地区具有较强的辐射作用，能够承担部分县域的经济与社会功能；其优势在于，由于地处广大农村地区，农村劳动力资源丰富，产业发展所需的劳动力要素供给相对充足，村镇之间的联系相对紧密，有利于形成具有有机的村镇体系，发挥规模效应；该类型村镇存在的问题是，未来工业产业不断扩张导致用地需求增加，而镇域在争取土地指标方面难以与县城区抗衡，导致工业产业发展空间有限，工业产业可持续发展需转型。此外，由于镇域发展水平相对较高，仅适用于具有一定工业基础且具有较大发展潜力的村镇，对于产业基础薄弱的镇域并不具备借鉴作用。

3. 莒南模式——资源整合型

（1）莒南线新型农村社区建设现状分析

莒南县地处鲁东南鲁苏交界处，总面积 1388 平方公里，辖 12 个镇街和 1 个省级经济开发区，239 个行政村（社区），86 万人口。

在经济社会发展的过程中，莒南县由于农村村庄规模小、人口少，出现了村庄"散居"、基础设施建设滞后、公共服务不足的局面。如，以往相沟乡 54 个村庄呈"窝状聚集"的有 41 个，村均人口不到 1000 人，村均面积不到 0.5 平方公里。新农村规划建设难以开展，村庄宅基地利用效率低，基础设施建设和公共服务"进村入户"成本较高。

莒南县为推动"大村庄"模式的新型农村社区建设，因地制宜，科学规划。由各乡镇组织专门力量，对所辖村庄进行深入调查研究，摸清适合"大村庄制"社区建设方式的村庄数量及分布。同时，按照地域相近、居住相对集中、村民认同感强的原则，确定新型农村社区的辐射范围。对确定的农村社区，按照"切合实际、着眼长远、布局科学、便于操作"的原则，搞好建设的具体规划。主要是建立健全各类社会组织和农民合作组织，调整完善社区党组织设置，搞好社区基础设施建设，成立居民小区，建立健全社区服务机构，搞好社区制度建设等，确保农村社区建设的规范化运行。

莒南县新型农村社区建设的具体措施有：

1）打破原有建制

打破原建制村设置模式。取消原有村庄的分散建制格局，重新设计功能分区，将社区规模确定为半径不超过公里，涵盖一个村庄、覆盖一人。在各合并村重新划分村民小区，把原来的建制村村民自治改为社区村民自治，选举成立社区村民委员会。

打破传统村民小组设置模式。取消村民生产小组，依法建立起畜牧养殖、交通物流、商会等若干行业协会及各类专业合作组织，社区村民根据自身愿望参加行业协会及专业合作组织，社区村民委员会通过对行业协会及专业合作组织的管理，推动社区经济和社会事业发展。

2）社区资源有效整合

推行"大村庄制"，实行"八合"，让乡村集团式发展。过去一些自然村落中各行政村之间，虽地域相近，习俗相同，但村与村之间在基础建设、管理模式、发展水平以及村"两委"班子建设与工作力度等方面都存在着不平衡性。这种不平衡性极大地影响了村级各项工作的开展。于是，莒南开展了以队伍、班子、土地、合同、债权、债务、资产、制度"八合"为特色的"大村庄制"建设工作。

队伍合。撤销以前以行政村为单位的基层党支部，成立以社区为单位的党支部、党总支或基层党委，村民自治和村民选举变成了社区居民"合推合选""共推共选"。

班子合。村庄合并后，社区只成立一套领导班子，即社区党组织和社区居民自治组织，各社区真正做到了一个班子集中办公，一个班子集体议事。

土地合。原行政村的所有土地资源，除原行政村分配的承包地因落实三十年不变政策未整合之外，将原来各村以内机动地、宅基地、建设规划预留地、"四荒"地、集体积累等集体资产全部整合起来，由社区统筹管理和使用。对项目及基础建设所需土地，根据原建制村人口及土地面积，采取原建制村土地"滚动"的方式聚集，由社区进行开发使用。

合同合。原行政村的各业承包合同，全部收归社区集中管理，集中变更发包人。对于原行政村签订的部分未到期合同，仍维持合同期限。待合同到期后，再由社区公开发包。

债权合。合并前原行政村的集体积累及债权全部收归社区管理，由社区"俩委"统一支配使用。在投向上，有重点地向原行政村区域倾斜。

债务合。根据原行政村负债和新行政村集体收入情况，在广泛征求村民意见的基础上，原行政村涉及的债务均由合并后的新社区承担。其中，村集体借村民的款项优先偿还，其他的债务逐年偿还，或根据新政策逐步化解。

资产合。村庄合并后，原行政村资产全部收归社区所有，由合并后的农村社区"两委"集中管理、使用或处置。

制度合。村庄合并后，原行政村制定的规章制度和村规民约废止，全部执行新农村社区制定的各项规章制度，战斗力、凝聚力、影响力明显增强。

3）完善社区的功能分区

首先是规划"项目区"，成立民营经济发展协会。利用原行政村政策内预留地，聚零为整拓建项目区。其次是规划"养殖区"，成立各类养殖业协会。再次是规划"服务区"，成立各类流通服务业协会和服务中心，将建设商贸大街、集贸市场、便民超市、为民服务中心等全部纳入农村社区整体建设规划。目前，各社区都建起了自己的商贸文化大街、便民超市、便民商店、为民服务中心等。

4）健全社区便民服务

大力推行"十个一"工程，即每个社区建设一条商贸大街、一处集贸市场、一处便民超市、一处社区服务中心、一处小学或幼儿园、一处卫生室、一处文化广场和老年、幼儿游乐中心、一处警务室、一处工业及养殖项目区、一处现代农业示范项目区。搭建农业产业化组织平台，以专业协会和合作组织为依托，为居民提供各种服务。积极推进农村供销社、农村信用社、农民专业合作组织、农村邮政物流"四个载体"建设，为社区居民生产、生活提供全方位服务。[1]

目前莒南县新型农村社区建设情况如下：

2017年莒南县农村居民人均可支配收入12020元，同比增长8.4%；2017年新发展农民合作社153家，全县总数达到1909家，其中国家级示范社4家、省级16家、市级117家；新发展家庭农场45家，全县总数达到302家，其中省级示范场3家、市级16家；新申报市级以上农业产业化重点龙头企业19家，全县总数达到77家，其中国家级1家、省级6家、市级70家；申报种粮大户37户，新型农业经营体系不断完善。

截至2017年底，莒南县有42个行政村（社区），其中农村新型社区53个，中苑社区、花园社区被评为"全省农村新型示范社区"。已初步构建了以县城为核心、小城镇为支撑、农村新型社区为基础的"三级联动"的城镇化体系。

（2）莒南模式经验借鉴分析

综合分析莒南县新型农村社区建设情况，与诸城服务完善型和工业企业带动型，莒南县新型农村社区建设属于资源整合型，主要适应于以下地区：1）地区区域经济发展相对落后，经济水平处于工业化前中期，城市经济和非农产业缺乏对农村和农业的

---

[1] 刘健. 山东省新型农村社区发展模式与规划对策研究（D）. 山东建筑大学，2010（05）.

74

带动力；2）政府财力相对薄弱，农民经济收入水平低下，新型农村社区建设缺少必要的物质基础；3）土地仍然是农民的生活保障，农民就业仍以农业种植为主，农民生产力受到极大束缚，不能得到有效转移；4）农业产业化水平较低，经营模式和生产方式相对落后，致使农村居民点布局分散，合村并居受到较大限制。

2.2.4　国内外新型农村社区管理的典型模式

1. 国外新型农村社区管理的典型模式

（1）美国自治型农村社区管理模式

美国是一个有着优良自治传统的国家，乡村自治在整体国家自治体系中占据着重要的地位。村民委员会是美国乡村自治的权力机构，拥有乡村自治、乡村发展的重大决策权，同时还享有一定的立法权限。这种自治性的立法权不受联邦及各州政府的干预，当然，并不由此表明联邦政府及州政府对村民委员会没有管理权。在美国的很多州，均以宪法或法律的形式对乡村自治制度进行了规范，比如纽约州就专门颁布了《纽约乡村自治法》，该法是纽约州乡村自治制度发展的法律依据，内容涵盖了乡村社会发展的各个方面。美国乡村自治的核心是村民委员会动员与鼓励社区居民积极参与社区事务管理，充分发挥居民自我管理、自我服务的社区自治功能。在村民委员会之下设立具体的村级自治管理机构，包括各种议事机构与执行机构，其具体的设置与功能如表 2.2.4-1。

美国村民自治机构的组成及职能　　　　　　　　　　　　　　　　表 2.2.4-1

名称	性质	产生程序	主要职能	组成人员
理事会	议事机构	由村民委员会选举产生	负责乡村的医疗卫生、社会保险、公共安全、社会福利等方面的建设，同时负责与其他乡村保持联系与交流	一般是由乡村精英担任
村长	日常事务负责人，理事会成员	由村民委员会选举产生	负责村庄的日常事务	—
行政职员	办事员	村庄任命	执行各种日常工作	人数不定
村法官	村民纠纷的解决者	理事会选举产生	负责村民各种民事纠纷的调解工作，其作出的决定具有法律效力	依据村庄大小而定，至少为 1 人

美国各级政府与农村社区的关系比较松散，政府对农村社区的管理主要体现在两个方面：一是宏观政策指导，二是为农村社区管理制定相应的法律法规。具体而言，宏观的政策指导，就是政府通过各种财政、税收等相关手段与政策来推动一些与农村社区相关的生产、生活项目，由此来带动农村社区经济的发展，同时负责农村社区相关的公益设施建设，满足居民的精神与文化需求。在法律法规制定上，联邦及州政府一般只负责制定乡村自治以及涉农投资、开发、信贷等方面的法律法规，涉及农村社

区管理与发展具体事务的法律法规均由村民委员会制定。

由此表明，美国的农村社区管理基本上处于一种社区与居民自治的模式，在这种模式下，社区、村民是社区管理的主体，拥有决定社区发展的绝大部分权力，在自治管理过程中，其权力不受联邦及各级政府的干预，村治机构无需对政府负责，只需对社区全体村民负责。政府在管理过程中是起辅助与指导作用，不参与社区事务的直接管理，各级行政权力也无法延伸到农村。美国的这种自治模式给农村社区的发展提供了较大的自由空间，也充分调动了居民参与社区管理的积极性。但这种管理模式，对地方自治的要求比较高，需要各种完善的公共制度来支撑。从长远来看，社区自治模式是农村社区管理的发展趋势。

（2）新加坡行政主控型农村社区管理模式

1965年新加坡建国后，为了消除种族隔阂，实现社会稳定，开始着手发展组屋社区计划。行政主控型社区管理方式就是在组屋计划中形成的。20世纪60年代，新加坡至少超过150万人没有住房，不仅如此，快速的人口增长远远超过了新建住房的增长速度，为了解决人口多、住房少的矛盾局面，1960-1980年，新加坡实施了组屋计划，20年间修建了各类公租房6万多套，并专门成立了组屋发展局，充分发挥政府政策的作用，广泛吸收社会各种资源，为组屋建设提供支持，同时政府还通过财政、税收、信贷等措施来帮助居民解决住房问题。

新加坡人多地少，为了充分利用空间与节约成本，组屋社区建设多为高层建筑，实行集中居住；社区配套建设也由政府统一规划，各种配套设施较为完善，一般配有学校、图书馆、医院、体育馆等公益场所，在完成了"居者有其所"的目标之后，新加坡继续在此基础上推行组屋社区计划。从1980年之后，新加坡政府主要通过完善组屋社区的公共设施等活动来提升居民的社区认同感。组屋社区计划的推行加快了新加坡城市化建设的进程，农村社区完全被组屋社区所取代。亚洲开发银行显示，到2010年，新加坡的城市化率达到了100%，传统的农村社区已经被历史所淘汰。但这并不说明，新加坡社区管理模式没有意义。总体而言，新加坡的农村社区建设与管理完全是在政府推动下进行的，政府在社区管理中居于主导地位，是一种自上而下的行政推动型，人民协会作为政府体制的一部分，负责执行政府关于社区管理的具体事务。在这种模式下，政府的主导作用是直接而具体的，社区管理带有浓厚的行政色彩，这与新加坡政府体制是一致的。

新加坡农村社区管理机构及职能 表2.2.4-2

机构性质	组织构成	主要职能
政府部门	包括文化、教育、卫生、医疗、商贸、宗教事务、财政、劳动、社会保险、建筑等各部门	制定社区发展与管理的规划，负责执行社区管理的各项具体事务

续表

机构性质		组织构成	主要职能
社区组织——人民协会	决策机构	公民咨询委员会	社区组织的最高机构,代表社区与政府各部门沟通、决策
	执行机构	社区管理委员会	执行政府各项政策与措施
		邻里委员会	代表居民,将居民意见反馈给公民咨询委员会
		社区发展委员会	负责执行政府发布的社区发展规划
		居民委员会	负责执行政府关于居民生活及福利事项
	辅助机构	妇女执行委员会	辅助社区管理委员会、居民委员会执行各项涉及妇女的具体工作
		青年执行委员会	辅助社区管理委员会、居民委员会执行各项涉及青年的具体工作
		华族执行委员会	辅助社区管理委员会、居民委员会执行各项涉及华人的具体工作
		印度族执行委员会	辅助社区管理委员会、居民委员会执行各项涉及印度人的具体工作
		马来族执行委员会	辅助社区管理委员会、居民委员会执行各项涉及马来西亚人、印度尼西亚人的具体工作
		体育康乐俱乐部	辅助社区管理委员会、居民委员会执行社区居民体育、康乐活动
		宗教事务委员会	辅助社区管理委员会、居民委员会管理各项宗教事务工作

（3）日本农村的政府与社区互动型管理模式

日本的农村社区是以村落或村落联合体为基本的载体,农村社区不仅是村民共同的生活场所,同时也是执行政府政策、进行村务行政管理的机构。经过长期的发展,日本农村社区管理主体已趋多元化,社区服务设施也比较齐全。从整体上看,日本农村社区管理是由政府、社区自治组织、各类民间社会组织、公民等共同参与的,其中民间力量是社区管理的主要力量。社区自治性组织是以社区全体社会成员为基础而形成的公共性管理组织,包括町村长及其助役、行政委员会、地方公营机构及议会村级事务局,主要行使各种具体的行政事务,在居民日常生活、日常事务、服务、公益建设等领域发挥了重要的作用。

日本农村社区管理的主体及职能 　　　　　　　表 2.2.4-3

机构性质	具体构成	具体职能
政府部门	包括劳动、民生、财政、农林、水产、建筑、卫生等部门	发布具体建设规划,为社区建设提供各种资金、技术及政策支持

机构性质		具体构成	具体职能
社区自治性组织	首长及相关辅助机构	町村长	社区具体事务的执行者
		助役	
		收入役	
	地方公营机构	水道、水务、医院等公营机构	辅助町村长及政府部门来执行社区中的公共及公益事务
社区自治性组织	行政委员会	教育委员会	社区各项事务的决策者，决定教育发展、监察事项、农业发展、社区资产管理、人事安排等重大事项
		选举委员会	
		监察委员会	
		农业委员会	
		资产评估委员会	
		人事委员会	
		公平事务委员会	
	议会	村级事务局	制定社区自治与管理的各项地方规则
公民、民间组织及企业		居民、各类经济性社会组织、私人企业等	为社区居民生活及生产各项具体事务提供有偿服务

日本的这种处于政府与社区互动的混合模式，是在政府与居民的双重主导之下，能够最大限度地发挥政府与居民的积极性，但两者的角色分工不同。政府在社区管理中主要负责社区的发展规划，为社区发展提供技术、政策、经费的支持，政府规划带有较强的政策性，社区与居民无权决定社区发展方向。社区与居民主要负责执行政府的规划与政策，处理社区中的日常事务，在日常事务管理中，社区与居民拥有较大的决定权，政府不会干涉。由此可见，日本这种双重互动模式中社区自治还是有较高的水平，但政府的作用也比较大，两者相辅相成。

（4）三种典型新型农村社区管理模式评价

三种模式各有所长，各自适应了本国的历史传统、政治体系与社会经济发展水平。

美国的社区自治型模式，可以说是发达国家的代表，也是联邦制国家的代表。在美国这样一个经济高度发达、有着悠久的法治自治传统、实行分权制衡体制的国家，其社区管理模式是其自身政治体制、经济制度的一个缩影，在欧洲的一些发达国家或联邦制国家，如英国、德国、芬兰，农村社区管理也是这种模式。

新加坡的行政主控型模式则是体现了悠久的东方专制传统与儒家文化色彩的一种社区管理体制。新加坡实施的国家资本主义，强调行政权的垄断和社会事务管理的高效率，这种社区管理体制印证了其政治体制；同时也应该看到，新加坡是一个人多地少、自然资源匮乏的国家，经济有较强的外向性，这样的特点也决定了其在社区管理上必然会强调行政权的主导控制以及社会资源的统一分配，各项具体社区事务由国家统一垄断，由此来达到社区管理的高效与统一。当然，新加坡的社区管理体制是适应其国情的，总体来说，新加坡的这种体制是由其特殊历史文化与政体所决定的，没有可推广性，也与当今世界基层组织的民主自治发展趋势不符。

日本的双向互动型体制也是适应了其东方专制主义与西方民主法治交融的一种制度，是比较符合日本现存政治体制与经济制度的。日本的这种农村社区管理模式在世界上有一定的影响力，欧洲、亚洲的一些国家在农村社区管理中也采用了这种双向互动型体制，如意大利、法国、波兰和韩国。[1]

2. 国内新型农村社区管理的典型模式

（1）宁波的"联合党委"模式

宁波市在农村社区管理中采取了"联村虚拟社区"管理模式，取得了较好的管理效果。所谓"联村虚拟社区"就是在保留行政村体制不变的基础上，根据地域相近、人缘相亲、道路相连、生产生活相似的原则，把若干行政村组合为一个服务区域，统一提供政府型或政府主导型的公共服务，构建（行政）村级公共服务之上的第二级公共服务体系（平台），以提高农村公共产品供给的效益与效率，避免各村各自建设所造成的效益损伤。这种模式是在形式上保留行政村的区划，但是在政府型公共产品供给上实现"虚拟联村"，设置联村区域内的两级公共服务体系，即行政村范围内的一级平台和虚拟社区范围内的二级平台。

宁波市是依托党组织为核心构建社区管理的组织框架和管理体制，设置社区联合党委作为区域内政府型公共服务供给的最高决策机构，对社区内的政府型公共服务提供统筹规划和组织领导。社区联合党委是核心决策机构，以社区服务中心为窗口执行社区公共服务管理。社区联合党委的书记由乡镇干部兼任，各村党支部书记是联合党委的委员。联合党委按照"1+N"的模式设立党支部，"1"为综合支部，用于组织区域内党员和新居民中的党员，"N"为各村党支部和各类企事业单位的基层党支部。联合党委成为联合各村庄的组织机构，对下属各党支部实施领导和监督，统筹规划区域内的社区公共服务和公共产品供给。在联合党委的领导下，通过合理规划和整合各村资源，设立社区服务中心，开展各种类型的社区公共服务和便民服务。

社区服务中心由联合党委副书记、综合支部书记、中心主任组成领导层，聘用专业管理人员担任社区中心主任，发展中心的日常工作，各村的大学生村干部兼任驻村代理。社区服务中心是服务性机构，设立"三室四站一中心一校一场所"的服务平台，打造社区"十分钟生活服务圈""十分钟卫生服务圈"和"十分钟文体服务圈"等社区配套设施。社区服务中心的服务内容涉及教育、文体、卫生、社会保障、社会救助等各个方面。

[1]　梁淑华 . 3 种典型农村社区管理模式对比研究（J）. 世界农业，2015（01）.

这种管理模式是以农村社区为提供农村社会公共管理的平台，在不打破行政村庄划分的基础上，实现农村社区公共服务的统筹规划和合理配置，既为农民提供便捷的社会公共服务，又较好地节省了农村社会资源。由于没有打破行政村庄划分，利于农民对农村社区延续原村庄的归属感和农村社区的凝聚力。但是这种管理模式的缺点在于，由于两级管理平台的存在，容易造成管理职能上的混乱和交叉，增加各行政村庄之间利益上抗衡和纷争。

（2）中山市农村社区管理模式

中山市创立了"2+8+N"的农村社区建设模式，将政府公共服务、文化体育等设施延伸至农村社区，在社区内部满足居民的各项需求，该模式在当前农村社区管理实践中具有一定代表性。"2"是指各社区组建一个农村社区协调委员会，搭建一个社区服务中心；"8"是指各社区服务中心内设"四站"和"四室"，四站是社区公益事业服务站、环境卫生监督站、志愿者服务站、农技服务站，四室是文体活动室、计生卫生室、治安警务室、法律服务室；"N"是指根据当地居民需要，增设若干服务项目。"四站四室"实质上是将政府公共服务延伸到社区，每个行政村均建有社区服务中心，居民社保、民政、医疗保健、计生等问题都可以在该中心实现"一站式"办理。同时引入社工组织进社区，通过政府购买，以居民需求为导向，提供长者服务、青少年服务、残障康复、外来务工人员等有针对性的服务。在社区建设的同时，不断完善农村社会福利和社会保障体系，各农村社区基本实现了医疗、社会保障全覆盖。

借助于农村社区，中山市农村经济实现了发展的转型。中山市农村经济发展从一镇一品的专业镇特色经济、组团发展的区域经济，逐步发展为产业配套齐全的集群经济。目前，中山已建成 37 个国家级产业基地、18 个省级专业镇、516 个省级以上名牌名标，产业集群效应加速了城乡经济融合发展。各农村社区注重发展以生态农业、生态渔业、生态苗木业和生态旅游业为代表的具有本地特色的生态经济，既促进了农村社区经济发展，又达到了环境保护和经济持续发展的双赢目标。

中山市突出了农村社区文化建设。按照"2+8+N"模式，各农村社区都须匹配一定的文体娱乐设施。中山市在广东省率先实现农家书屋、农村社区文化室全覆盖，全市村村建有"农家书屋"，平均面积超 90 平方米，是省标准的 4.5 倍；全市文化场馆向公众免费开放，初步形成城市"十分钟文化圈"和农村"十公里文化圈"，所有镇区文化站达到省特级标准，成为"全国公共文化服务示范项目"。传统的优秀文化元素注入新农村社区建设之中，构成了强大的农村社区精神动力。

中山市在农村社区管理中加强社区环境和治安的管理，为农民提供环境优美和安全祥和的生活空间。自农村社区建设以来，各村镇以清洁水源、清洁家园、清洁田园和绿化美化为主要内容，彻底改变了农村"脏、乱、差"的面貌。社区环境卫生监督站致力于保护农村生态环境，提高农村群众居住环境质量。各村通过布局优化、道路硬化、路灯亮化、村庄绿化、建筑美化、管理强化等环境建设工作，农村社区环境得到明显改善。农村社区管理中加强社区治安管理，配备专业人员实行治安巡逻，建立摄像头监控等设施，确保社区的安全稳定。

为保证农村社区建设的顺利进行，中山市建立了相应的考核体系，形成了党委政府目标考核、群众评价和社会各界以及舆论评议相结合的绩效评估机制。党组织、民政部门作为推进农村社区建设的重要职能部门，发挥组织协调、指导监督作用，帮助基层做好各项工作。目前，全市农村社区基本实现了"领导协调机制、社区建设规划、社区综合服务设施、社区服务、社区管理"五项全覆盖，农村社区达到了"党建好、自治好、服务好、治安好、环境好、风尚好"的六好工作目标。中山社区建设的推行，全面提升了中山农村经济社会建设，促进了城乡一体化发展，改变了农村的面貌，改善了农民的生活，加速了农村城市化进程。[1]

（3）苏南农村社区管理模式

苏南农村地区在新农村的建设和探索中，形成了新苏南发展模式，新苏南发展模式是对原苏南模式的创新，是在统筹城乡一体发展和农村经济结构调整过程中形成的新的农村发展模式。

新苏南模式下城乡一体化的藩篱被打破，苏南进入中心城市为主导的区域城市化时代，城乡一体化格局逐渐显现，村庄非农化已成为苏南最主要的乡村景观。这些"超级村庄"具有以下几个特征：经济较为发达，工业产值和非农产值已经占村庄收入的绝大多数，形成以非农产业为主的村庄产业结构；村级财政收入足够支撑村级事务和公共产品的供给；村级政权组织结构和职能较为完备，可以执行村庄行政、经济、基础设施和社会保障等管理职能；村集体经济纳入现代公司制度，实行集团化经营，有足够的市场竞争力；村内部形成了多元化的社会分层，农民分化成为多种身份和职业；村基础设施和社会公益事业形成较为成熟的体系。在原始村落向大型村庄的转型中，大型村庄成为新型农村社区，是农民新的生活聚集地，而大型村庄的都市化发展带来了管理模式的转变。

这种管理模式在集体经济较为发达的苏南地区较多，表现为"明星村"和"超级村庄"的管理体制。由一个或者几个强有力的能人在村级社区及其企业中交叉任职，主导并支配村级管理的各项事务及社区公共权力运作，实现对农村社区的管理。这种管理模式的主要特点有以下几点：

第一，优秀带头人主导村内公共权力运作，村企管理者交叉任职，村内经济政治统一管理。村民委员会、村办企业、社区服务组织相互交叉任职，共同实施农村社区管理。村企交叉任职便于整合社区资源，村委会负责社区的行政事务和管理事务，村

---

[1] 王金荣.中国农村社区新型管理模式研究（J）.世界农业，2015（01）.

企业提供了资金保障，为农村社区的建设和管理提供了人力资源和资金来源。这些带头人一般都是经济致富带头人，在村内的威望较高，在村内的影响力较大。少数经济能人在农村社区治理过程中居支配性地位，具有相当高的权威，利用个人的能力和权威在农村社区发展和治理中发挥举足轻重的作用。

第二，这些村庄在管理结构上基本沿袭村企一体化管理结构，村内设立村委会和党组织，和企业带头人之间交叉任职，健全了村民代表大会和村民委员会，重大村内事务决策由村民代表大会决定，日常事务由村委会负责管理。在管理组织上，村民委员会、村办企业和社区服务组织负责人实行"一套班子、三块牌子"的任职模式，在组织功能上，社区的自治管理、行政管理、服务职能与企业的经营管理合而为一，村级组织主导了社区的建设和管理。

第三，大型村庄的村集体资产实行股份制经营，引入现代企业经营制度，招聘各种专业管理人才参与公司经营。村集体财政负责村内基础设施建设和公共产品服务支出，并为村内居民建立完善的社会保障体系，养老保险和医疗保障制度已形成较成熟体系。

第四，社区物业实行市场化运作，成立物业公司负责管理社区的卫生、治安等事宜，由村集体负责其支出。居民收入和日常生活与城市市民基本一样，甚至于收入超过部分低收入城市市民，生活方式已经实现市民化转变。居民生活观念和价值体系基本完成了由农民向市民的转变，生活质量得到大幅度提升。村内注重文化建设，开展丰富多彩的文化体育活动，农民生活幸福指数较高。

苏南农村社区管理模式的主要优点在于：第一，村企共同实施管理可以统一村集体发展的总体目标，便于整合村内的资源和村民的共同利益。村庄治理和企业发展的目标可以很好地结合在一起，有助于村委会、基层党组织和企业形成合力，共同促进村企共同发展；第二；农村社区内部借鉴城市社区管理方式，为社区居民提供了优美的生活环境和良好的生活质量，实现了农民的就地市民化转换。农村社区内部各种社会公共基础设施和配套设施极为完备，农民享受较为完备的社会保障体系和社会福利政策，生活水平和生活质量与城市社区居民基本没有区别；第三，村集体资产的市场化运作为社区发展和管理提供了足够的资金来源。这些村庄集体经济发展较快，采用了现代股份公司化运作方式和现代企业经营管理制度，为农村社区集体资产保值和增值开拓了新的经营方式。

这种管理模式的主要缺点在于，社区管理权力过于集中，居民自治权力较少，乡村精英主导了农村社区的管理，同时加重了村企业的经济负担，将社区经济利益与村集体利益混合，引发了诸多矛盾。农村社区管理的决策权较为集中，主要由乡村精英主导，缺乏农民民主治理的参与。虽然农村社区居民也参与村级事务管理，但是决策权主要在于乡村精英的意见和拍板。从乡村治理的实践中来看，经济精英治理相对于以前的靠道德权威治理有着较大进步，主要表现在经济能人在自身发展经济能力较强的情况下，能够带动村民发展经济，共同致富。但是这种乡村精英治理仍然带有传统的道德权威治理的因素，说到底还是人治的本质。在传统乡村治理过程中，道德权威是村民看到其道德品质和高尚人格，对于经济能人来说，村民是看中其发展经济能力和带头致富能力，从而对其产生一种依赖感和崇拜感。这些精英在以自然村落为基础的农村社区中有其不可替代的示范作用，但是需要建立相应的监督机制，避免权力的过度集中和权力滥用。

3. 国内新型农村社区管理模式制度创新

当前，我国正处在新型城镇化、城乡一体化建设的关键时期，部分地区在农村社区管理体制上进行了积极的探索，按照"一村一社""一村多社""多村一社"的地域特征，形成了苏南农村社区管理模式、山东诸城模式、浙江宁波地区"联合党委"管理模式、广东中山市农村社区管理模式。这些地方将农村社区管理积极融合到城乡统筹的一体化建设中，取得了一些成功的经验，但也存在一些缺点。

在借鉴国外成功经验的基础上，结合我国统筹城乡一体化建设的需要，我们可以借鉴美国模式中的自治理念、自治运作机制，还可以吸收日本模式中政府与社区互动的机制以及新加坡政府部门的管理与服务方式，以"强国家、强社会"为价值目标，结合中国农村发展的弱质性，采用中国化的方式来创新农村社区管理。总体而言，中国农村社区管理创新要以新型城镇化发展为前提，维护农民利益，保障农民需求，发挥基层党组织、基层政府、村民自治管理的优势，形成"四位一体"的新型农村社区管理模式。

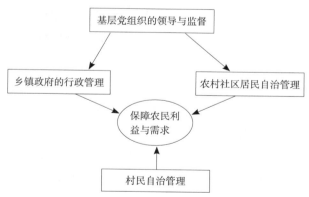

图 2.2.4-1 中国"四位一体"式农村社区管理模式

具体而言，"四位一体"式的管理方式包括以下 5 个方面的内容：

（1）以保障农民利益及需求为核心要义

中国实施新型城镇化、统筹城乡一体化发展的目的是为了改变当前农村经济社会发展中的弱质地位，提升农村的公共服务及公共产品的质量，提高农民的生活水平及社会保障水平。农村社区是农民生活的载体与平台，也是实现城乡一体化的基础，因此中国的农村社区管理模式必须以此为中心，动员社会、国家等各方力量，解决好农村社区建设、农民身份变更的利益问题。

（2）强化农村社区自治管理的主导性

自治管理是当今世界发展的趋势，中国农村社区自治管理制度已经基本成熟，因此，继续发挥与强化农村社区自治管理的经验与方式是"四位一体"管理模式的主导点。中国农村从整体上看，是一个熟人社会，农村社区自治管理是在熟人社会的基础上，基于农村固有的文化、规则、乡缘、地缘优势的一种自我管理，能够较好地将熟人社会资本运用到自治中来，有利于化解社区内部矛盾，从而更好地引导农民适应新型城镇化发展要求的生活方式与价值观念的转变，有利于增加农村社区的归属感。应该继续发挥农村各种自治团体的作用，像农业合作社、各种合作理事会等，让这些组织参与社区管理中来，以保障农村社区自治制度的强化。

（3）发挥乡镇政府行政管理的辅助作用

在中国传统的农村管理模式中，乡镇政府以行政管理、国家权力延伸为主要管理方式。在"四位一体"的模式中，乡镇政府的行政管理职能应该退到次要地位，不再起主导作用，这有点类似于日本农村社区管理模式中政府机构的作用，其主要负责农村社区发展的统筹规划，合理布局农村社区发展的方式与计划，结合城乡一体化的要求，给予农村社区一定的政策、资金、技术上的扶持，负责提供公共产品与公共服务。

（4）发挥基层党组织的领导与监督作用

基层党组织的领导与监督不可缺少，在农村社区可以成立基层党组织。基层党组织对社区管理的全过程实施监督、引导，还可以发挥基层党组织的政治职能，推动农村社区的民主化、自治化进程，监督、保障、落实农村社区居民的各项民主权利，使农村社区自治制度得以彻底推行。

（5）改革原有的村民自治管理职能

在此模式下，农村社区居民自治是主导，中国原有的村民自治制度可以继续存在，但可以淡化其固有的政治、经济职能，让村民自治制度发展成为社区居民自治组织制度，通过各种民主选举的方式，组织农民自组织。这些自组织类似于新加坡人民协会中的辅助机构，发挥这些自组织在农民社区管理中的辅助作用。

第3篇　新农村建设探索篇——新农村综合体和农业综合体

3.1　中国新农村综合体的探索及建设经验分析

3.1.1　新农村综合体的内涵

1. 新农村综合体提出背景

新农村综合体是四川省委于 2010 年 9 月在总结新农村建设经验基础上提出的新要求，比新农村建设和示范片建设起点更高、标准更高、要求更高。新农村综合体的提出有三大背景：

（1）党中央提出城乡一体化发展的新要求

十七大提出形成城乡经济社会发展一体化新格局，即从六个方面实现一体化：城乡规划一体化，产业发展一体化，基础设施建设一体化，公共服务一体化，就业市场一体化，社会管理一体化。全会认为我国进入了着力破除城乡二元结构、形成城乡经济社会发展一体化新格局的重要时期。

（2）四川省新农村建设进入成片推进的新阶段

自 2009 年 9 月以来，四川省各地各部门认真贯彻落实省委、省政府的决策部署，按照"一年打基础、两年见成效、三年大变样"的目标，扎实推进"4+1"重点工作，取得了重大进展。从"50+10"层面看，主要表现在四个方面：一是主导产业连片发展已成规模，温江花卉、名山茶叶、仁寿枇杷、安岳柠檬、苍溪猕猴桃等，成为突出亮点。二是村落民居规划建设成效突出，已建成新民居 81.3 万户、新村（聚居点）4225 个，探索建设新农村综合体 67 个，新村新居成为一道亮丽的风景线。三是基础设施和公共服务不断完善，硬化农村道路 2.39 万公里，建设农田水利渠系 1.26 万公里，整治土地 259.67 万亩，建设农村户用清洁能源 45.56 万户，建成村级公共服务活动中心 2384 个。四是基层治理机制和新型合作经济组织建设得到加强。

更重要的是，通过示范片建设，形成了全省新农村建设多层面强力推进的格局：一是"50+10"省级新农村示范片；二是市县级新农村示范片；三是全省 21 个县新村建设试点；四是以产业振兴为重点的地震灾区新农村建设；五是渠江流域 5 市 19 县非地震灾区灾后新农村示范区建设；六是扶贫连片地区和民族地区的新农村建设；七是与重大民生工程相结合的新农村建设。

在成片推进新农村建设中，各地各有关部门积极探索创新，走出了符合四川省实际的新农村建设路子，可以概括为"五个始终"或"五个着力"：一是始终把产业发展作为重要支撑，着力建设现代农业产业基地；二是始终把新村建设作为重要载体，着力打造农村新型社区；三是始终把基础设施建设作为重要条件，着力改善农村生产生活环境；四是始终把公共服务作为重要内容，着力提高农村公共服务水平；五是始终把基层组织建设作为重要保障，着力创新农村社会管理。这些既是过去实践探索中的成功经验，也是今后工作进一步推进的重要指导原则。

（3）"5·12"地震灾后重建创造了新的经验

"5·12"地震后，四川省加快了受灾区的恢复重建工作，2010年5月四川省地震灾后重建现场会后，四川省在结合自贡、乐山、眉山、遂宁等地调研成果，以及灾后重建经验的总结上于2010年9月提出了新农村综合体的概念。新农村综合体一提出，就引起了各级领导和社会各界的高度关注，成为一个社会焦点。

2.新农村综合体主要内涵

新农村综合体是指在主导产业连片发展、农民收入持续增长的基础上，以农民为主体，其他个体、企业和社会组织等多元参与者为成员，以一定的聚合空间为基础，将村落民居、产业发展、基础设施、公共服务、社会建设等生产生活要素集约配置在一起的地域空间形态，是一种大规模、多功能、现代化、高效率、开放性的农村新型社区。

2011年12月，四川省政府办公厅正式印发的《四川省"十二五"农业和农村经济发展规划》在名词解释中对新农村综合体作了简洁明了的界定：新农村综合体是省委在总结"5·12"汶川特大地震灾区农村恢复重建经验基础上提出的新概念，指在县城、城镇周边建设的，农户居住规模较大，产业支撑发展有力，基础设施建设配套齐全，公共服务功能完善，组织建设和社会管理健全的，能体现城乡一体化格局的农村新型社区。

3.新农村综合体主要特征

2010年10月，四川省委农工委和省社科院在成都市温江区联合组织召开了新农村综合体建设研讨会，会上把新农村综合体的特征概括为七个方面：

第一，设施的配套性。它要求配套较为完善的内外道路等基础设施、医疗等公共设施和社会事业，以及银行网点等商业设施，并综合考虑村落民居与产业发展、基础设施、公共设施、社会事业和商业设施之间的总体配套与协调，从整体上提升和改善农村生产生活条件，并与区域性城镇化过程形成良性互动。

第二，要素的系统性。它要求作为一个整体系统来建设、运营和管理，而不是单一依靠某个要素或某个组织运转，村落民居、产业发展、基础设施、公共服务、社会建设等配备缺一不可，各组成元素之间构成共生互补的能动关系。

第三，功能的复合性。它的建设既要满足以农民为主体的多种组织的生产需要，又要满足人们的生活需要，是由产业功能、居住功能、生活功能、生态功能、社会功能等多种功能组成的联合体。其本质特征决定了不仅追求经济效益，而且追求生态效益和社会效益。

第四，产业的规模性。它是实现传统农业向现代农业转型的有效载体。它的产业功能将把产品功能向更加广泛的生态保护、休闲观光、文化传承等领域扩展，有利于延伸产业链，增加产业附加值。它也将推动产业的规模化、基础设施的共享，为现代农业发展提供重要平台。

第五，人口的聚居性。它是对农村现有资源进行更加合理有效的配置和优化组合，在基础设施、公共服务、社会管理的共享性和外部性作用下，不断引导吸引农民集中居住形成要素聚集的新型社区。同时，它又具有一定的生产生活半径，这种集中居住又是适度的。

第六，城乡的融合性。它具备城镇与农村的多重功能，是形成城乡经济社会一体化新格局的重要载体。它除了在地域上实现城乡融合外，还包含着城乡的经济融合、产业融合、劳动力融合以及文化融合等多重内容。这种融合还是一种开放性的融合，对城乡物质和文化都具有很大的包容性。

第七，发展的现代性。其现代性包括空间形态的现代性、主体的现代性、公共服务的现代性、社会管理的现代性等多方面，其中特别强调农民的现代性。城乡融合也将在一定程度提高农民现代性综合素质。

后来，住建厅组织的《新农村综合体规划建设研究》，在吸纳温江会议成果基础上，概括了八性，即：村庄间的协同性、居住的集中性、设施的配套性、功能的复合性、产业的规模性、经营的多样性、城乡的融合性、发展的现代性。

4. 新农村综合体与新农村建设的区别与联系

不管是新农村综合体还是新农村社区等，都是新农村建设的重要探索和举措，是实现城乡一体化、农村经济发展、居民生活改善、社会小康的重要路径和战略。与此前新农村建设不同的是，新农村综合体是在总结新农村建设经验基础上提出的新要求，是对新农村建设理论和实践的丰富和发展，建设起点和标准要求更高，除了具有新农村的建设内容外，还有专门的建设内容：一是道路应与包围着的小城镇相连，修建等级应比到农民新村的道路要高。同时，与周边能辐射到的农民新村道路要相通，修建等级比农民新村内部道路高。二是新农村综合体内的基础设施要配套，包括水电气路、通信网络、污水垃圾处理、绿化、商业设施等，基本上小城镇应有的设施它都应该有。三是社会事业要跟上，包括卫生、教育、文化体育等。但每项社会事业的配置规模和档次，都要考虑到它的功能发挥和社会效益，不能造成闲置浪费。四是公共服务要建立，包括物业管理、治安保障、纠纷调处、就业服务等。五是为农服务的能力要强，包括农资供应、农技服务、农产品销售服务等。政府应为此建立相应的服务设施，由农民专业合作社来提供服务。

3.1.2　新农村综合体规划基本原则

1. 统筹城乡发展原则

统筹城乡发展就是要坚持以农促工、以城带乡，促进各类资源要素向综合体聚集，统筹发展规划，统筹基础设施建设，统筹公共服务，促进第一、二、三产业联动发展。

农村和城市是相互联系、相互依赖、相互补充、相互促进的，农村发展离不开城市的辐射和带动，城市发展也离不开农村的促进和支持。因此，必须统筹城乡经济社会发展，充分发挥城市对农村的带动作用和农村对城市的促进作用，才能实现城乡经济社会体化发展。但是，中央强调要城乡统筹，还有更为具体的，或者说更加直接的原因，这就是，长期以来，我国城乡经济社会发展形成了严重的二元结构，城乡分割，城乡差距不断扩大，"三农"问题日益突出，局限于"三农"内部，"三农"问题无法解决，解决"三农"问题，必须实行城乡统筹。

城市带乡村是世界经济发展、社会进步的共同规律。世界发达国家和地区都经历过大量农村劳动力转移到第二、三产业，大量农村居民变成城市居民，城乡发展差距变小的发展阶段。我国经过多年的改革与发展，城市先发优势越来越明显，发展能量越来越大，城市有义务也有能力加大对农村带动的力度，城市带农村完全能带出"双赢"的结果。

2. 多元化投入原则

以政府投入为导，整合项资金，发挥财政资金的乘数效应，引导金融机构增加信贷资金投放，鼓励农民、企业和其他社会力量投入。

在市场经济规律的作用下，作为重要的生产要素之一的资金，必然向利润大、回报率高的地区和行业流动、聚集。当前，农业依然是我国的弱质产业，在农产品生产领域里，投入产出已经严重不合理，农业成本居高不下，使我国主要农产品丧失国际竞争力。国际经验也表明，工业化加速时期必然出现农业的产值份额和农民收入增长幅度的相对下降，在此期间，农村资金加速向城市流动，正是市场规律作用的必然结果。

在过去的半个多世纪里，为了推动经济现代化的步伐，我国有意无意地采取了重视工业轻视农业、重视城市发展轻视农村发展的非均衡发展战略，由于公共财政投资重点在城市，政府的公共资金主要用于城市和工商业的建设和投资，满足了城市居民的需要，这样在农村的基础设施投入势必很少。农村公共产品提供严重不足，社会事业欠账较多，损害了广大农民的根本利益。近年来，财政支农投入高度依赖中央政府，而地方财政的农业支出尤其是经济发达地区政府用于新农村建设的投入不足，也影响了新农村建设的步伐。

农村金融的组织模式根本不按照经济、集约、效率的原则进行架构安排而是按行政体制、行政区划和政府层次序列而设置，具有极强的行政耦合性，这种不合理的农村金融制度安排，导致了农村正规金融机构无意向农村和农业提供贷款或在这方面缺乏效率。而在我国农村，非正规金融发展又受到政府限制，始终处于"黑市"状态，这造成了农村金融业务的"非农化"，导致农村金融资源进一步外流，农村金融事实上成为工业和城市向农业和农村剥夺经济剩余的工具。另外，农村资金需求市场具有份额小、分散性强、风险大等特点，一般商业金融机构不愿在农村展业务。

乡村债务的形成，有较长的历史过程和较为复杂的社会背景，解决需要一个较长的过程，不能一蹴而就，如果不从根本上解决，必然会导致旧债未还又添新。

我国社会主义新农村建设物质技术基础脆弱。投资供给严重不足，其根本原因是没有树立科学发展观和缺乏现代市场经济理念，对传统城乡二元结构下陈旧的财政体制、金融体制改革不彻底的结果。

3. 坚持以人为本原则

尊重农民意愿，广泛听取群众意见。着力解决农民生产生活中最迫切的实际问题，切实让农民得到实惠。在加强政府支持和社会扶助的同时，引导农民自力更生、艰苦奋斗，建设美好家园。

长期以来，我国经济社会的非均衡发展导致广大农村的发展滞后，农民群众在生产生活中面临着不少亟待解决的问题，农村教育、卫生等公共服务事业和基础设施还远远不能满足需要，特别是农民收入基数低已成为农村发展中最薄弱的环节，农民群众对此反映最为强烈。促进生产发展、农民增收，提高农民生活的水平和质量，是当前新农村建设的首要任务。近年来，农民收入确实有了大幅度增长。但同时，城乡居民收入差距却仍然较大。因此，无论从维护农民群众利益出发，还是从建设社会主义新农村、实现社会和谐出发，增加农民收入，遏制城乡居民收入差距继续扩大，刻不容缓。促进农民增收，必须采取更加直接、更加有力的措施，广辟农民增收渠道。

以人为本是激发农民群众建设社会主义新农村的强大动力。坚持以人为本，尊重农民群众的意愿，满足农民群众的需求，激发农民群众的创造性和潜能，使农民群众通过参与社会主义新农村建设真正感受到创造主体和价值主体在其身的统一，是新农村建设的生机和动力所在。农民群众最讲实际，也最需要关心爱护和尊重理解，他们的主动性、积极性的发挥是以其自身的合理需要得到满足为基础的。因此，在推进新农村建设时，必须尊重农民群众的主体地位。只有这样，才能从源头上激发农民的主动性、积极性和创造性。在尊重农民身价值、维护农民合法权益的同时，还要想方设法为他们的全面发展创造条件，更好地发挥农民群众在新农村建设中的主体作用，并通过新农村建设实践塑造一代新型农民。

4.坚持分类指导原则

我国是一个农业大国，农村常住人口达5.8亿，户籍人口超过9亿。改革开放以来，农村虽然发生了巨大变化，但农业基础薄弱的状况还没有根本改变，农民生活还不富裕，农村社会事业还相对落后，地区发展差别还很大，自然条件、资源赋各不相同，改变农村面貌是个长期的过程，不可能一蹴而就。

因此，建设"新农村综合体"要针对不同地区、不同情况、不同条件，提出不同的要求，形成各具特色的发展模式，不搞形式主义，只有这样，才能建设出满足当代农民需求的农村。当前，在一些地区的新农村建设中脱离实际、脱离群众，造成了当下新农村建设普遍存在的千篇一律、毫无地域特色的问题。甚至有的新农村建设中存在着盲目照搬城镇小区建设模式的情况，在调整农村产业结构中不问市场需求，强迫农民种植一些没有市场竞争力的农产品，最后造成农民的损失。所以在"新农村综合体"的规划中一定要充分考虑当地的地域特色，采取因地制宜的方式，这样建设出的"新农村综合体"不仅在投资上节约了大量成本，而且能够更具生命力，才能使建出的"新农村综合体"成为社会主义新农村建设的升华。

5.坚持典型示范原则

选择条件相对成熟的乡镇、村先行试点。在此基础上坚持从实际出发，因地制宜，按照不同类型，有梯次地推进。

建设"新农村综合体"是在"5.12"汶川特大地震后提出的决策，其规划模式仍然处于摸索阶段，应分批次进行规划，并在整个规划过程中不断总结经验。各个村镇所拥有的地理位置、自然资源、特色产业等均不相同，所以在"新农村综合体"的规划中，应选择地理位置优越、自然资源丰富、特色产业有竞争力的村镇。这样的"新农村综合体"投入资金更少，投资回报率较高，市场竞争力也更强，容易从根本上提高农民的生活质量。在建成较为成功的"新农村综合体"后，可从中总结经验教训，为建成更多成功的"新农村综合体"提供更完善更具可实施性的操作方法，从而推向全国，探索出条有中国特色的农民幸福发展之路。[1]

3.1.3 新农村综合体规划方法与思路

1.新农村综合体规划方法

新农村综合体建设规划应坚持因地制宜、合理布局、分类指导、适度超前、统筹兼顾的原则，大力发展城乡结合、灾后重建、拆迁安置、乡村旅游等各具特色的新农

---

[1] 钟浩.四川"新农村综合体"规划初步研究——以内江市威远县方方村为例（D）.四川农业大学,2012（06）.

村综合体模式，具体来说，新农村综合体建设原则有以下几个方面：

（1）规划要有前瞻性，统筹考虑建设新农村和推进城镇化的关系，以发展的眼光动态考虑农村人口转移等因素的影响，提高规划的先进性、科学性。

（2）要借鉴以往新农村综合体经验，将新农村综合体选在中心场镇周边、基础设施相对集中、交通相对便利、地势相对平坦、无地质灾害威胁的地方，同步规划产业发展、基础设施、公共服务和生态文明建设，突出集中居住与生产生活、公共服务、社会管理的综合配套。

（3）规划既要高起点、高水平，又要符合农村实际，应当采取"上下结合"的方式，分步实施，有序推进，做到群众参与、基层认可、专家认定、审批确认、依法实施。

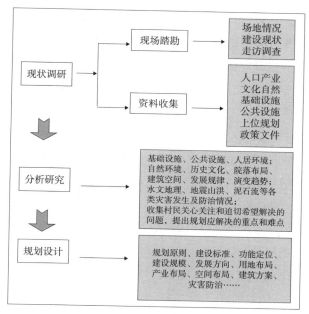

图 3.1.3-1 新农村综合体规划思路

2. 新农村综合体的选址

新农村综合体的选址应遵循"安全、省地"的原则，尊重群众意愿，结合自然条件，有利聚居发展、方便生活，便于基础设施配套和完善。新农村聚居点及农房选址时应进行地质灾害评估，定点于适宜建设发展的区域。

3. 新农村综合体的辐射范围

新农村综合体辐射范围应根据区域内地形、地貌，以及村落分布情况进行具体的调整。一般而言，新农村综合体的辐射半径应该在 3 公里左右，辐射人口在 6000-8000 人（不包括常年外出务工人口），山区丘陵地带新农村综合体辐射人口规模应更少一些，约 3000-5000 人。在具体规划中，要结合当地的实际，因地制宜，可打破行政区域的限制，跨村、跨镇，充分发挥它的辐射作用。

4. 新农村综合体的建设内容

新农村综合体的建设在新农村建设的基础上提出了更高的建设标准与内容。

（1）道路应与周边的城镇相连，修建等级应比到农民新村的道路要高。同时与周边能辐射到的农民新村道路要相通，道路建设形式需多样化。

（2）新农村综合体内的基础设施要配套，包括水电气路、通信网络、污水垃圾处理、绿化、商业设施等，在设施配套上应与镇区形成设施互补与共享。

（3）社会事业要跟上，包括卫生、教育、文化体育等。但每项社会事业的配置规模和档次，都要考虑到它的功能发挥和社会效益，不能造成闲置浪费。

（4）公共服务要建立，包括物业管理、治安保障、纠纷调处、就业服务等。

（5）为农服务的能力要强，包括农资供应、农技服务、农产品销售服务等。政府应为此建立相应的服务设施，由农民专业合作社来提供服务。

5. 新农村综合体的建设规模

新农村综合体的建设规模不宜过大，最多可扩展至两三百户，并且要因地制宜、分类指导，平原、丘陵、山区、民族地区的规模要求应当有所不同，其聚居人口不能一味强调规模而忽视适应性，应当根据不同类型来决定聚居规模。

6. 新农村综合体规划注意的问题

（1）把握好小城镇与新村的关系

新农村综合体是小城镇功能的延伸，又是农民新村的中心，要妥善处理它们之间的依存关系，不能模糊它们的地位作用，也不能混淆它们的功能定位，否则会造成建设上的浪费和设施上的闲置。

（2）新农村综合体的规划建设要与新农村规划建设同步

新农村综合体建设规划要纳入县域新村建设总体规划，以县为单位，合理布局，与小城镇、农民新村互相照应、协调。新农村综合体建设要与农民新村建设同步开展，协同推进，共同支撑新农村建设。

（3）新农村综合体建设的重点要突出

除了新农村综合体生活设施配套建设外，重点应放在为周边农民新村提供服务上。农民新村提供不了供应不上的服务，要由新农村综合体提供；小城镇顾及不到的服务，要由新农村综合体提供。建设发展的重点在于商业网点、农资供应、农技服务、农产品销售、医疗卫生服务、教育服务等。

（4）新农村综合体的管理要跟上

新农村综合体不是一级组织，建设在哪个乡镇哪个村就由哪个乡镇哪个村进行管理，提供服务。新农村综合体里面很多服务项目，应培育市场主体按市场规律来营运，如商贸、农资供应、农技服务、农产品销售等。政府不应包办代替，否则管不了也管不好，服务不了也服务不好。[1]

3.1.4 新农村综合体规划途径分析

1. 调整产业结构

为改变传统农村的产业结构现状，建设真正的社会主义新农村，在规划中进行产业结构调整的重点集中在以下几个方面：

培育连片产业。种植业要打破土地的乡（镇）、村、组界限，实现集中连片发展，形成规模化的产业集中发展区。畜牧业要大力推进标准化适度规模养殖，引导养殖农户统一建设标准化养殖圈舍，形成规模化、集约化的健康养殖小区。实施品牌战略，建设无公害食品、绿色食品、有机食品示范基地，并积极争创知名商标。

大力发展循环农业，加强其基础地位。农业在国民经济中具有不可替代的基础地位，而在传统农村，农业的地位更为重要，必须继续加强其基础地位。充分发挥种植业、林业和养殖业的互补优势，大力发展种养加循环、林养加循环和"生态养殖沼气绿色植物"的循环经济模式，延长生态链、产业链和收入链，实现生态效益、社会效益和经济效益的统一。

着力发展乡村休闲旅游产业。第三产业不仅是国民经济的重要来源，而且是一个地区产业结构否完整和合理的重要指标。在建设社会主义新农村中，需根据自身实际情况加强一三产业的对接和融合，挖掘农耕文化、乡村文化、民俗风情、人文历史内涵，利用庭院、湖塘、果园、花圃、古迹等农、林、渔、资源优势和乡村风土民俗特色，突出农村天然、质朴、绿色、清新的环境氛围，强调天趣、闲趣、野趣，发展现代科技、生态、观光、采摘等农业旅游，开发复合型观光、度假、休闲、体验类旅游产品，提升"新农村综合体"旅游产品的档次和旅游附加值。

2. 优化产业布局

当前中国的大部分村庄都处于经济模式单一、经济水平相对较低的落后状态。如果新农村建设规划只是侧重于物质空间层面的设计的话，那么即使政府的经济支持能使其在短期内得以实现，那也只是治标不治本，难以真正持久地维持，也不可能实现农民生活水平提高，社会全面发展的真正目的。

新农村产业建设过程中出现的另一个问题是产业规划重点不突出，同时着力发展多种产业，经济发展没有特色，结果非但没有使得各个产业齐头并进，反而阻碍了各个产业之间的发展。农村的人力、物力、财力资源有限，这就决定了不可能使多种产业同时得到重点发展。社会主义新农村建设必须坚持以经济建设为中心，必须立足当前，着眼未来，保持经济稳固持久发展。

---

[1] 寇建帮．新农村综合体规划探索——以《四川省西充县凤鸣镇双龙桥新农村综合体规划》为例（J）．江苏城市规划，2013（07）．

但是目前我国的新农村建设规划中出现的一些经济建设模式存在着分类不明确的问题。例如在某些地区将新农村产业发展模式分为市场带动型、生态文明型、能人带动型、民族特色型、循环经济型、城郊服务型、产业支撑型和移民搬迁型。其中有的是按照地域位置进行划分，有的是按照发展动力进行划分，而有的则是以发展特色来划分。这样就有可能使得某一区域内的各个村庄虽然是依不同的发展模式进行规划发展的，但实质上却出现了产业重合交叉的现象，进而使得区域经济发展不协调，影响经济的整体发展。

针对传统农村产业布局中的不足，规划中关于产业布局的建议主要有以下几点：

（1）各种作物的种植集中在规划的主题区域中，规划中的这些区域距离交通要道较近，方便农产品的运输，而种植基地的集中则有利于产品在市场上的集中统一销售，有利于实现农产品的最大经济效益。

（2）根据市场需要，选择适应市场的新品种。在现代农业中，科技越来越重要，各种产品在市场上被淘汰的速度也越来越快，农村在未来的发展中，蔬菜和水果十分重要，要使自己种植的品种在市场上受到欢迎，就必须根据市场需要，不断引进新品种，以保持较强的市场竞争力。对此农村应计划引进特种蔬菜种植业等。

（3）突出重点，营造品牌。争取培养出几种在全市乃至全省范围内具有较高知名度的品种，形成品牌优势。同时争取申报属于自己的品牌并在全省进行销售。

3. 以产业结构为指导实现功能分区耦合

"新农村综合体"的各个功能区应形成一种镶嵌的关系，其他功能分区呈块状分布在最大的功能分区周围。而其他功能分区在整体中存现一种并列的分布模式，这种功能分区结构是由农村的地理条件、交通条件等多种客观条件决定的。这种布局方式很好地利用了农村现有的资源，通过最有效的方式将各个功能有机结合起来，共同构成农村未来合理的产业布局结构。

在各个功能分区的关系中，最大的功能分区应有效地将其他各个分区联系起来，并起到很好的保护作用。而在其他功能分区中，位于农村中心位置的功能区应是其他各个功能的中转站，其在农村的产业布局中犹如其地理位置一样重要。而休闲旅游也应与各个分区紧密相连，很好地起到了联系农副产品生产地和农业旅游休闲地的作用。整体来看，各功能区之间联系紧密，布局合理，相互之间的联系会促进它们的共同发展。

功能区的布局应从农村的实际情况来看，优先发展休闲旅游区和蔬菜种植区与水果，并通过这三个功能分区的效应来带动其他功能分区的发展。休闲旅游区的重要性在于它的建成会提升农村的人气，并形成周期性的经济圈；同时它的建成将极大地改善村民的生产生活条件，极大地提高村民参与产业结构调整中来的积极性。而蔬菜种植区在整个农村的产业布局中占有举足轻重的地位，特别是新品种的引进不仅能使农村的农产品更具市场竞争力，增加村民收入；而且也能为农村的休闲旅游业增加又一鲜明的特色。而休闲旅游区的打造则是农村进行产业结构调整的具有革命性意义的事件，它标志着村庄从过去的单纯依靠农业的单一产业结构向多样化的产业结构的过渡，意味着农村的发展进入了一个新的历史时期。

4. 保护传统农居文化，发展乡村休闲旅游

村庄特色最直观形象的体现就是建筑形态，给人感官刺激最直接、最强烈，在很大程度上左右着农村的形象。就建筑单体而言，它的特色主要体现在造型、体量、色彩、尺度、材料等几个方面。

我国是一个地域广泛的国家，不同地域传统文化与当地自然环境相结合，形成了各具特色的建筑风貌。这些极具地域特色的传统民居建筑，都深刻地反映着当地的自然和历史文化背景，具有浓厚的地方特色。同时，建筑风格也是乡村文脉的物质表现，具体表现在建筑的造型、建筑群体的组合、庭院的布局、建筑材料、建筑细部等方面。

此外，在注重农村建筑外观的同时也应该重视建筑空间。院落是传统建筑内部空间的延伸，传统院落空间在人们的生活中扮演了多功能的角色，家务劳作、接客待友、休闲聊天等功能都经常在院落中进行，人们在院落中完成了信息的传递。传统院落空间相对于街巷空间来说是内向型、私密性的空间，中国传统村落多以院落空间组织功能为主，它不仅是对于地方气候的有效反映，也体现了我国古代"天人合一"的思想，表达了居民向往自然、融入自然的心理需求。不同地区的传统院落空间格局是村庄建筑特色的重要构成元素。由于我国地域广阔，经过几百甚至上千年的发展和演变，不同地区的农村形成了具有典型地方特色的院落空间形制。

院落空间和建筑风貌是村庄的外在体现，而传统民俗文化是村庄特色的内在表现，是构成村庄特色最本质的东西，并且随着农村建设的不断深入已经成为表现村庄特色的一个重要组成部分。随着新农村建设的快速发展和城乡一体化进程的加快，农村的生活习惯、民俗风情正在受到城市现代生活方式的冲击，在新农村建设中如何在满足现代生活方式的基础上，最大限度地保存和发展农村传统民俗文化是我们建设有特色的新农村主要途径之一。

保护传统农居文化，不仅包括建设具有地域特色的建筑，还应该重视对农村传统民俗文化的传承和发展，建设出具有中国地域特色的村庄也是"新农村综合体"规划中的重要组成部分。保护传统民居文化不仅对乡村文脉有着延续作用，同时还能够吸引游客、聚集人气，推动乡村休闲旅游业的发展。

随着生态旅游的持续发展，休闲旅游也迎来了发展的高峰期，全国各地不断涌现出以高科技农业观光园、水果观光园、蔬菜观光园为代表的高新农业休闲旅游区。农村本身具有大面积的蔬菜种植区和水果种植区，具有开展农业休闲旅游的良好基础，如果按照规划进行合理的调整和布景并引进产量较高、观赏价值较好的无公害蔬菜和水果品种，农业休闲旅游必然会取得令人瞩目的成功。

3.1.5 四川新农村综合体建设实践分析

1. 四川新农村综合体建设举措及现状

2010 年 5 月，四川省委在总结全省新农村建设、特别是"5.12"地震灾区农村恢复重建经验的基础上提出了"新农村综合体"概念，立即就引起了政府各级和社会各界的高度关注，成为农村改革与发展、城乡统筹发展等相关领域的理论研究和实践探索的焦点问题。

2010 年 10 月，四川省委九届八次全会对新农村综合体建设提出了总体要求。为了在理论上有较为清晰和深入的探讨，省委农工委和省社科院发起，组织专家学者、市县领导和基层村社区群众，先后在成都市温江区、德阳市罗江县联合组织召开了新农村综合体建设研讨会，就新农村综合体的内涵、特征、内容、指标、建设的标准、选址和政策支持等问题进行了深入的讨论。

2011 年 2 月，四川省委农村工作会议强调要积极探索建设新农村综合体。同年 11 月，省委、省政府在苍溪召开的全省新农村建设成片推进工作会议，就实践中需要注意的问题作了专门强调。12 月《四川省"十二五"农业和农村经济发展规划》发布，提出充分考虑加快新型城镇化进程带来的人口转移因素，充分利用城镇的基础设施、公共设施和生活服务设施的辐射带动作用，选择一批场镇周边的村，配套建设生产生活基础设施，建设功能较为齐全的乡村聚落空间，形成以农民为主体、产业支撑有力、功能设施齐备、环境优美和谐、管理科学民主、体现城乡一体化格局的农村新型社区，探索发展城乡结合、灾区发展振兴、拆迁安置、乡村旅游等各具特色的新农村综合体模式，初步建成新农村综合体 100 个，提高全省新村建设总体水平。

2012 年 12 月，四川省委办公厅、省政府办公厅在《关于加快建设新农村综合体的意见》中提出，2013 年，累计建成新农村综合体 300 个，新农村综合体内的农民收入与所在县城镇长居民收入的差距缩小到 1 ：2 以内，享有初步的基本公共服务；到 2015 年，建成新农村综合体 500 个，新农村综合体内的农民收入与所在县城镇居民收入的差距缩小到 1 ：1.5 以内，享有较为充分的基本公共服务；到 2020 年，建成新农村综合体 2000 个，新农村综合体内的农民收入接近所在县城镇居民水平，享有与城镇居民均等的基本公共服务。

2013 年 1 月，四川省委省委、省政府《关于进一步加强产村相融成片推进新农村建设的意见》，决定以更大的力度加强产村相融、成片推进新农村建设，并确定崇州市等 60 个县（市、区）为全省新农村建设成片推进示范县，明确提出到 2015 年，全省建成新村聚居点 3.5 万个，其中新农村综合体 500 个。

此后的一系列重要涉农会议和文件，都会提到新农村综合体建设。

2. 四川省新农村综合体建设经验

（1）新农村综合体建设需进行统一规划布局

新农村综合体的规划需坚持以县（市、区）为单位统一规划，并根据因地制宜、分类指导的原则优先选择城市近郊、中心场镇周边、撤乡并镇后的闲置场镇，以及旅游集散地或靠近交通要道的部位，高要求、高标准编制新农村综合体建设规划，统筹安排农村产业、村庄、设施建设和环境保护等相关工作，提高村庄布局、村落规划和民居设计水平，严格按规划设计建设和管理。

（2）新农村综合体建设需坚持政府主导，以农民为主体

新农村综合体建设离不开政府的统一规划、资金支持以及示范引导。但在新农村综合体的建设中应充分尊重农民意愿，不搞强迫命令，发挥农民主体作用，确保农民群众参与新农村综合体规划、建设和管理全过程，真正成为新农村综合体的建设者和受益者。

（3）新农村综合体建设需坚持城乡统筹，产村相融

把新农村综合体建设融入新型城镇化，统筹谋划推进城镇与新农村综合体产业发展、基础设施建设、公共服务配套和管理体制创新，实现城乡经济、社会、文化互动相融。以新村为载体、产业为支撑，注重产业发展与新村建设的互动相融，统筹考虑新村和产业的布局，形成新村带产业、产业促新村的格局。

（4）新农村综合体建设加强资源整合

新农村综合体建设要注重与涉农项目资金整合，积极搭建支持新农村综合体建设的投入平台，着力构建政府、金融、企业、农民多元投入体系，助推优势资源向新农村综合体流动。根据不同类型地区的区位条件、资源禀赋和生产力水平，有重点、分步骤地积极推进新农村综合体建设。

（5）新农村综合体建设需大力拓宽农民增收渠道

新农村综合体建设的首要目标是提高农民的收入水平，因此在进行新农村综合体建设时，需根据各区域具体情况以及市场需求情况，大力开发农业的多种功能，做大做强特色优势产业，培育与自然禀赋、主导产业和文化资源、地域特色相结合的多元产业业态，打造休闲度假型、文化体验型、加工生产型、创意产业型、农产品流通集散型等新农村综合体，推动一、二、三产业互动融合，创造新的就业岗位，实现农民充分就业，确保农民收入持续快速增长。

3. 四川省新农村综合体未来建设规划

（1）2020 年四川省建成新农村综合体 2000 个

2012 年 12 月，四川省委办公厅、省政府办公厅在《关于加快建设新农村综合体的意见》中提出，到 2020 年建成新农村综合体 2000 个，新农村综合体内的农民收入接近所在县城镇居民水平，享有与城镇居民均等的基本公共服务。

（2）2020 年成都市建成新农村综合体 400 个以上，2025 年 500 个以上

2017 年 2 月，成都发布《成片成带推进"小规模、组团式、微田园、生态化"新农村综合体建设的意见》，《意见》提出，成都市将在城镇规划区外的农村地区成片成带推进"小组微生"新农村综合体建设，力争到 2020 年全市建成"小组微生"新农村综合体 400 个以上；到 2025 年建成"小组微生"新农村综合体 500 个以上。

按照《意见》，成都市规划建设的新农村综合体要避让地灾和生态敏感资源，选择背山、面水、近林盘、靠河谷的位置，确保安全；要尊重自然，顺应地形，做到不填塘、不毁林、不夹道、不占基本农田、少挖山、少改渠、少改路，突出自然地貌特征。

"小组微生"新农村综合体将以成都第二绕城高速、成安渝高速等为重点，沿高速路、主干道成片成带布局，全市 100 万亩菜粮基地高标准农田、特色农业、休闲农业、乡村旅游等产业发展均要围绕"小组微生"新农村综合体布局规划建设；统筹城乡改革示范镇（片）要整镇成片成带布局规划"小组微生"新农村综合体，统筹编制新村住房、公共服务、基础设施、产业发展等各类规划。

（3）南充市 2020 年建成农户聚居度达 75% 的新农村综合体 100 个

2015 年 10 月 26 日，南充市《美丽乡村建设指南》国家标准宣传贯彻培训会在高坪区举行，这标志着全市美丽乡村建设全面执行国家标准。根据规划，南充市将力争到 2020 年建成村美民富的聚居点 5600 个、农户聚居度达 75% 的新农村综合体 100 个。

3.1.6 新农村综合体规划案例分析

1.温江区友庆新农村综合体规划设计

（1）基本情况

友庆新农村综合体规划区域位于成都市温江区腹心地带和盛镇，紧邻西部花木交易中心，北距和盛镇区 6 公里，南距温江城区 3 公里。项目规划在用地范围上对原有行政区有所突破，涉及友庆村、铁篱村、梓潼社区、学府社区、永宁路社区的用地，面积共计 4.82 平方公里。友庆新农村综合体规划区域内面积为 7509.6 亩，五大社区（村）总人口 4670 人，1810 户。

图 3.1.6-1　友庆新农村综合体项目区位图

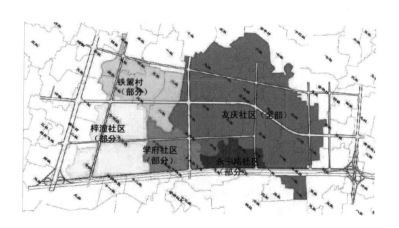

图 3.1.6-2　友庆新农村综合体项目规划范围

友庆新农村综合体人口统计情况（单位：户，人，亩）　　表 3.1.6-1

社区（村）	户数（户）	人数（人）	面积（亩）
友庆社区（1-10组）	829	2183	3745.4
铁箍村（2、3、4、6组）	271	658	1016
梓潼社区（10-14组）	464	1071	1498.9
学府社区（14、15、16组）	161	483	712.2
永宁社区（5组）	85	275	537.1
合计	1810	4670	7509.6

（2）发展定位与目标

友庆新农村综合体项目定位：1）现代景观植物生产企业聚集区（特色景观植物种植和科研企业）；2）现代乡村休闲旅游区（乡村度假酒店聚落）。

友庆新农村综合体项目目标：遵循世界现代田园城市"九化"原则，大力发展现代服务业（旅游休闲业）和现代农业，延伸花木产业链，全面通入现代都市经济圈。将友庆建设成为集高科技特色景观种植与特色农业旅游休闲度假于一体的"第一、三产业互动"发展示范区，乡村旅游度假区、会议休闲度假目的地。

（3）土地综合整治与人口安置

1）土地综合整治

一期　①友庆社区：整治潜力 540.4 亩，可调用指标 374.6 亩；②梓潼社区 14 组：整治潜力 39.95 亩，可调用指标 39.95 亩；③永宁路社区 5 组：整治潜力 59.6 亩，可调用指标 44.4 亩。

二期　梓潼社区 10-13 组：整治潜力 146 亩，可调用指标 121.8 亩。

三期　学府社区 14-16 组：整治潜力 98.2 亩，可调用指标 83.8 亩。

四期　铁篱村 2、3、4、6 组：整治潜力 184.7 亩，可调用指标 147.1 亩。

整治成果 可调用土地总指标 784.65 亩；项目使用后节余指标 495.5 亩。

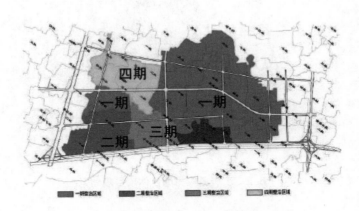

图 3.1.6-3　友庆社区土地整治分期示意图

2）人口安置

一期：友庆社区牵动人口 2183 人，安置于兰亭社区；梓潼社区 14 组牵动人口 264 人，安置于学府社区；永宁路社区 5 组牵动人口 275 人，安置于兰亭社区。

二期：梓潼社区 10-13 组牵动人口 807 人，安置于学府社区。

三期：学府社区 14-16 组牵动人口 483 人，安置于学府社区。

四期：铁篱村2、3、4、6组牵动人口658人，安置于东宫寺安置点。

安置结果：一、二、三、四期共牵动人口4670人，将全部集中安置到各新型社区统规统建。

（4）总体布局及建设用地利用

友庆新农村综合体总体规划可概括为"一点两区一轴"的空间结构，即以永庆社区为中心点，规划乡村休闲旅游区和规模化苗木种植区，从而实现集高科技特色景观种植与特色农业旅游休闲度假于一体的"一三产业互动"示范区。

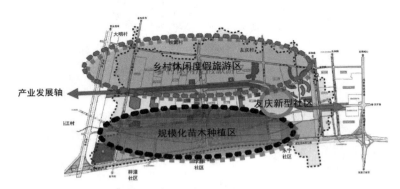

图3.1.6-4　友庆新农村综合体规划结构

从用地规划布局来看，生活居住用地14公顷，占2.8%；公共配套设施用地0.45公顷，占0.09%；产业用地383.97公顷，占比76.70%（其中一产业用地364.69公顷，占比72.85%；三产业用地19.28公顷，占比3.85%）；市政实施用地7.85公顷，占比1.53%；道路广场用地39.09公顷，占比7.81%；绿化用地50.24公顷，占比10.03%；水域及其他用地5.21%，占比1.04%。

（5）产业规划与发展策略

优一强三，一三联动，产业升级。推动花卉产业标准化、规模化、集约化、市场化、信息化发展；形成"大园区＋小业主"的产业集群发展模式，带动全区花卉产业提档升级，构建了研发、生产、营销等环节完整的产业发展集群。

一产业发展策略：以花卉及观赏苗木标准化、规模化、集约化、市场化、信息化发展为导向，以社区股份经济合作组织为带动，充分引进社会资金，推动一产业提档升级、快速发展，为三产业发展提供良好的生态本底。

三产业发展策略：以友庆社区良好的生态环境为依托，引进有实力、有信誉的大型公司，形成高档乡村酒店群落的产业集群，打造"一三联动"都市现代农业主体产业园和统筹城乡、新农村建设综合示范区。

图 3.1.6-5　友庆新农村综合体产业规划

图 3.1.6-6　友庆新农村综合体产业规划

（6）基础设施规划

1）交通工程规划

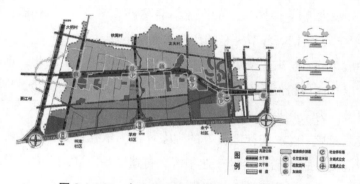

图 3.1.6-7　友庆新农村综合体交通工程规划

2）市政管线工程规划

①给水工程：由天府水厂供水，规模 3 万吨 / 天，规划区用量 0.97 万吨 / 天

②排水工程：区域内不设污水处理厂，区内污水由污水管收集后汇入旧城区污水干管

③燃气工程：由温江配气站向规划区配气

④电力工程：区域内用电电源从柳城 110kV 变电站出线

⑤电信工程：规划从旧城区电信分局引入主干电线电缆至本区内。

（7）居民安置及保障

新农村综合体的指向在深入解决"三农"问题，以公共服务体系的配套完善为重点，依托良好的产业基础，以为农民提供基本而有保障的公共服务为目标，统筹解决农民居住、就业、培训等问题，破解"人往哪里去"的问题。

一是推动农民集中居住，促进农民生产生活方式的转变

按照新型社区标准配置建设友庆兰亭社区，社区规划占地 83 亩，建筑总面积约 13.11 万平方米，计划安置 956 户，共 2185 人，小区基础设施完善，基本功能齐备，生活环境不断优化，加快促进农民生活方式的城市化进程。

二是深化就业培训

依托"一三联动"产业发展对农业生产、餐饮服务、接待及其他服务行业人员的需求，实施定向技术培训，促进农民向第一产业转变。规划区共有劳动力 1520 人，在规划区花木企业就业 1240 人，区内外非农产业就业 206 人，农村劳动力就业率达 95.1%。

三是构建规范的公共服务体系

社区按照"1+13"内容配套建设文化、体育、教育、医疗、社会保障等村级公共服务和社会管理配套设施，重点推动劳动就业、社会保障、技能培训等服务项目的开展，为社区居民提供优质高效的公共服务，推动城乡基本公共服务均等化。[1]

2. 威远县四方村新农村综合体规划设计

（1）项目建设背景

四方村位于威远县向义镇，威远县位于四川盆地中南部，东邻内江，南连自贡，西界荣县，北接资中、仁寿，辖区面积 1287.22 平方公里。规划区属亚热带季风气候，水热条件良好，物产丰富。村民收入主要依靠各种农副产品，但产品科技含量低，附加值低，农民收入水平和生活水平的提高存在一定难度。近年来，全村在蔬菜和水果生产中逐步引入新品种、新技术，农业产业结构发生了一定的变化，农民收入水平和生活条件得到了一定程度的改善。

随着威远县城市化、工业化的快速发展，四方村的工会组织和职工队伍不断扩大，

---

[1] 来源：成都友庆新农村综合体规划（成都市温江区城乡规划委员会）。

为适应职工数量的不断增加、工会的服务工作量会越来越大、服务领域越来越广、服务要求越来越高的新形势，四方村建立起"6+1制度"，加强和创新村工会管理与服务功能，更好地为村民们服务。

以集中居住为核心，以主导产业连片发展，农民持续增长为支撑，以新机制体制为动力，建设农户居住规模较大，产业支撑发展有力，基础设施建设配套齐全，公共服务功能完善，组织建设和社会管理健全，能初步体现城乡一体化格局的农村新型社区。

在社会主义新农村建设的大好时机下，为改善农民生产、生活条件和提高农民收入水平，对四方村现有的产业结构和布局进行合理调整和科学规划，保护现有资源，培育新的经济增长点，走可持续发展道路，实现社会主义新农村建设宏图，四方村积极响应四川省关于"新农村综合体"的号召，力求把四方村打造成四川乃至全国"新农村综合体"的典型示范。

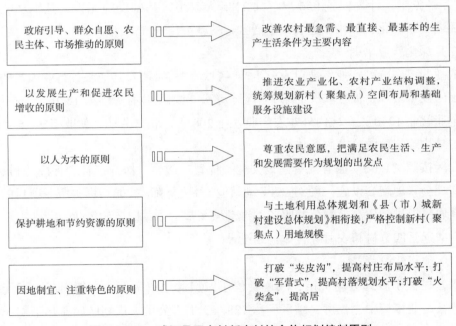

图3.1.6-8 威远县四方村新农村综合体规划编制原则

（2）项目基本情况

1）区位和地形

向义镇四方村位于威远到自贡之间，距离县城19公里，交通极为便利。四方村地处丘陵地带，山地海拔较低，相对高差较小，但地形起伏变化较大，四周为浅丘，相对高度约10-20米，中间有一湖水，整体形势较缓。

2）产业

四方村现有产业结构比较简单，农业几乎占据了国民经济的全部。而在农业产业中，占据优势的是水稻、玉米等传统种植业，但是也形成了一个约两百亩的无公害蔬菜种植大棚；而林业、牧业、渔业在国民经济中的地位相对较为次要，其中林业以枇杷、桃、无花果等果林种植业为主，但规模不大，种植不集中。

3）生态条件

四方村地处亚热带常绿阔叶林带，水资源丰富，加之土壤肥沃，气候条件良好，故本区动植物资源较为丰富，陆生生物和水生生物都具有较高的物种多样性。村中大面积为农田，湖水四周的土地种植有一定量的枇杷，此外还有少量的次生植被，而村庄四周的整体林带需要修复与重建。

4）建设风貌

建筑主要分布在村口老街及村中的两个农民聚居点，大面积为二至三层楼农房，多为坡屋顶结构，建筑外观不统一，需要重塑建筑风貌。

5）基础设施

四方村村级道路与贡威路相接，路宽 8-10 米，路面状况较为良好。在四方村内部交通中，以最近整修的碎石路面为主，同时辅以大量步行道，路况较差，急需改善。四方村水、电、气、污水管网能满足村民需要，通信网络覆盖状况较为理想。

（3）项目 SWOT 分析

1）优势

① 政策优势

四川省"新农村综合体"建设的开展为四方村的产业结构调整提供了政策优势。社会主义新农村建设在农村税费、农村金融、农村土地利用等方面进行了一系列的改革，使"新农村综合体"建设的政策体系更为完整和适宜农村建设需要。这些政策上的挑战和完善，为四方村进行以产业结构调整为核心的"新农村综合体"建设提供了良好的政策优势。

② 区位优势

四方村位于威远县向义镇。威远县位于四川盆地中南部，东邻内江，南连自贡，西界荣县，北接资中、仁寿。四方村交通极为方便，可进入性较强。村庄不仅可以利用这种优势将自身出产的农副产品输出到市场，同时有利于吸引来自市区的休闲游客。

③ 产业优势

四方村当前的产业里虽然以农业为主，但在农业产业中，蔬菜产业和水果产业占据了很大的比例，其无公害大棚蔬菜产业已经形成了一定的规模，并在内江市具有一定的知名度，而水果产业又因其是枇杷产地而具有很高的知名度和较好的开发前景。这些产业又形成了一定的景观，为开发乡村生态体验游准备了较好的基础条件。

④ 资源优势

四方村产业结构丰富，具有很多开发价值较高的乡村旅游景观资源，尤其是其自然景观资源分布集中，开发条件较为成熟。虽然从整体来看，四方村的乡村旅游景观资源还不具备成熟的独立开发的条件，但只要进行合理的规划，依托村庄自身现有的产业优势，开发乡村体验生态游的条件十分优越。同时，四方村人口较少，土地资源相对丰富，这为四方村进行产业结构调整和开展乡村生态体验游提供了良好的资源基础。

2）劣势

① 村民从业素质亟待提高

村民长期从事传统的农业产业，几乎没有从事其他产业尤其是服务业的经验，这给四方村在未来的产业开拓带来了一定的难度，这也必将成为四方村进行市场拓展的一大障碍。为适应产业发展的需要，四方村必须针对新的产业进行一些提高从业素质的培训。

② 交通条件有待完善

虽然四方村距离内江市区较近，但是没有从市区到四方村的固定班车，这在一定程度上限制了与市区的联系。同时四方村内部的交通道路系统不完善，路况较差，尤其是雨季，大雨的冲刷使得道路泥泞不堪。目前，交通制约已经成为四方村进行产业结构调整，开发乡村生态体验游的主要瓶颈。

③ 景观资源够丰富，品位不高

不具有特别有吸引力的自然景观，同时人文景观也较少。四方村虽然环境优美，自然景观数量和种类较为丰富，但缺乏具有特别吸引力的自然景观，而在人文景观方面，只有八姑寨等景观资源以及相应传说，并且大多资源已经破坏严重。

④ 生态环境较为脆弱

四方村由于开发历史较长，现有的生态环境较为脆弱，次生植被斑驳稀疏，尤其是村庄四周的整体林带需要修复与重建。各种污染很容易对村庄的生态环境造成很大的破坏，容易形成景观障碍。

3）机会

① "新农村综合体"建设在全省范围的开展

全省各地农村都在探索适合自身的"新农村综合体"建设的道路，这为四方村进行产业结构调整提供了良好的机遇，尤其是"新农村综合体"建设中重点提到的"金土地""双挂钩"等政策为四方村进行产业结构调整和布局提供了良好的机遇。

② 农业产业结构调整

随着农业的持续发展，传统农业逐渐遇到了发展的瓶颈，前进的步伐也越来越缓慢。为此，农业产业结构调整成为农业持续发展的必要道路，全国范围内农业产业结构调整的探索和实践为四方村在未来发展高新产业化的农业产业提供了良好的机遇。

③ 休闲产业成为热点

随着生态旅游的持续发展，休闲旅游也迎来了发展的高峰期，全国各地不断涌现出以高科技农业观光园、水果观光园、蔬菜观光园为代表的高新农业休闲旅游区。四方村本身具有大面积的无公害蔬菜基地和水果基地，具有开展农业休闲旅游的良好基础，如果按照规划进行合理的调整和布景并引进产量较高、观赏价值较好的无公害蔬菜和水果品种，农业休闲旅游必然会在这里取得令人瞩目的成功。

④ 威远县旅游业的辐射带动

威远县具有良好的旅游条件和氛围，其境内有独特的穹窿地貌、秀色山水、山寨古寺等文化资源优势，又具有高山林立、重峦叠嶂、沟壑纵横、生态原始、植被茂密、森林湖泊众多等得天独厚的自然资源。四方村休闲旅游景点的打造具有良好的辐射带动作用。

4）威胁

① 市场竞争压力加大

由于在产业结构调整中，各个村落均将农业生态旅游以及花卉、蔬菜、水果等产业作为"新农村综合体"建设中产业结构调整的重心，因而与相近的一些村落对目标市场形成了一定的竞争关系。如隆昌县的群乐村就已经开展了一些农业生态旅游活动。这就要求四方村在进行产业结构调整和布局以及乡村生态体验游的开发时，要做出特色，并不断出新，从而在目标市场上具有较强的竞争力。

② 产业发展对环境的影响

新兴产业的开拓和发展必将给生态环境带来新的压力和污染，对环境的破坏必然会影响到四方村的可持续发展，因此，在进行产业结构开发和调整中必须首要考虑生态环境，不能以牺牲生态为代价来求发展。

③ 亟须构建招商引资平台

由于村民长期从事传统农业产业，缺乏商品经济意识，因此在招商引资上存在一定的难度，尤其是缺乏招商引资的平台、渠道和方式等，因此建立必要的招商引资平台，丰富招商引资的渠道和方式，以及加强后期管理成为四方村在未来的产业发展能否成功的一个关键。

总体来看，四方村在建设社会主义新农村中，进行产业结构调整，开发农业生态旅游的优势大于劣势，机遇好过挑战。因此必须抓住时机，按照科学合理的规划进行大刀阔斧的改革和调整，只有这样才能在大好的历史机遇面前抓住机会，建设成农户居住规模较大、产业支撑发展有力、基础设施建设配套齐全、公共服务功能完善、组织建设和社会管理健全、能初步体现城乡一体化格局的农村新型社区。

（4）项目总体规划

四方村的规划分为两条轴线，两个景观中心及七个功能分区。其中两条轴线分别为贯穿整个老街游览区和大部分新建居住区的人文风情轴线和贯穿整个湖体的自然风光轴线，这两条轴线从人文和自然两个方面很好地展示了四方村的特色。两个景观中心分别是位于"6+1"综合体前面的村务活动中心和位于环湖休闲度假区与接待服务区之间的旅游观光中心，这两个景观中心地理位置优越，不仅具有良好的景观视野，更能够起到人流集散作用。七个功能区分别是无公害蔬菜基地区、水产养殖区、旅游接待服务区、环湖休闲度假区、果品采摘观光区、老街游览区和田园风光区。

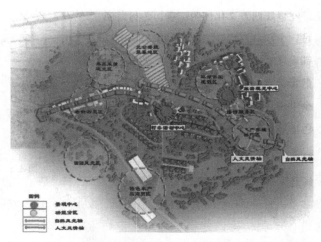

图 3.1.6-9 威远县四方村新农村综合体项目总体规划图

（5）项目主题定位

1）山水园林构

建山林之秀美，湿地之和润，汇聚山水之灵气，改善微气候。

2）循环农业

大力发展无花果产业基地、枇杷种植基地、无公害大棚蔬菜和水产养殖业，形成养种加循环、林养加循环和"生态养殖沼气绿色种植"的循环经济模式，延长生态链、产业链和收入链，实现生态效益、社会效益和经济效益的统一。

3）休闲旅游

修建四方文化休闲广场，为村民创造一个活动、集会、宴请的集散场所；铺设环形健身步道路，为村民提供一个散步健身的途径，从而改善村民的业余生活习惯；打造环湖度假休闲区和特色星级农家乐，开发复合型观光、度假、休闲、体验类旅游产品，提升"新农村综合体"旅游产品的档次和旅游附加值。

（6）项目功能分区

1）无公害蔬菜基地

规划中的无公害蔬菜基地位于四方村的西北方向，这里土壤肥沃，地势平坦，具有良好的种植蔬菜的基础，现在发展成约两百亩的无公害蔬菜大棚，规划计划将达到五百亩。除此之外，四方村还准备发展紫色蔬菜等特色种植业，利用优良品种的引进来加强自身的竞争力。无公害蔬菜基地是四方村在进行产业结构调整和布局中最为重要的部分，它的存在和发展不仅将从根本上改变村庄现有的产业结构和布局，也是村庄开发新兴产业的前提和基础。在规划中，无公害蔬菜基地不仅是依靠其所生产的蔬菜产品来增加农民收入，同时要按照一定的景观原则来选择蔬菜的品种和搭配各种蔬菜的种植和布局各种蔬菜的结构，使之形成景观并通过引导游客到菜地亲手采摘蔬菜等方式增加产品的附加价值，实现基地经济价值的最大化。建成后本区将成为村庄重要的经济增长区。

2）水产养殖垂钓区

四方村中央有一约一百六十亩的方湖，同时还大力发展稻田养鱼，目前水产养殖面积已近两百亩。水产养殖业的发展不仅可以让四方村形成种养加循环的经济模式，同时也有利于四方村观光体验旅游业的发展，让游客在清新优美的田园风光中尽情享受垂钓的乐趣。在四方村现有的结构单一的养殖业中，水产养殖垂钓区是四方村养殖业发展的重点所在，它在保护生态环境的同时，更加容易形成集中养殖，将很大程度地提高四方村养殖户的收入。

3）旅游接待服务区

规划中的旅游服务中心位于四方村中部偏北方向，整个旅游接待中心由两个三星级农家乐组成，拥有停车场、会议室、购物中心等配套设施，这里除了提供餐饮、娱乐、住宿等服务外，还有最为重要的一项功能是提供旅游信息服务，为游客提供四方村内乡村旅游的实时接待情况，并根据游客的需要推荐相应的旅游线路和休闲地点，合理引导游客去向。道路条件改善后，外来游客可以通过连接村庄与威远县的交通车或自驾车等方式轻松到达此地。旅游服务中心区是四方村进行新兴产业开发的关键所在，是四方村从原有单一的产业结构向多样化的产业结构转变的重要标志，符合"新农村综合体"建设的要求。建成后这里将成为四方村的旅游中转站和接待点。

4）环湖度假休闲区

规划中的环湖度假休闲区涵盖四方湖周边的整个区域。这里是山地和湖泊的过渡区，环境优美、植被覆盖率高，与接待服务区相邻，同时还有休闲健身步道环绕在其四周，是开展乡村旅游的绝佳地点。本区借助其地理区位优势，不仅让游客的游览路径点线结合，使游客散步于湖光山色的同时可以在与之相邻的接待服务中心用餐、休憩；而且也方便游客到相近的无公害蔬菜基地和水产养殖垂钓区进行农业体验、观光与休闲旅游等活动。建成后本区将是最为重要的观光游乐区域。

5）果品采摘观光区

规划中的观光果园区分两个部分，分别位于四方村南部和北部海拔相对较高的山地上。规划中本区的作物以水果为主,间或种植较少蔬菜。在水果品种的选择上以适宜本地栽植的枇杷、桃、无花果为主,同时引进一些具有较强特色和观赏性的品种,并在果园套种一些蔬菜。在果树的花期,形成山花烂漫的景象,成为农庄重要的景观;而在水果成熟期,则让游客亲自到果林采摘,增加游客在乡村旅游中的体验。规划建成后的观光果园区将成为四方村重要的特色乡村旅游体验地,本区的旅游活动主要集中在花期和果期,而其他时期的旅游活动相对较少,这样会起到较好的保护作用。

6)老街游览区

老街游览区是在四方村原有的老街基础上改造而来的,位于四方村的最西端,也是村口的位置。规划中将对其现有的建筑风貌进行改造,改造成具有中国传统特色的徽派建筑。统一的风火墙、小青瓦、坡屋顶使整个街道给人一种古朴典雅的感受。同时在街道入口规划一个气势恢宏的门牌,使四方村"新农村综合体"给人留下更为深刻的印象。

7)特色农产品商贸区

规划中特色农产品商贸区在四方村的最南面,紧邻贡威路。规划特色农产品商贸区的建筑以当地川南民居的风格为主,三层高,布局按照景观原则进行,商贸区内兴建一小广场,有利于商品货物的集散。特色农产品商贸区建成后,要形成定期的集市,吸引来自附近几个村镇以至县城的居民,使之形成四方村的经济增长点。

8)田园风光区

除以上各个区域外的地区都规划为田园风光区,实际上以上区域基本都是镶嵌在田园风光区中。规划中对田园风光区的改动相对较少,在物种的选择上,以本地物种为主,在物种的搭配上,应当形成片状结构,这样使得本区的作物具有较高的景观价值,符合四方村整体产业结构调整的主题要求。

四方村整体产业结构调整主题要求　　　　　　　　　　表 3.1.6-2

发展等级	分区名称	主题	主要功能
一级	无公害蔬菜基地	无公害品牌蔬菜和农业体验游	重要的经济增长区
一级	接待服务区	会议、接待和休闲	旅游中转站和接待点
二级	度假休闲区	农业休闲旅游	重要的旅游接待区
二级	果品采摘区	无公害品牌水果和农业体验	重要的特色旅游体验地
一级	特色商贸区	商品贸易	定期的集市
三级	田园风管光区	田园风光、农业体验游	景观基质和经济基础

(7)项目交通规划

道路建设设计的目标是满足农民生产生活需要以及游客进出方便,同时满足物资运输的要求。在进行道路建设时尽量不要破坏自然生态环境和损害农民群众利益,尽可能地在原有的道路基础上进行改建、扩建，尽量保护四方村原有的自然风貌。规划中将四方村的道路规划为四级：1）与贡威路相接，宽6米，采取沥青混凝土路面；2）环湖车行道，宽5米，采用沥青混凝土路面；3）环湖步行道，宽1.5米，采用青石板路面；4）环山休闲步道，宽1.5米，采用沥青混凝土路面。

（8）项目土地利用

威远县四方村新农村综合体土地利用情况（单位：平方米）　　　表3.1.6-3

建设内容	数量（㎡）
机动车道路	25890
人行道路	23560
地块整理	68503
雨污管网建设	3800
停车场地	2300
新建蔬菜批发市场	800
大鹏改造	100000
广场铺地	3108
新建幼儿园	1200
新建农民房	10525.66
新建"6+1"综合体	1800
合计	341486.66

（9）项目水电气管网

水、电、气、光纤、电视等管网均由老街直接引入，同时在每户后院建立独立沼气池，污水由污水管网引入在蔬菜大棚西面的两个集中生化池，生化处理后作为肥料供给大棚蔬菜，形成"生态养殖沼气绿色蔬菜"的循环经济模式，既有利于环保，又有利于经济的增长。

（10）项目分期建设

1）重点建设项目

四方村"6+1"综合体是"新农村综合体"建设的核心内容，它涵盖的配套功能是四方村公共服务的保障。它从根本上使四方村"新农村综合体"建设区别于其他的社会主义新农村社区建设，它是四方村建设基础设施建设配套齐全，公共服务功能完善，组织建设和社会管理健全，能初步体现城乡一体化格局的农村新型社区的关键。

四方村与贡威路相连的道路，规划为国家级沥青路面。此道路为四方村交通要道，是四方村的交通大动脉，四方村农产品的输出、生活物资的输入以及村民和游客的进出都有赖于这条道路。

旅游服务接待中心是四方村开发第三产业重要的基础设施，这里将是最重要的游客集散地，同时，旅游服务接待中心具有合理分配游客、平衡村民收入的重要作用。

老街区在四方村的发展中有着重要的地位，这里将是居民生产生活用品重要的集结地，它的修建，将极大地改善村民的生产生活条件，同时提升四方村的人气，形成周期性的经济圈。

规划中无公害蔬菜基地是居民未来收入的主要来源，其在规划中具有举足轻重的地位。蔬菜基地建设的重点应该是形成属于自己的品牌，提升农产品的价值，另外是将游客引入基地中，让游客亲身体验采摘蔬菜，进一步提升农产品的价值。

2）近期建设项目

2012年大力筹资筹力修建、改建、扩建四方村的主要公路、次级公路以及主要步行道，全面改善村庄的道路交通条件。完成四方村"6+1"综合体以及四方综合体前四方广场的建设。完成水、电、气、光纤、污水、雨水等基础设施的建设。按照规划对老街的建筑风貌进行改造，并使其具有一定的商业能力。完成幼儿园的建设。完成一期农民聚居点的建设。2013年完成二期农民聚居点的建设。

3）远期建设项目

根据需要改建、扩建四方村的各级公路，全面完善四方村的各级步行道。完善度假休闲区的软硬件设施，争取将其建设为具有四星级标准的农业生态休闲接待区，并使之成为内江市农业生态休闲体验游的重要品牌。

增强无公害蔬菜的科技含量，加强无公害蔬菜产品的市场推广，注册属于四方村自身的品牌，进一步提升农产品的价值。完善和维护四方村的各种自然和人文景观，使之具有较高的观赏价值。引入企业管理制度对四方村的蔬菜水果产业和度假休闲区进行管理。随着这些产业和地区的发展，需要引进更为科学的管理方法和制度，企业利用其自身在管理和市场推广方面的优势，有利于四方村的各个产业继续向前推进。

3.1.7 新农村综合体建设案例分析

1.西充县凤鸣镇双龙桥新农村综合体

（1）项目背景

双龙桥新农村综合体为南充市第一批新农村综合体建设示范点，结合现状开发建设，引导周边农民集中居住。规划力图从村庄布局形态和交流空间的塑造、产业文化展示、休闲旅游配套等方面入手，营造适应当地地形地貌、传统文化并满足生产、生活要求和体现现代生活方式的新农村综合体，改善村民居住环境，完善基础配套服务设施，促进村民生产发展和生活水平提高。

在规划中，重点是整合资源、挖掘特色；协调整体、注重策划；尊重地形、完善配套；群众参与、分期实施。

（2）项目定位与策划

双龙桥新农村综合体规划发展定位为：西充县有机循环第一村、近郊特色生态旅游村，提出"双龙丰五谷、古韵兴福村"的村庄发展口号，强调中国传统的"龙文化"的融合和古典风韵的塑造。

规划对村庄内的商住民宅功能进行项目策划引导，将整个双龙桥村的多种产业及产品在规划区范围进行集中的展示，并且提出"龙趣"的设计理念，即以龙为名，强调旅游项目的趣味性。

重点突出标示特色、街巷特色、院落特色、小品特色等特色塑造。

（3）项目总体布局

空间布局上，依托现状山体地形自然形成的山窝，进行住宅布局，将规划区由低至高划分为四个组团：步行街组团、龙府农家乐组团、游龙街组团、精品龙家乐组团。各组团内高差相对缓和，组团既单独成为主体，便于分期实施，又在空间及形式上互相联系，高程层层递增，同时可在建筑色彩和建筑形式上稍加区分，增强组团的可识别性。步行街组团主要以沿步行街商住建筑空间为主，两侧建筑高低错落，建筑采用青砖黑瓦，塑造传统古街的感觉；龙府农家乐组团主要通过多个三合院形式布局于第二高程空间，三合院院落布局背山面野，可结合院落空间布局农家乐设施；游龙街组团主要以传统街巷和围合院落结合的方式布局住宅；精品龙家乐组团以传统四合院为主。在每个组团的多个院落之间又形成集中的公共活动空间，突出其地区传统村庄格局。

（4）项目产业发展

根据双龙桥村整体发展意向，未来将形成"一轴六片"的村庄结构，东西向村庄人工河道及滨水道路是村庄发展的核心轴线，引导各类产业的发展方向，沿核心发展轴线形成休闲娱乐、钓鱼台、观光塘、大棚种植、核心景区及古村旅游六个功能片区。其中古村旅游片区，是双龙桥村整体结构的南侧入口，规划建设注重对入口形象的打造及服务设施的建设完善，与周边其他片区协调发展，古村旅游片区主要产业功能为乡村旅游服务，形式为传统商业街巷空间，建筑融合居住和商业双重功能，并提供其他功能区的各种产品的集中展示，作为双龙桥村对外的形象窗口和产品的集中展示。

（5）项目设施配套

公共设施建筑规划有两处，分别为村公共服务中心和农耕文化馆。公共服务中心考虑到用地的集约性及乡村公共服务的便捷性，双龙桥村公共服务中心在功能上设计较为综合，包括了村委会、村卫生室、村文化活动室、村便利超市、村幼托中心及村储藏用房等六个主要机构。农耕文化馆可以通过设置古代农业、传统农业、现代农业、乡风习俗等展示区，通过字画、传统农具、雕塑展示等平面和立体结合的方式进行展示，形成自己独特文化内容和空间特征。

此外，为加快区域内旅游的发展，为游客提供更好的服务，区域内建有生态停车场、乡村酒店、景观凉亭等配套设施。

（6）项目建筑设计

建筑设计上充分运用青砖、黑瓦、白墙、穿斗结构等设计元素，塑造传统的川北民居特征，建筑材料上多以石、木、砖、竹等乡土材料。规划考虑不同的家庭人口构成，共设计四种建筑面积大小不同的住宅建筑，两种经营农家乐四合院建筑，以及多套沿街商住建筑。在建筑设计上充分考虑农民的生产生活习惯，以及部分农户未来经营农家乐的需求，在建筑的二层增加大晒台空间，满足农户的晾晒需求，同时在底层设置独立储藏空间，方便农民进行农具及谷物储藏使用；同时考虑加大厨房空间的设计，以方便农户以后经营农家乐配套使用。四合院建筑设计主要包含餐厅、茶室、住宿、棋牌等功能，能同时满足多户人家开办农家乐。

（7）项目效益分析

项目建设完成后，该村招引业主培育特色产业，发展有机循环农业，培育了万株樱花、千亩玫瑰、百亩水产、多种中国台湾特色果蔬，其中，中国台湾葫芦瓜、芥蓝菜、金香瓜等优质果蔬品种通过国家有机认证，构建了"以产带村、产村相融，农旅结合、新产新业"的乡村发展格局。村民靠着土地流转的租金、入股分红收入以及在村里就近就业收入等，人均年收入达18000多元。

此外，通过"自主经营、租赁经营、合股经营"三种方式，该村引导群众利用闲置房屋开办农家乐37家、家庭旅馆5家，发展农村电商2家，推行"吃、住、行、游、购、娱"一条龙服务。2016年新产业新业态实现增收1000万元以上，成为远近闻名的富裕村、幸福村。

2. 德阳市新华村综合体规划

（1）项目资源分析

新华村位于德阳市东部，平原与山地交汇处，西至建设中的德阳市东一环，北至规划道路，东南紧邻山体，距离德阳市中心约7公里，总面积为125.22公顷。

新华村自然条件优良，生态资源丰富，"山、水、田、村"特色鲜明。基地地形起伏，东部较高，西部较低，最低高程500米，最高高程580米，高差超过80米。①山：基地地形起伏，东侧山体植被茂密，是离城市最近的山体，是登高远眺、探幽的好去处。②水：基地内水体资源丰富，有三处鱼塘相互贯通。水系不仅能满足农业灌溉及渔业生产需求，还为营造良好的景观氛围提供了条件。③田：基地共形成三处集中农田分布区，与鱼塘结合紧密，是乡村的主要景观风貌区。④村：基地主要建设村民住宅，建筑层数为1-3层，建筑风貌为川西民居风貌，分布在西侧平坝地区。

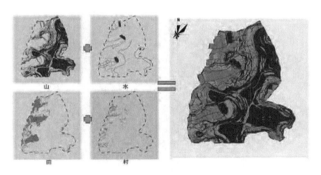

图 3.1.7-1　新华村基地要素资源分析

（2）功能布局分析

新华村属德阳市最佳的近郊游憩区，同时也是成都市最佳的远郊游憩区，是乡村旅游开展强度较大和频次较高的区域。当前，以健身、养生、家庭亲子游和户外活动为目的的周末游、小长假游逐渐成为城市乡村旅游的主要形式。因此，新华村的旅游市场定位为以德阳市为中心的成都平原北部经济区的相关市场，承接周末、节假日甚至平日闲暇市民所需的基础休闲消费活动；项目定位为德阳东部浅山游憩带的重要节点、德阳都市后花园；形象定位为灵秀乡野、东篱田园。规划结合自身资源和市场需求，进行旅游产品策划。规划区将形成以婚庆、培训、拓展训练、公司会议和企业庆典等会所酒店类功能为主的重要旅游产品，特色家宴美食、品茗、朋友聚会、休闲和山地自行车健身运动等大众化的基本旅游产品，以及观光农业、体验式农业与农耕文化相结合的特色旅游产品。

1）规划区的功能布局以安居乐业、都市休闲为目标。规划统筹安排、合理布局居民点及配套设施，促进农民安居；整合村域资源，促进片区产业发展，保障农民乐业。规划形成"一轴、两心、多组团"的功能结构，"一轴"即空间发展轴，"两心"即产业服务中心与村民服务中心，"多组团"即村民居住、旅游服务等功能相对集中的各功能组团。

2）规划区的用地布局结合功能布局进行安排。根据政府的拆迁安置政策，每户可分配一定数量的商业建筑面积，其中，部分是将居住建筑底层作为商业用途，其余为集中商业，可整体对外招租经营。规划在北侧道路交叉口、水库周围布置相应的集中商业。居住用地分为三个组团，水体和农田依据现状布置。

（3）景观环境规划分析

规划区形成"一环八景"的旅游规划结构。规划充分利用所在位置的资源、景观特色，并结合所在位置的现状景观要素和地形地貌分别形成荷塘月色、大塘梅湾、花香农居、果色添香、颐乐居屋、农耕逸事、密林探幽和东篱画苑八大旅游景点。各景区景观环境的规划设计主要利用现有水库、鱼塘、山体和农田等要素，融合乡土景观设计手法，

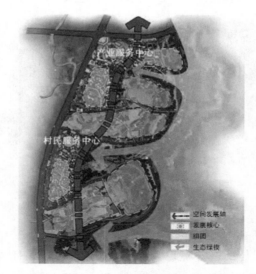

图 3.1.7-2　新华村综合体功能结构规划图

图 3.1.7-3　新华村综合体总平面图

增加旅游设施，形成特征鲜明的景观特色分区。

（4）综合交通规划

规划主要形成自行车游线、步行游线和登山游线等旅游线路，增强旅游趣味性和可选性，同时利用不同的游线形成大环线和小环线，将各景区景点有效串联。游线设计与规划道路网相结合，自行车游线主要结合规划区骨架道路设置，步行游线结合居住组团主干路和田间道路设置，登山游线结合山间小路和栈道设置。

（5）建筑布局设计

建筑布局在满足新农村综合体居住功能的基础上，应积极考虑旅游服务功能，并立足于乡村特色，摆脱城市行列呆板形式的束缚，可采用大组团、小院落结合的

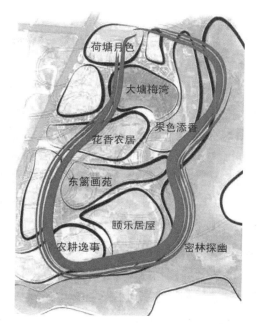

图 3.1.7-4　新华村综合体总平面图

整体布局形式，结合当地川西林盘的布局特色，融入绿道、绿地系统，提高居住环境质量。传统川西民居能适应当地气候环境，多为 L 型、U 型的布局形式。其中，居住建筑布局结合旅游服务和居民生活需要，形成扩大的围合院落布局形式，增加公共活动场地，以方便开展乡村、民俗和旅游等活动；公共建筑布局需满足居民公共服务的要求，兼顾旅游服务和产业发展的需要，主要采用商业街、特色川西民居院落的布局形式。

居住建筑在设计方面整体采用川西民居风貌，保留仿木穿斗构件、白墙等主要特征。屋顶灰色瓦面与红色相结合，以增加建筑活力，反映居民对美好生活的期许。建筑户型设计主要满足自住的基本要求，并融入旅游住宿要求，面积较大的户型可形成家庭旅馆。同时，利用退台、挑台等手法，形成阳台、露台等空间，丰富建筑形体，并方便开展室外居住、旅游等活动。[1]

3.2　中国农业综合体的探索及建设经验分析

3.2.1　农业综合体的内涵

1. 农业综合体的提出及其内涵

农业综合体最早是由陈剑平院士在 2012 年 11 月 3 日农民日报上发表的《农业综

[1] 赵兵，郑志明，王智勇.乡村旅游视角下的新农村综合体规划方法——以德阳市新华村综合体规划为例（J）.规划师，2015（02）.

合体：区域现代农业发展的新载体》提出。它是在借鉴城市综合体概念的基础上提出的现代农业发展的新型载体形式，通过农村一、二、三产业的相互融合和农业多功能拓展，延伸产业链，提升价值链，增加农民收入，促进新农村建设，并逐步推动农业发展方式的根本转变。

农业综合体的基本内涵是以农业为主导，以科技支撑和文化创意为两翼，融合农产品加工、商贸物流、科普会展、教育培训、休闲观光、文化创意等多个相关产业，构建多功能、复合型、创新型的产业综合体，它是伴随着区域经济社会快速发展和对长期以来农业园区实践的不断总结基础上提出的一个现代农业发展的新概念，既脱胎于农业园区，又高于农业园区，可以说是现代农业园区的"升级版"。

2. 农业综合体的基本定位

建设农业综合体的基本定位主要涉及以下几方面内容：

一是以发展现代农业为主导原则。以促进农业发展和农民增收为出发点和落脚点，壮大现代农业经营主体，畅通产销渠道，延长农业产业链，转变农业增长方式。

二是坚持融合发展原则。调整农业生产结构，发展壮大农业二产，大力推进农业流通体系建设，开拓农业休闲功能，逐步实现从"经济型"农业向"经济＋社会＋生态"的复合型农业转变。

三是统一规划和有序推进相结合原则。农业综合体作为现代农业的龙头示范，是体现农业产业化、标准化、市场化的重要载体，因此要做到高起点、高标准，并根据规划，集合各种优势，有序推进。

3. 农业综合体建设的战略意义

当前，我国进入了新型工业化、信息化、城镇化、农业现代化同步发展、并联发展、叠加发展的关键时期。我国的农业农村面临着自然资源和生态环境的挑战，粮食和食品安全的挑战，生产方式、营销模式和经济效益的挑战，以及美丽乡村建设的挑战等。实现农业持续稳定发展、确保农产品长期有效供给，根本出路在科技；农业科技是保障粮食安全的基础支撑，是突破资源环境约束的必然选择，是加快现代农业建设的决定力量。

实践证明，建设现代农业综合体，对加快项目、资金、人才资源的集聚，促进科技成果的转化、孵化，推动科研与推广运行模式转变，推进区域农业产业结构调整与转型升级，打造第一、二、三产业融合，生产、生活、生态和谐的新农村典范，探索现代农业发展新途径具有重要意义。

（1）是集生产、生活、生态功能于一体的复合体

1）丰富的内涵体现

现代农业综合体是以"生产、生活、生态"有机融合、相辅相成、相互促进、和谐发展的现代农业理念，集农业全产业链目标的整合、农业功能的拓展与融合、农业

科技支撑体系的综合、现代农业经营体系的优化、多种类型农业园区的结合于一体的复合体，是第一、二、三产业各领域全面拓展，多种业态并存，有机交织，多元经营，共同发展，为城乡居民提供多元化服务的一个新型载体。

2）高级的形态呈现

现代农业综合体是区域经济社会发展到较为发达的新阶段，在对长期以来农业园区实践的不断总结基础上提出的一个现代农业发展的新概念，既脱胎于农业园区，又高于农业园区，可以说是现代农业园区的"升级版"。以发展现代农业为核心和主体，以生产要素整合、全产业链整合、功能价值整合、城乡空间整合为支撑和动力，通过多方合作，建设集农业改革新特区、农业产业新园区、农业科技示范区、农民居住新社区、农业生态涵养区、农业服务经济区等于一体的，以农业现代化支撑新型城镇化的具有多种综合性功能的区域政治、经济、科技、文化发展新平台。

3）宽广的产业延伸

现代农业综合体可以简化为一个公式表示：农业生产＋农业科技＋农业旅游＋农业文化。围绕现代农业发展，以科技为支撑，融合食品加工、商贸物流、科普会展、教育培训、休闲观光、文化创意等多个相关产业，构建多功能、复合型、创新性的产业结合体；在构建中重点是充分体现科技与经济紧密结合，实现科技效益的倍增；注重以生产功能为核心的新农村建设，以生产功能为纽带，多方联动，多管齐下，创造就业机会，增加农民收入，使农村留得住农民。而其中最为关键的是设计科技型的生产功能，每一个乡村都要培育主导产业，要把农业生产与生态文明、创意农业紧密结合，积极探索现代农业运营与经营模式。

（2）是破解"三农"和农业科技发展瓶颈问题的"组合拳"

现代农业综合体不仅担负着推动现代农业发展，促进农民增收、农业增效、新农村发展，建设美丽乡村、创造美好生活的重要使命，而且担负着促进农业科技创新、科技成果转化与推广体制机制创新和农产品流通体系创新的使命，从长远来看，还担负着逐步推动农业发展方式根本性转变的历史使命，对破解我国农业、农村、农民和农业科技发展中的诸多瓶颈问题具有重要作用。

1）发展现代农业的新抓手

农业是国家基础性、战略性产业，涉及粮食安全、食品安全、生态安全、种业安全。推进农业现代化，最根本的目的是实现生产、生活、生态统筹协调、可持续发展。推动区域现代农业发展是一项系统工程，必须解决好技术关、市场关、效益关，需要政府、科研单位、企业、金融机构多管齐下，政府搭台，企业唱戏，科技支撑，金融助推。建设现代农业综合体是在政府主导下，基于当地良好的农业产业发展基础，充分利用企业良好的品牌形象，引进工业化的管理理念和经验，依托科研单位人才、技术、成果优势，以高产、优质、高效、生态、安全的现代农业试验区为平台，争取实现社会资本与科研力量的无缝对接，是全面提升区域现代农业发展水平、改善城乡居民生活环境和生活品质的新抓手。

2）建设美丽乡村的新载体

目前，我国农村出现了"农业兼业化，农村空心化，农村劳动力老龄化"的三化现象。中国要强，农业必须强；中国要美，农村必须美；中国要富，农民必须富。美丽乡村不仅要有漂亮的房子、宽阔的马路，而且要有现代化的生产功能、富有时代气息的先进文化、与经济发展水平相当的生活品质，实现绿色发展、协调发展、可持续发展。在工业化、城镇化、信息化、农业现代化同步推进，环境资源压力越来越大的今天，建设美丽中国、美丽乡村，根本出路在于体制机制创新和科技创新。以现代农业综合体为新载体，把居住功能与生产功能以及其他延伸功能有机地结合起来，不仅能推进区域农业产业结构调整与转型升级，实现农业增效、农民增收，而且能打造一批具有示范引领作用，第一、二、三产业融合，生产、生活、生态和谐的新农村典范。

3）促进科技与经济结合的新举措

多年来，我国一直存在着科技成果向现实生产力转化不力、不顺、不畅的痼疾，其中一个重要症结就在于科技创新链条上存在着诸多体制机制关卡，创新和转化各个环节衔接不够紧密。当前，科技创新工作存在科技投入产出不匹配、产学研用结合不紧密、评价考核科技成果的标准不科学、科技创新的体制机制不适应等问题。科技成果难以转化为现实生产力、产学研结合不紧密，成为影响科技与经济结合的重要因素。加快科技创新及其成果转化、产业化步伐，关键是推进机制创新与模式创新。

因此，必须健全技术创新市场导向机制，发挥市场对技术研发方向、路线选择、要素价格、各类创新要素配置的导向作用。积极探索以现代农业综合体为载体、集产学研用于一体的农业科研与推广新模式；以"设计施工一体化"的工程设计理念，建设若干个工程技术研究中心，将农业科研成果进行工程化开发，有利于推动产学研结合的各项政策制度完善，促进建立产学研合作利益共享机制，完善技术创新分配激励机制，充分调动各方面积极性，从而提高研究的针对性和有效性，加快成果的转化与产业化。

4）推动科研运行模式转变的新途径

长期以来，农业科研单位"千年课题，万年所"的格局形成了"各自为政、单打独斗"的传统科研运行模式。从一个区域、一个单位、一个创新体系来看，这就不可避免地会造成科研合力不强，甚至出现内耗等现象，难以解决区域性农业科技重大问题，也不利于形成大成果。在新形势下，必须以创新有效的协作平台和载体为抓手，逐步改变传统的以专业所和课题组为单元的科研组织模式；必须以"领域、课题、任务"为主线，以服务区域重大产业领域、重大技术需求和前沿技术研究为导向，推动跨学科、跨行业、跨部门、跨区域的协同创新。科研院所通过与优质农业龙头企业、地方政府等合作探索建设现代农业综合体，目的就是要打破传统的科研运行模式，走联合、集成的路子，强化协同创新。

（3）是一种有效整合政府、科研、企业和金融四方力量的新模式

1）政府主导

政府在现代农业综合体建设中扮演主导的重要角色,具有不可替代的作用。一方面,现代农业综合体具有突出的正外部性和显著的公共产品属性,需要政府规划引领和财政支持,在更大程度上满足社会需求;另一方面,现代农业综合体建设又是一项系统工程,在推进过程中涉及发改、农业、国土、水利、财政等多个政府部门,政府的主导作用非常突出。政府要做好规划与政策制定,加强区域资源要素的统筹,重点扶持引领作用大、服务能力强、辐射范围广的农业龙头企业;引导新型农业经营主体积极参与投资,充分发挥他们在资金投入、技术应用、组织管理、市场开拓等方面的优势;以劳动联合、资源联合、资本联合为重点,把龙头企业、种养大户、科研单位等有机组织起来,建立"利益共享,风险共担"的利益机制。

2）科技主撑

在现代农业综合体建设中,科研单位充分发挥其人才、技术、品种、培训等多方面优势,围绕建设目标与要求,建立工作机制,组建专家团队,实行以县（市、区）为单元的首席专家制度,从规划、实施到生产,全程一对一地参与,有针对性地加强科技服务,起到科技支撑引领发展的重要作用。科研单位通过加强与企业的合作研发,搭建攻关研发平台,集成和共享创新资源,实现创新资源的有效分工与合理衔接,突破农业产业共性和关键技术瓶颈;实施技术转移,加速成果的商业化运作,提升产业整体竞争力。以科研单位的专家、技术为依托,建设一批加盟基地和核心基地,集成科技成果,对产品分类、基地拓展、生产管理、全程检测等进行研究;提供优质的种子种苗、安全的投入品、科学的技术培训、全程的质量监控,从而辐射周边更多个紧密型或松散型的基地。通过这种形式的科研与生产、科研与市场的紧密结合,实现"科研服务产业、产业促进科研,科研面向市场、市场引导科研"的良性循环。

3）企业主体

优质农业龙头企业具有资金、管理、品牌等优势,是新型农业经营体系的骨干,是解决现代农业市场关、效益关的主体。在现代农业综合体建设中,突出农业龙头企业的经营主体地位,有利于建立健全新型生产经营管理体系,促进集约化家庭生产经营与产业化合作服务相结合。企业按照现代企业管理要求和农业产业发展特点,组建现代农业综合体运营管理团队,负责基础建设、设备购置、产品营销、品牌宣传、市场开拓等;创新管理,建立符合综合体发展的各项项目管理制度,采取规范、有序的层次决策机制,精准、严格的成本控制机制,权责匹配的责任约束机制,协调和谐的系统运作机制,赏罚分明的利益驱动机制,有序流动的人才管理机制以及自动及时的

反馈调控机制。重点是建立符合现代农业综合体发展的重大技术项目的首席专家负责制，切实提高农业项目的技术含量和运行水平。同时，还要根据农业产业的特点和现代农业综合体的独特性，重视孕育和形成具有自身特色的管理文化和管理风格。

4）金融助推

在现代农业综合体建设中，土地的合理有效流转十分关键，而传统的"硬"流转往往会影响土地流转的公平与效率。利用信托制度的财产隔离、财产保护和财产管理的功能，加快农村土地财产属性的综合开发，促使产权充分市场化，是实现土地流转的公平与效率的有效途径。土地信托就是以实现农村承包土地财产权属性的开发为目的，在现有法律与政策框架内，以不改变原有土地性质为前提，将信托机制运用于土地承包经营权的综合开发中，通过将土地承包经营权的金融凭证化，让农民切实享受标准化、凭证化的"土地资产"，释放土地承包经营权给农民带来的新财富红利，无疑给现代农业发展注入了强大的活力。以土地信托为主要手段实现土地"软"流转的思路，有利于解决长期制约"三农"持续健康发展的土地金融属性匮乏、流转机制不健全、农民财产性收入比重小等瓶颈问题，符合中央提出要赋予农民更多财产权利的政策导向。

（4）是一种因地制宜、不断创新、弹性延展的新路径

现代农业综合体发展没有固定的模式和现成的路径可循，有很强的可创新性和延展性。可根据实施地的自然资源禀赋、经济社会发展水平、农业产业特色、历史文化积淀，以及实施主体的自身条件等实际情况，主动设计，创新模式，优化机制，确定不同业态重点，因地制宜地提出相应的发展路径。[1]

4.农业综合体建设模式和路径

各地现代农业综合体建设尚处于起步探索与典型建设推进阶段，不同地区根据建设内涵要求可能同时并存着多种模式类型，没有可循的统一模式或分类标准。根据现代农业综合体的内涵特征，以及我国农业综合体的建设情况，归纳总结出如下推进现代农业综合体建设的四种模式。

（1）"一村一体"模式

走"一村一体"路径建设现代农业综合体，即依靠新农村建设和美丽乡村计划同步建设现代农业综合体。这里"村"的含义不仅仅局限于某单个的村庄，也可以是几个村庄、某个乡镇或社区合力建设一个现代农业综合体。该建设路径是以乡村资源环境为载体、以乡村的特色产业和地域文化为支撑，以美丽乡村建设成果为切入口，以养生养老产业发展为契机，以文化创意性、产业特色性为核心，秉承"乡村生活"模式，为游客提供文化体验、养生养老、休闲度假、观光娱乐、劳作体验、科普教育等服务内容，实现"吃、住、行、游、娱、购、养"功能的汇集，形成一种乡村发展的全新实现载

[1] 陈剑平，吴永华以现代农业综合体建设加快我国农业发展方式转变（J）.农业科技管理，2014（10）.

体和形式。

"一村一体"发展路径：一是发展农业特色产业。通过推广生态农业发展模式，构建生态循环农业产业体系，发展特色农业产业，增加农产品生态附加值。并通过农业全产业链发展，带动农产品加工物流业、农村服务业、休闲农业与银发产业的联动发展。二是发展农村休闲农业。通过发展休闲农业与乡村旅游，将村域生态环境和人文环境有机融合，打造成乡村旅游目的地，同时加大对乡村旅游业的金融、土地、税收等全方位优惠政策引导和投入。三是发展农村公共服务。通过推进农村基层公共服务体系建设，缩小城乡基本公共服务差距，建立农村社区综合服务中心，为村民提供"一站式"服务，包括医疗卫生、计划生育、户籍管理、产业发展、保障救助、村务公开、社会治安等内容，将综合体的公共服务延伸到农村社会生活的方方面面。四是发展农村文化事业。深入挖掘乡土农耕文化资源，打造农村文化品牌，形成现代农业综合体内农耕文化和社会事业发展的软环境。

（2）"一园一体"模式

走"一园一体"路径建设现代农业综合体，即通过农业园区的转型升级来建设现代农业综合体。这类综合体在浙江发展潜力巨大，其基本特点是在已有农业园区建设基础上，整合政策、科技、投入、市场等要素，通过"一园一体"路径设计，推进建设较早、规模较大、辐射较强的农业园区向现代农业综合体转型升级，使区域农业从农业园区阶段向现代农业综合体阶段的转变。

"一园一体"发展路径：一是发展区域优势产业。优先发展具有比较优势的区域农业产业，如河谷平原地区，适合把粮食生产作为综合体建设的主攻点，安排粮棉油高产创建、高标准农田建设、万亩良田工程、农业综合开发、土地治理等项目，提高粮食综合产能；沿海岛屿地区，适合发展海洋农业和高效型农业产业，如高附加值的水产、水果、花卉、蔬菜等出口产品；城郊地区则依托城市资金、市场、技术和信息等方面的优势，适合发展高投入高产出的设施蔬菜产业和安全、优质、鲜活、绿色的农产品，满足城市消费者的多样化需求。二是创新园区体制机制。在土地流转机制创新方面，综合体按照"政府引导、市场调节、农民自愿、依法有偿"原则，通过推进土地承包经营权置换，实现农地集中、经营集约和效益提升；在金融服务机制创新方面，综合体可在财政资金整合、专项资金设立、抵押融资贷款、保险制度创新、吸引城市与民营资本等方面作出尝试；在农业社会化服务建设方面，进行科技创新体系和技术社会化服务体系建设，推进综合体辐射区现代农业的科技水平。三是加强综合体示范带动作用。通过支持和培育综合体周边农业龙头企业、农民专业合作组织等，加大传统农业种养殖业与相关产业的联动发展，推进农业产业化经营、延伸农业产业链、拓展农业多种功能。

（3）"一企一体"模式

走"一企一体"路径建设现代农业综合体，即以单个或多个企业或者合作社作为主体建设现代农业综合体的方式。当前以工商企业为主体的社会资本对现代农业投入日益增多、领域日益广泛，解决了传统农业经营主体投入不足、财政资金投入有限等问题，实现了生产要素跨行业、跨地区的合理流动和优化组合，促进了农业规模经营发展、农业高新科技应用和农业经营机制创新。社会资本进入农业，以现代农业综合体为平台，通过高起点开发、高技术嫁接、发展高品位产品，不仅能够大大地提高资源利用率和劳动生产率，而且可以促进农业由粗放经营向集约经营转变，为现代农业发展注入活力。

"一企一体"发展路径：一是改革土地、金融政策。赋予现代农业综合体经营主体使用和调配土地用于农业用途的权利，将农产品加工和综合体办公室等用地视同农业用地，采取灵活政策予以支持；加大农业政策金融支持，简化农业信贷流程，建立农业经营主体信用体系，开发农业小额信贷产品，推进农民合作金融试点，缓解现代农业综合体等新型农业经营主体融资难的问题。二是加大政策扶持。完善农业公共政策和公共投入的绩效考核制度，加大对基础性、平台性农业设施的公共投入和政策扶持的力度；针对现代农业综合体制定扶持措施和政策，落实到综合体新型农业经营主体。三是营造就业环境。"农村内部的带头人""投资农业的企业家""基层创业的大学生"、"返乡务农的农民工"是现代农业综合体的主要人力资源来源，要对他们分类指导并提供有针对性的扶持政策。四是建立科学运作的经营管理机制。突出农业龙头企业的经营主体地位，构建"确定一个主体、执行一套标准、培育一个品牌、制作一张生产模式图、建立一份生产档案"的现代农业生产体系。

（4）"一业一体"模式

走"一业一体"路径建设现代农业综合体，即基于地区主导产业来建设现代农业综合体。不同的主导产业决定现代农业综合体产业结构和发展水平，主导产业发展影响整个现代农业综合体产业结构变化。现代农业综合体具有多种功能综合共融特征，比如农业生产、科技示范、农业休闲、居住社区、加工物流和生产涵养等。可以选择其中某一项或多项功能作为现代农业综合体项目的主导产业，带动整个综合体项目的开发建设。所选择的主导产业将在综合体所在区域产业经济发展中起到：带动其他功能关联性产业、提升项目整体价值、发挥区域价值和地方优势等作用。

"一业一体"发展路径：一是因地制宜选择主导产业。在生态环境优美的山区建设农业综合体，适宜开发高品位的农产品以及发展农业休闲观光；在交通枢纽地区，适宜强化开发农业综合体的农产品物流功能；在农业文化遗产丰富的地区，则适宜强化开发农业休闲、观光、教育、博览等功能。二是延伸农业主导产业链。通过农业主导产业链的后续产业环节（农产品粗、精加工）来增加获得更多的附加价值；通过现代农业综合体内的农业主导产业链延伸和补强原区域内缺失或相对弱小的农业产业链环节，构建完整的现代农业综合体产业链条，使全产业链的产品增值保留在综合体内。

三是提升农业主导产业链。现代农业综合体对产业链各个环节的现代化要求较高，需要依靠科技进步和生产社会化程度的提高，全面提升现代农业综合体主导产业链的整体素质。四是整合农业主导产业链。应以现代农业综合体产业链中各环节主体之间的合作机制和紧密关系为基础，优势互补，增强综合体整体竞争力，提升综合体全产业链的整体利益。[1]

3.2.2 农业综合体规划建设案例分析

1. 庆元莲湖区现代农业综合体示范区规划

（1）基本情况

庆元隆宫莲湖区域位于隆宫乡西北部的莲湖村，距县城 26 公里，距乡政府驻地 6 公里，规划面积 370 公顷。莲湖村包括莲湖、庙头和岩头弄 3 个自然村，规划时区域内户籍数 400 户、共 1034 人，耕地面积 83.6 公顷，山林面积 633.33 公顷（其中竹林面积 368.27 公顷），是县级高效笋竹两用林示范园、全县唯一的生态竹子公园，生态环境十分优美。

莲湖村文化底蕴深厚，获得浙江省文明村、浙江省"美丽乡村"示范村和丽水市"美丽乡村"示范村等荣誉。同时，随着蓬源线二级公路拓宽改造工程和里地、莲湖、源尾道路硬化工程的建设，莲湖村的交通区位优势不断凸现。莲湖村两委会高度重视美丽乡村建设，把创建生态美丽乡村作为改善人居环境，实现村级经济社会和谐发展的战略举措，为综合体示范区的建设提供了极为有利的条件。

（2）建设指标

预期规划区域内实现农业收入 5655 万元，年吸引游客 30000 人次，实现经营收入 360 万元。

（3）功能分区、布局

根据隆宫莲湖区域所处的地形地貌、功能定位和发展目标，贯彻和体现"以人为本"、"自然、生态、休闲、娱乐、康体、养生"的规划理念，将隆宫莲湖区域划分为农家乐园、竹海公园、金色田园、芬芳果园和珍禽家园 5 个功能区，营造"竹海清风、梯田稻影"的意境氛围。

隆宫莲湖区块用地结构表（单位：公顷，%）　　　　　　　表 3.2.2-1

序号	区块	面积 /hm²	比重 /%
1	农家乐园	16	4.32
2	竹海公园	266.67	72.07
3	金色田园	55.33	1495

[1] 邱乐丰，方豪，陈剑平，胡伟 . 现代农业综合体：现代农业发展的新形态（J）. 浙江经济，2014（08）.

序号	区块	面积 /hm²	比重 /%
4	芬芳果园	26.67	7.21
5	珍禽家园	5.33	1.44
合计		370	100

（4）专项规划

1）交通道路规划

①交通现状

莲湖区位于庆元县隆宫乡西南部，距县城约 26 公里，临近蓬源线，周边还有省道 229、204 通往福建，交通较为便利。区内有 1 条水泥硬化的通村公路，宽约 3 米，并有几条未硬化的机耕路和操作道。

②交通规划

区内干道：规划区内改建、新建主要道路 11 条，路宽 3-6 米，总长 12745 米，路面硬化，使其与对外道路和支路相连；规划改建、新建干道 25665 平方米。

区内支路：根据综合体示范区生产需要，在金色田园、芬芳果园和观光果园内布置宽 2 米、总长 5050 米的操作道，路面硬化，配套涵管和农机下田（地）设施，方便农机进出田间作业和农产品运输。同时，在竹海公园内新建若干条宽 1 米、长 6000 米的作业道。在观光果园修建 0.6 米宽的游步道 500 米。规划合计新建主要支路 32825 平方米。

停车场：规划在农家乐园内建设生态停车场 840 平方米、两层，地面为嵌草砖格铺装，停车位上方为藤本植物覆盖遮荫棚。

2）农田水利规划

①农田水利现状

区内有 2 条小溪和 1 条水渠，农业生产用水主要来自小溪和渠道，水质良好，水源有保障。

②农田水利规划

渠道整治：对区域内长 4435 米的渠道进行综合治理，以保证水流畅通，改善水环境。

灌排水渠：在区内主要道路一侧新建、改建 0.5 米宽的排水渠，总长 12745 米。在金色田园和芬芳果园新建、改建 0.3 米宽的排水渠，总长达 8700 米。区内标准农田设计暴雨重现期不少于 5 年，旱作区 1-3 日暴雨排除。

喷滴灌系统：规划在观光果园和芬芳果园区内建设喷滴灌系统 28.93hm²，灌溉泵站 11 座，以节约用水、提高水资源利用率。

3）景观绿化规划

①景观绿化现状

区内植被以毛竹和水稻为主。毛竹林间混生有少量的松、杉，水稻以种植单季稻为主，部分轮作油菜和蔬菜。此外，区域中东部还有部分葡萄园。区域中部有小块以马尾松、苦槠等为主的针阔混交林。

②景观绿化规划

山坡林地绿化：该区域内山坡均栽植毛竹，规划要管护好这些毛竹林，使青山常在、竹海永存。

农田绿化：区域内农田以梯田为主，绿化主要通过农作物品种搭配和调整来实现，规划区内农田以种植水稻为主，后季可搭配油菜、蔬菜或春花作物等。

道路绿化：规划区域内干道主要种植杜英，并搭配紫薇。支路主要种植合欢，搭配石榴，总体气氛为增强夏季的红色。

溪流绿化：规划在区域内的溪流两侧种植江南桤木、长柄柳等，起到保水固土的功能。

村庄绿化：规划保护好村边的"风水林"。村庄内种植檫木、苦槠、枫香等高大树种，房前屋后栽植各种果树和蔬菜瓜果，也可栽种多种花草，使效益、景观相结合。

此外，隆宫莲湖区域生态环境优美、竹海资源丰富、梯田风情浓郁，可开发生态度假、竹林养生、山地健身、休闲垂钓、摄影创作、田园观光、珍禽观赏等旅游产品，供游客放松身心、调节心理、康体健身。

（5）建设成效

莲湖区综合体示范区的建设，不仅可直接辐射带动周边区域发展生态农业、优化区内农业产业结构、提高农产品品质，还可为社会提供大量优质、安全的农产品，满足人们的消费需求。综合体示范区建成后，通过一、二、三产业的联动发展，将生产、生态与生活、休闲、养生有机结合起来，挖掘现代农业多种功能，可促进农村劳动力就地转移，实现农民持续增收、共同富裕。[1]

2.南京汤山翠谷都市农业综合体

（1）项目基础条件分析

1）选址与规模

汤山街道位于江宁区东北部，南京主城区东部，距南京主城10余公里。整个街道辖区面积为185平方公里。汤山是江南古镇，著名的温泉之乡，农业经济基础较好，交通十分便利。汤铜公路向南直通禄口国际机场，汤龙公路向北直达新生圩港口，东西走向上有沪宁高速和宁杭公路穿越辖区，交通区位优良。南京汤山翠谷都市农业综

[1] 周秋慧.浅谈现代农业综合体示范区规划建设——以庆元莲湖区为例（J）.农业与技术，2014（10）.

合体的选址是由南京国资现代农业投资发展有限公司与江宁区汤山街道办事处共同协商敲定的，规划的具体范围为：一是位于规划的 122 省道（改线段）南侧的区域，东界和南界均到街道分界；二是位于规划的 122 省道（改线段）北侧的区域，包括远景为汤山新城规划区的范围以及东部到街道行政界的区域。区域总面积约为 2243 公顷。

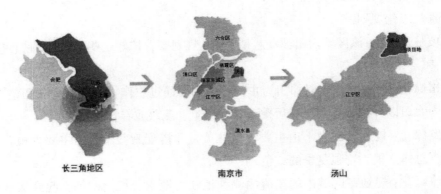

图 3.2.2-1　项目地理区位圈

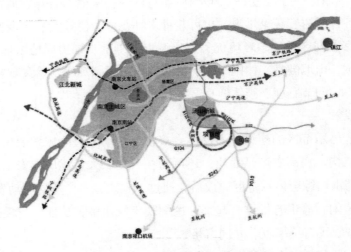

图 3.2.2-2　项目地区位分析示意图

从选址地的区位条件来看，充分满足了都市农业综合体规划模式中的选址要求：位于城市边缘区，离城市距离很近，交通便捷，能够充分受到南京市的辐射和带动。汤山位于离主城区 10 公里左右的位置，交通极佳，这样的区位条件充分契合了都市农业综合体关于要素快速流动的功能特征。人才、资金、信息和产品能够无障碍的流通于城市和园区之间，为后续功能的综合表达奠定了非常重要的基础。从规模来看，3 万余亩的总体范围满足了都市农业综合体规划模式中关于不小于 1 万亩的建设要求，能够充分配置各项农业生产功能和延伸的二、三产业功能。

2）规划区土地利用安排

①规划的 122 省道（改线段）南侧的汤山街道区域范围

全部为农业用地空间，也是申报汤山万顷良田整治工程区的实施范围，涉及汤山街道孟墓社区、上峰社区、阜庄社区、宁西社区、鹤龄社区、高庄社区 6 个社区；西面为汤铜路，东面和南面为句容市，北面为汤山新城规划建设区。区域总面积约为22546 亩。

②规划的 122 省道（改线段）北侧的汤山新城规划区范围内

该区块范围西到高峰路，北界部分为双阜路 W 及总规的上峰路，东界以现有X303 为界（总体规划中的经四路），中有汤水河呈南北向穿过，区域面积 8310 亩。按照规划的用地性质分为两块：一是城市建设用地；二是城市发展预留地。

③规划的 122 省道（改线段）北侧的汤山新城规划区范围外

该区块范围北至北庄水库和阜东水库南侧的上宁路（上峰 - 宁西），全部为农用地；区域总面积约为 2782 亩。

根据上位规划中关于项目区用地性质的安排，可以看出，规划区的用地性质完全满足建设要求，即大面积的农业用地以及部分城市建设用地和发展预留地，这样的用地性质条件为都市农业综合体的创建提供了极大的便利，即农业的二、三产业能够有"地"布局，更为田园新社区的建设奠定了用地基础。

3）规划区自然条件分析

汤山是著名的温泉之乡，有较多的山水景观与文化遗存。汤山街道辖区内多山多树，群峰依偎，松竹茫茫，拥有安基湖、汤泉湖、龙尚湖等优质湖区。这里四季分明，日照充足，气候特征表现为亚热带湿润性季风气候，雨水充足，非常适宜农作物生长。土壤属中性土壤，主要为黄泥止，适合多数农作物生长。全年日照 2000 小时左右，8月日照时数最多，而 2 月最少。年平均气温为 14.4° C，最高 20.4° C，最低 11.6° C。日最大降水量 198.5 毫米，小时最大降水量 68.2 毫米。年平均相对湿度为 76%；最大月均相对湿度为 81%，最小为 73%。全年约 300 天是无霜期，东北西南风向为主导风向。汤水河东侧为大面积农田，土质比较肥沃，目前主要种植水稻、小麦、油菜等农作物；东部为绵延约 2.5 公里的丘陵，南、北段多为荒地，中部植被较好，主要是原生杂木，有部分松树；耕地与丘陵之间为少量旱地。河堤、灌溉渠和水塘沿岸多为原生杂木，汤水河有部分绿化树木。

由此可以看出，规划区所在地的土地条件较好，完全符合都市农业综合体对农业资源、社会资源、山水资源等的需求。

4）区域发展基础分析

汤山街道的资源丰富，山水景观皆佳。东部和北部与镇江句容市接壤，西距南京

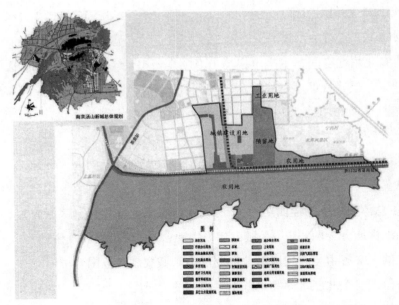

图 3.2.2-3　上位用地性质规划图

主城区 10 余公里，规划区边界南部即为句容市。汤山先后被评为全国体育工作先进镇，江苏百家名镇、文明镇、重点中心镇，南京市社会治安综合治理先进镇、双拥模范镇等称号。随着农业结构的调整深化，形成了奶牛养殖、洋兰花卉、板鸡生产、设施农业、观光农业等特色项目。目前，南京农业嘉年华生态园、汤山翠谷现代农业园的示范先导区等农业项目已初具规模，为都市农业综合体的规划发展奠定了良好的平台。

（2）项目发展定位与建设目标

1）总体发展定位

园区的总体发展定位确定如下：建设规模化精品型农业产业基地，搭建国际化农业服务业集聚载体；开发现代化高科技农业展示窗口，打造博览化景区型高端农业园区。

2）园区发展特征

园区的开发力求达到产业链延伸、生态链衔接、项目间耦合，土地适宜利用，空间布局合理，人流、物流、信息流便捷顺畅，系统集成高效、资源循环利用、三大效益集聚放大等效果。从发展特征上来看，建成后的综合体包含下功能区：高端农业集聚区、国际农业汇展区、加工贸易发达区、创意农业兴旺区、观光旅游休闲区，从整个园区的城乡统筹角度来看，可以定义为都市农业经济区、现代农业标志区、东郊生态优化区等。

3）园区规划建设定位

将园区规划建设成为国际知名、国内领先、特色鲜明，产业项目系统集聚和社会经济放大效应可达最大;园区突出以"农"为本,现代农业产业为核,整合农业全产业链,集聚农产品加工业和农业服务业,服务现代城市发展,成为具有城乡统筹发展示范作用的特色型现代都市农业综合园区。

4)园区功能定位

园区主要体现高效生产、休闲观光、贸易物流、会展会议、农业服务、文化科普、生态增效、科技示范等八大功能。

5)园区基本市场范围定位

园区产品销售:推行品牌化经营,以实现利润最大化,也是产业发展的必然趋势。因化园区围绕蔬菜、花木、高端粮油作物、药用植物、农业旅游、农产贸易、农业会展、农产品加工以及农业高新技术研发等方面创建各自的品牌。产品主要的市场是南京及其都市圈,通过打响品牌,逐渐实现全国化销售。

旅游经营的基本覆盖市场定位:主体(一级)市场范围:南京市居民为主;辐射(二级)市场范围:镇江、常州、扬州、马鞍山、滁州等地的城市居民为主。

6)远景发展构想

使之逐步成为南京市现代农业园区(南京市农业委员会)、江苏省级现代农业产业园区(农业委员会)、国家现代农业示范区(农业部);江苏省农业科技园区(科学技术厅)、国家级现代农业科技园区(科学技术部);江苏省生态旅游示范区(省环保厅);国家级有机农业产业示范区(环境保护部);国家农业旅游示范点(国家旅游局)、全国休闲农业与乡村旅游五星级园区(中国旅游协会休闲农业与乡村旅游分会)、国家4A旅游景区(国家旅游局)、江苏省级风景名胜区(省住建厅)。

(3)项目规划布局思路

充分考虑汤山翠谷都市农业综合体的各项构成要素,并结合上述整个综合体的建设发展定位、远景构想等,结合分析汤山项目区的各项自然资源、社会资源等,在充分尊重建设委托方的意愿下,思考以下问题,并根据思考内容初步确定规划布局的思路。分析如下:

1)对园区建设规模的分析与思考,可在宏观层次上分析区位与项目规模;

2)对区位的考量,鉴于都市农业综合体对区位的要求,必须满足合理建设新社区,在靠近城市及道路区建设农业综合服务等;

3)对地形地貌的结合,坡地及林地适宜经济林果种植和生态林建设,平地适宜高效农业生产项目区,而环水区域则可充分考虑建设观光游览及建设万国农博区;

4)对空间借势的思考,借城市道路及城市规划中居住社区用地建设田园新社区,这是都市农业综合体的特色思路之一;

5)对生态增效的思考,如对山体的绿化、水岸的绿化,发展经济林果种植园、生态防护林等;

6）统筹考虑环境，或环境友好，如构建一定的循环系统，减少废弃物对城郊空间的负荷；

7）因地制宜，分类安排，同类集聚，如农业总部基地，农业综合服务区等的设置，充分考虑了同类的集聚。

（4）规划中需要解决的几个问题

结合城乡统筹的要求以及都市农业综合体的相关内涵，在规划中有几个问题需要研究解决：

1）由于上位规划对用地性质的界定，在规划中如何依据上位规划并合理确定各功能板块的用地，如何解决园区建设用地的需求问题；

2）在规划中如何根据地形合理规划都市农业综合体各功能板块的空间布局；

3）在规划中如何解决农民的拆迁安置问题，怎么设置和布局新社区是综合体建设的重中之重。如何实现土地流转并产生更大的经济效益，如何解决原有劳动为就业问题；

4）在农业经营集约化、产业化的同时，如何形成具有地域性和特色性的农业景观，以达到全资源旅游化的目的；

5）如何不破坏原有生态而构建新的景观安全格局，如何结合园区产业布局进行观光休闲、旅游等项目的合理设置。

（5）园区功能板块配置规划

项目主要形成"一核、三区、多园"的基本空间布局，具体指：一核（都市农业综合服务核）（广泛而高度集聚农业的服务业和加工业）、三区（综合示范先导区、万国农业博览园区、上峰善水田园新社区）、多园（各类高端特色农业产业园）。

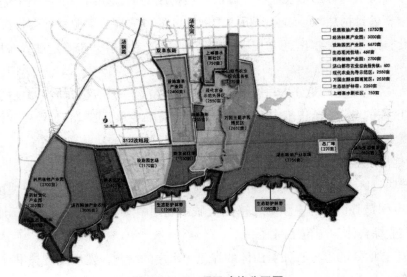

图 3.2.2-4　项目功能分区图

1）都市农业综合服务核

用地性质：都市农业综合服务核位于汤山新城规划区范围内，用地性质符合规划要求；

空间位置：处于整个园区的相对中间的位置，体现空间上的中心位置、系列功能区的重点位置、运营管理的核心位置；

区位交通：交通便捷，紧贴汤山新城的南部，与综合先导示范区和设施园艺区相邻，体现农业服务、装备和科技特征的集聚性、农业现代风貌的整体性以及农业产业和经济结构的合理关联性；

地理地貌：地势相对平坦、空间相对开阔，利于按照功能设置进行项目理想布局和基础设施集约建设；

规模：面积约600-800亩，满足现代农业服务业的诸多项目、部分加工业项目、生活配套项目和公共空间和基础设施等的用地要求和空间布置。

根据空间布局和现有的生产经营状况，都市农业综合服务核主要分为两大板块：第一板块是都市农业综合区，第二板块是农业总部基地。

第一板块（都市农业综合区）主要包括以下几个子项目：1）管理与综合服务中心：占地面积30亩，负责园区的整体运营与管理，提供相关农业综合服务；2）研发孵化中心：占地面积31亩，生物农业研发与成果孵化，感知农业研发与成果孵化等；3）农产物流与商务中心：占地面积44亩，满足农产品贸易与流通的需求；4）农业会展中心：占地面积12亩，作为大型农业类型活动的展厅，可分时段出租给需要的企业和政府；5）农产精深加工区：占地面积约190亩，主要引进附加值和增值高的精细农产加工类、生物制剂、生物农药、生物育种等项目；6）高端农业销售中心：占地面积约60亩，农业产品销售；7）配套居住及服务区：占地面积99亩，作为新型田园社区，主要是园区内工作人员居住生活的区域。

第二板块（农业总部基地）主要包括以下几个子项目：1）农业企业总部中心：规划面积15亩，农业总部经济是农业企业的集聚形态，是在国际经济的大环境下，建设的具有集聚相关产业的各类企业，通过职能配置和对资源的需求，形成空间上具有高度集聚性，成本具有优势性，能够最大的发挥规模经济和集聚经济，而形成的农业企业总部，一般以总部为核心，发展一定的生产基地，并通过相关举措联结二者，形成一定的分工协作和互相助益的关系；2）农业综合服务中心：规划面积8亩，研究园区农业和经济发展战略，中长期发展规划和年度计划，指导园区农业生产，提供农业技术推广服务、农业金融服务、相关政策和法律服务等，不断改善生产条件，提高农业综合生产能力；3）农产企业家俱乐部：规划面积6亩，满足农业企业家适当的交流学习与共同进步的需求；4）商务配套区：规划面积11亩，作为综合体服务型中心，提供休闲、住宿等服务；5）创意农业（企业）开发集聚区：规划面积约5亩，发挥农业的各项拓展功能; 6) 专家生活居住区: 规划面积约 110 亩, 主要为农业专家的居住、生活等提供场所, 包括别墅式和家庭农庄式。

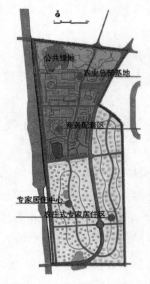

图 3.2.2-5　农业总部基地平面图

2) 综合示范先导区

占地面积约 2300 亩, 位于整个园区的中部, 主要包括以下几个子项目:

①养生农业体验区: 占地面积 15 亩, 养生农业是以中国养生哲理为指导思想, 用文化创意产业的思维方式和手法, 整合植入相关的文化资源 (尤其是中国农耕文化), 合理使用适宜的农业生产技术所创立的具有多功能的创意型农业。

②农业科技研发与展示区 (现代温室群): 占地面积 8 亩, 充分发挥农业的科技性、并通过展示和宣传来推进农业科技化。

③食用菌工厂: 占地面积 6 亩, 食用苗的生产和加工区。

④精品设施葡萄园: 占地面积 11 亩, 设施葡萄的栽培, 引进多种先进品种, 可在成熟时间举办采摘活动。

⑤优质棚架梨园: 占地面积约 5 亩, 棚架梨的栽培, 引进先进品种, 可在成熟时间举办采摘活动。

⑥创意农业展游区 (南京世界园艺博览会主展场): 占地面积约 110 亩, 可为城市居民提供游憩场所。

3) 万国主题农园巧览区 (农业旅游观光区)

该区位于整个园区的东北侧, 占地面积 2480 亩, 远期为汤山新城总体规划的城市发展备用地。参照用地规划的性质, 考虑与都市农业综合体、现代农业先导区在功能

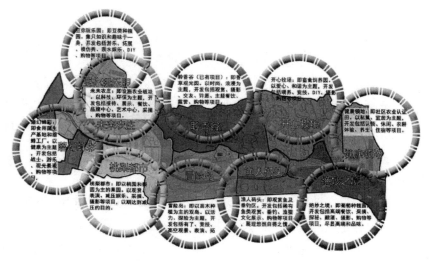

图 3.2.2-6　先导区景观体系图

布置、景观特色、生态环境等方面的互补、协调、增效和集聚共荣，以及土地集约高效利用、遵循和强化主题表达、项目社会经济效益的更加极化放大，规划开发成景观风貌、文化内涵和产业特色相融合的万国主题农园博览区。可供选择开发的国别主题农园有：

①法国主题农园：位于汤山翠谷都市农业综合体东侧，面积约 300 亩；可建设鲜食和酿酒葡萄品种园，葡萄促成避雨设施栽培园，法兰西风格的葡萄文化园等。

②中国江南主题农园：位于法国主题农园南侧，面积约 500 亩；选择江南乡土经济林果建园：笋用竹园、观赏竹园、枇杷园、杨梅园、桂花专类园等；配套开发江南农耕大观园，乡村文化风情园等。

③荷兰主题农园：位于中国江南主题农园南侧，综合示范先导区东侧，面积约 235 亩；开发球根花卉生产基地，向日葵园，食用菊花园，杉木林，巧巧温室，花卉市场，荷兰风情小街，水库风景点等。

④波兰主题农园：位于中国江南主题农园南侧，面积约 435 亩；主要种植小浆果等，如蓝莓、黑穗醋栗、悬钩子、黑莓、果桑、石墙、无花果以及鲜食杏、油桃等；配套建设：浆果产品加工厂，波兰乡村演艺场、波兰名人雕塑园、波兰乡村美食店。

⑤德国主题农园：位于荷兰主题农园南侧，面积约 512 亩；发展有机农产，如有机叶菜、有机果菜、有机草莓、有机紫薯、有机马铃薯、保健蔬菜、有机大麦、啤酒花等；配套有机农产专卖田园超市、德国啤酒屋、啤酒文化博览馆、啤酒休闲广场，可融合市民农园的经营模式。

⑥日本主题农园：位于 S122 南沿线 W 南，面积约 575 亩；发展观光白茶园、无性系良种茶园、青梅-茶复合生态园、苦丁茶园、栀子园，樱花专类园，常绿观赏苗木如雪松、五针松等；配套建设日式茶文化园、日式庭院服务中心、可融合市民农园的

经营模式等。

4）上峰善水田园新社区

位于整个园区的北部，在汤山新城的规划中属于居住用地性质，整个田园新社区和都市农业综合体在范围上相邻，但互为单体。社区是按照"都市农业综合体"模式的理念构建的田园生活区。主要开发建设区域内村民的拆迁安置房，统筹城乡发展，融合南京汤山新城镇建设，将其打造为环境优美、生活便利、具有乡村景观特色的现代新型居住社区。

5）专类产业农园

规划建设若干专类产业园，是基于南京大都市城市边缘区，以及相应的小丘陵地貌，并充分考虑与汤山新城的互补发展，发展生态类型农业产业园区。

由此可明确下产业选择思路：1）产品开发定位：基本思路应走高端农产品的生产之路；开发安全优质产品（营养丰富、有机绿色）、保健功能产品、品牌产品。2）农产类型选择：应将服务城市、经济高效和生态增效有机结合，推行低碳、环保和循环农业的产业发展思路；3）市场营销渠道：推行生产标准化、管理规程化、加工精品化、包装商品化、规格系列化、宣传品牌化等"六化"策略；以团体客户直销（政府机关人员及食堂、高校食堂、大型国企员工与食堂、大型制造业企业食堂等）、高端客户会员制、超市直供等主要销售渠道。

在空间布局上，可整理出以下思路：因地制宜，合理规划农产空间；集中连片，规模组织生产管理；业主负责，分场设置运营单元；景观优化，生态增效环境改善；丘陵绿野，现代农业场景风貌。

综合上述的产业选择思路和空间布局思路，规划建设以下专类农业产业园：

①粮油生产专业园

汤东粮油产业农场：在汤山农业园区规划区的东部区域的宁西（社区）-阜东（社区）片区设置面积约7000亩的优质高端粮油农场；上游（北部）有北庄水库和阜东水库作为主要灌溉水源，区域内还有数量众多的坑塘，也是传统的稻麦（连巷）生产区域。因此，通过增加生产与交通道路网的建设，完善水利工程的配套系统和提升水利工程的设施标准，按照机械化操作要求进行农田的科学整治。

汤西粮油产业农场：在汤山农业园区规划区的西部片区设置面积约3000亩的优质高端粮油农场；该区域为半冲田开敞地形，主要依托上游的谭山水库为主要灌溉水源，通过河渠将水源引入本区域。

②设施园艺产业园

规划占地面巧5670亩，考虑现有农田水利条件和产业基础，设置2个设施园艺项目单元。荷兰风情场部，大棚蔬菜、温室花卉、工厂化食用菌等项目；表现现代农业的高科技装备场景风貌。

现代综合花卉产业园区：位于规划的 122 省道（改线段）南侧、汤水河西侧，区域面积 910 亩；主要开展温室花卉的生产、展示和交易等。发展"光伏农业大棚"等，倡导的绿色农业。"光伏农业大棚"能提供农业大棚内照明等所需电力，多余的电还能并网以供其他需要，主要规划建设项目有：设施花卉生产示范区；花卉展示、品种交易、产品加工保鲜中心，进行精品花卉展示；花卉相关的科普、体验活动及花艺文化交流中心；花卉物流调度中心；花卉科普及培训等；花园中心：发展花卉及相关产品超市、花卉产品及园艺器材、设施展销；露地花卉园艺展示区；鲜切花大棚生产区：进行大宗常用鲜切花的规模化生产；精品造型苗木生产展示园：主要进行树状花木、造型苗木的生产与展销；精品彩叶苗木生产展示园：主要进行常绿和落叶彩叶苗木繁育、绿化工程苗培育及造型苗木的培育；观赏果树苗木生产展示园：主要进行观赏果树苗木繁育、绿化工程苗培育及造型苗木的培育。

设施园艺场：位于规划的 122 省道南侧、鲜花港西侧，区域面积 2380 亩；主要规划建设项目：大棚瓜果类（草莓、甜瓜）；大棚保健蔬菜类；大棚果蔗、大棚马铃薯；大棚观赏蔬菜类；设施精品保健水果：蓝莓、猕猴桃、果桑等。

设施蔬菜生产区：位于规划的 122 省道北侧、汤水河西侧，远期为汤山新城建设用地，区域面积 2360 亩；近期主要作为大宗设施蔬菜、露地蔬菜的基地进行规划建设；可选择发展的项目有：大棚蔬菜区；露地蔬菜生产区。

③经济林果产业园

因地制宜，在坡岗地进行建园、造林和建圃。包括果树类、经济林树种、绿化苗圃等，人工复合生产群落、纯现代生产园、纯林化苗圃等模式，适当结合山水地形资源融合观光、休闲和度假功能。表现经济林果的产业功能、文化内涵、绿色林相和生态化郊野风貌；该类产业区共规划面积 3000 亩，开发建设 3 个分园；每个分园的管理服务中心体现"江南吴韵、水墨绿野"的传统地域风格。

④药用植物产业园

规划位于园区西部，汤铜路东侧，占地面积 2400 亩；因地制宜，在坡岗地、地形起伏零碎区域建药用植物基地，并采用复合种植、高效纯园等栽培模式。该产业园区的管理服务中心、体现"古风楚韵"的传统地域风格。主要有以下子项目：乔木型药用树木生态园；灌木型药用植物专类园；多年生药用植物基地；中药材文化产业园等等。中药材文化产业园可设置子项目包括；百草园（药用观赏植物资源圃）；中药材文化与养生服务园；传统国术健身与养生文化馆；中药材加工专类园等。

⑤生态观光牧场

规划位于园区东南角，占地面积约 460 亩；作为循环农业的生态链项目，可为大田农作物提供有机肥源，同时可消耗部分作物稻秆。推广现代化畜禽养殖模式，实现品种优良化、饲料全价化、设备标准化、管理科学化、防疫系列化、产品加工营销化。

（6）基础设施规划

1）道路交通规划

汤山翠谷都市农业综合体依其所处位置、地形、区域规模和周边原有交通要素状况，按照现代农业生产和管理、现代观光休闲的服务和经营及现代景观生态规划的要求，规划不同类别的各级道路构成网络状框架。

园区主干道：主干道是园区性干道，主要连接园区内各个功能区及项目，还承担园区对外交通的联系。规划园区主干道红线宽度为12米，其中路面净宽度为9米。两边绿化带各宽1.5米，为水泥混凝土路面，主要通货车、过境车、生产农用车。

园区次干道：次干道，主要起到联系园区内各个功能组团的作用，还要连接园区的主干道，及适当的联系外部道路。规划红线宽度8米。其中路面净宽度为5米。两边绿化带各宽1.5米，为沥青路面，主要通货车、生产农用车。

2）农业水利规划

综合体的水利规划主要指汤山新城总体规划规定的南部农业用地区域即农业生产区域（不同专业农园/场）满足不同作物生长发育需求的水资源评估、灌排水系流域划分和水利设施建设布置等。

①现状水资源评估：园区范围内外河网比较发达，河流较多，水库、坑塘较多，水资源非常丰富，根据水利部门的许可，园区可供水量为1500万立方米。依据《汤山上峰万顷良田建设工程规划方案》测算，园区农业灌溉需水量约为1180万立方米，因此，园区可供水量满足农业用水需求。

②现状水利条件分析：园区主要灌溉水源即为北侧的上峰水库、阜庄水库、潭山水库以及汤水河、黄梅河等。另外，园区内部坑塘数量较多，但大多淤积严重，容积较小。园区内的主要渠道多为土质渠道，渗漏较多，输水能力较差，而且渠道内杂草丛生，都有不同程度及淤积现象，灌溉保证率也达不到要求。总体上水利、排灌设施较少，河沟缺乏连通性、尚待整治，未能充分利用自然条件以满足农业生产用水的需求。

③水利工程布局：园区主要河流水质水量都有保证，可以用作主要灌溉水源。并与区域性河流相通，在非洪水季节开启防洪闸，使内外河水流动，改善河水水质，提高泄洪能力。

（7）效益分析

1）经济效益

生产性收益（年产值）：农业产品年产值1.7亿-2.5亿元，实现利润0.8亿-1.2亿元。

服务性收益（年额度）：旅游业（包括门票、交通、餐饮等）可产生1亿-1.8亿元的年收益；商业房产出租金和管理费（包括农产和农资贸易、会展、技术交易、农林种业、金融、保险、一般商业等）可产生1.5亿-1.9亿元的年收益；物业管理服务可产生 720-960 万元的年收益，年毛利率 360 万 -480 万元。

房地产一次性收益；居住房地产业可实现毛利润 7.2 亿元；商业房地产业可实现毛利润 3.2 亿元；工业房地产：可实现毛利润 1.3 亿元。合计房地产销售实现毛利润 11.7 亿元。

通过以上效益分析可知，园区开发满负荷运行后创造的年度社会经济效益分别为：农业生产约 1.7 亿 -2.5 亿元；工业产值约 2.5 亿 -3.3 亿元；农产农资贸易额约 1.5 亿 -1.9 亿元；旅游经营约 1 亿 -1.8 亿元；其他经营约 1 亿 -2 亿元，共计每年可创造 7.7 亿 -11.5 亿元综合效益。

2）社会效益

①园区开发项目就业量测算（规划区农民再就业需求量）

农业生产项目就业量测算：约 5600 亩设施园艺产业园（场）需 1400-2300 人（2.5-5 亩／人）；约 10000 亩粮油产业园需 100-130 人（80-100 亩／人）；约 2400 亩药用植物产业园需 300-400 人（6-8 亩／人）；约 3000 亩经济林栗产业园需 240-300 人（10-12 亩／人）；约 2500 亩万国农业博览园需 500-600 人（4-5 亩／人）；约 500 亩生态观光牧场需 260-400 人，合计共需 3000-4140 人。

农业服务业及相关服务业就业量测算：约 600 亩都市农业综合服务核（两块）需 1200-1800 人；约 2300 亩综合示范园需 200-300 人（8-12 亩／人）；约 2500 亩万国农业博览园需 100-150 人，合计共需 1500-2250 人。

农业加工业就业量测算：约 200 亩农产食品加工区需 300-500 人。

根据上三个方面的测算，得出总计可安排就业农民 4800-6890 人。

②依据《园区万顷良田整理工程设升方案》调查，项目区就业年龄的人口约 8000 人，可能在园区就业的约 5600 人（按照 70% 估算）；因此，通过培训，园区的就业岗位可以满足项目区农民的再就业。

③保障了南京市的蔬菜安全供应，充分带动了当地的农业生产水平；提高了土地的利用效率，增加了一定的耕地量；美化了生产区的环境，形成了优美的农业景观，提升了当地的乡村景观风貌。

3）生态效益

在都市农业综合体的生产过程中，大力推行循环农业技术，减少了垃圾排放，提高了产品生产效率；通过全方位的土地综合治理，改善了土壤质量，在建设及生产过程中，增加林木覆盖率，提高了水土涵养能力等；在农业生产中，大力推行绿色清洁的生产技术，降低对环境的不良影响；整个综合体的农业生产和绿化造景提升了区域的绿化水平，改善了生态效益。[1]

[1] 林志明.基于共生理论的都市农业综合体规划模式构建与实证研究——以南京汤山翠谷都市农业综合体与江苏海安都市农业综合体规划为例（D）.南京农业大学，2014（04）.

3.2.3 农业综合体业态探索和创新

1. 农业嘉年华

农业嘉年华，是以农业生产活动作为背景，将欢乐的狂欢活动当做载体的一种农业休闲体验模式。它以都市居民需求为导向，将农业前沿科技作为支撑，以农作物等农产品为道具，切实体现了农业的多功能性，从而达到使更多民众关注现代化农业发展和健康、生态、低碳的生活方式的目标。

2005年9月，嘉年华活动进入我国大陆地区，首届农业嘉年华在南京白马公园隆重举办，它以动静结合的形式，生动地向市民推广介绍了南京农业产品、涉农旅游景观和特色游线，引起了社会各界的强烈反响。

2013年3月，首届北京农业嘉年华华丽开幕，跨时51天，入园游客达到了101.7万人次，园区直接经济收入超过3300万元，带动周边各采摘园实现草莓销售收入1.8亿元，提供就业岗位2000余个。活动吸引了境内外180多家媒体参与报道，将农业嘉年华推向了新的高度，产生了巨大的影响力。

2015年1月，广西玉林"五彩田园"农业嘉年华开幕，总建筑面积30067.2m²，是目前全国主展馆面积最大的农业嘉年华项目。活动持续一年,尝试打造"全年不落幕"的农业嘉年华。广西玉林农业嘉年华项目自启动后一年之内，玉东新区管委会签约的项目近20个，合同总投资额55亿元，在谈项目20多个，意向投资近80亿元。

截至目前，北京农业嘉年华已经成功举办了六届，其中2018年第六届北京农业嘉年华活动期间，总共迎客112.86万人次，累计实现总收入2.84亿元。周边各草莓采摘园接待游客达256万人次，销售草莓197.8万公斤，实现收入1.23亿元。嘉年华有效带动延寿、兴寿、小汤山、崔村、百善、南邵6个镇的民俗旅游，共计接待游客73.26万人次，实现收入1.16亿元；南京农业嘉年华成功举办十三届，其中前十二届农业嘉年华累计带动游客近380万人次，实现综合收入约10.2亿元。此外，南京和北京之后，国内农业嘉年华活动陆续在全国范围内进行，如武汉农业嘉年华、辽阳农业嘉年华、南和农业嘉年华等

农业嘉年华作为现代都市农业的一种新模式、新业态，将农业元素融入嘉年华的娱乐方式中，是科技性、生产性、生活性、生态性的和谐融合，更是农业的多元文化、市民的多元需求和城市的多样发展的融合。在农业综合体的探索、发展过程中，农业嘉年华可以作为其中的核心区进行引领和带动整个区域发展，并从理论、模式、科技等方面加以革新。

（1）理论创新

农业嘉年华在我国边实践边探索发展，仍需不断地在理论上有所创新。从农业嘉年华的举办主体、建设规模、投资主体及规模，从项目建设所需要的经济水平、社会

状况、人文历史、自然资源、交通资源，从生态视角、生产视角、生活视角研究农业嘉年华，以期建立农业嘉年华较为完整的理论体系，来指导农业嘉年华的项目建设。

（2）模式创新

农业嘉年华是融合了一二三产业的综合性盛会，模式上不但要体现农业生产、生态旅游的因素，还要充分挖掘二产元素，展现现代化大生产的气势，给人们以视觉的冲击力和震撼。当前农业嘉年华的投资运营主体还主要由政府来主导，运营模式单一，市场主导地位没能发挥作用，不利于农业嘉年华的可持续发展。今后，在农业嘉年华的落地建设和管理运营上需要引入市场机制，政府建设，运营公司运营；或者政府引导，企业投资和运营，直至完全由企业投资运营。同时，也可以利用现有的社会资源，如对部分城市公园加以开发改造，与科研基地、生产基地、教育培训基地相结合等。

（3）科技创新

农业嘉年华是一个农业新品种、新技术、新装备、新工艺的展示窗口，不但要展现国内外先进的设施装备，丰富的优质品种，先进的农业科技，同时，也要求广大实践者不断地创新，对栽培设施、栽培模式、表现形式等加以创新，比如圣彼得堡西北农业工程与电气化研究所用模型的形式展示了更为先进的生产工艺。随着时间的推移，现在令人惊叹的技术将逐渐被人熟悉和掌握，从而失去其神秘性。因此，只有在科技上不断地加以创新，增加农业嘉年华的新、奇、特色彩，吸引游客的猎奇体验，才能持续推动其发展。

总之，新常态下，农业嘉年华作为都市农业的新业态，有着更广阔的发展前景，将承载政府与企业、城市与农村、市民与农民之间更多新功能。因此，需要不断努力，以科技和创意两大驱动"引擎"，不断推陈出新，推动农业嘉年华可持续发展下去，成为农业综合体中更为成熟的业态，为中国都市型现代农业发展提供动力支撑。

2. 农业迪士尼

迪士尼乐园通过品牌文化的打造，成了世界性的休闲娱乐场所。农业迪士尼正是充分借鉴"迪士尼乐园"的发展概念，将色彩、魔幻、体验等娱乐元素与农业环境相融合，以农业景观为背景，以农业科技为支撑，以农业文化为灵魂，融合参与体验类的项目打造现代农业版的迪士尼乐园，是休闲农业的一种发展经营模式。

农业迪士尼这种农业加休闲体验的结合方式可以带来以下效应：

一是直接拉动相关产业和周边经济。农业迪士尼的应用一开始可能只是一个雏形，以小规模的农业加休闲体验活动为基础，通过时间的积累，可以扩大其规模和影响力，发展农业主题式的娱乐体验项目。那么解决一部分就业是农业迪士尼对区域经济影响的一方面，其更重要的方面在于其外部效应与外延贡献，如购物、体验、住宿、交通、金融等方面直接带给地区的收益。农业迪士尼所带来的大量人流、物流、资金流、信息流的流转将使区域经济更具有生命力和持久力。

二是有助于刺激本土文化产业发展，增强区域文化实力。农业迪士尼体现了对我国农耕文化的再现、追忆、传承，对艺术美感的捕捉和强化，迎合了当代人追求新奇的心态，通过农业迪士尼中的农业设施、农业娱乐体验项目等，增强中国农业在世界范围的吸引力和影响力，促进当地文化产业发展。

三是有助于提升区域旅游形象。农业迪士尼集经济效益、生态效益、娱乐效益三大效益于一体，改变了传统旅游的形式，有助于缓解当前经济发展、生态保护与人们休闲娱乐三者之间的矛盾，给农业旅游的发展提供了经济基础和环境条件。开拓市场导向性旅游资源的开发模式，使人们从传统的公园、游乐园的市场，进入农业乐园，体验原来农业可以这么玩，为塑造优良的都市旅游形象提供了一张有代表性的特色名片，增强了地区的吸引力与竞争力。

综上，农业迪士尼体现了农业融入娱乐休闲的理念，通过这种业态的融入，能更好助力农业休闲旅游，发挥农业综合体的优势。

3. 农业奥特莱斯

农业奥特莱斯指的是将"农业"和"奥特莱斯"概念结合起来的新兴业态，指将国际化品牌农（副）产品及未正式上市或者市场占有份额极小的优质农（副）产品销售的商业形式，也可引申为是一种集高价值农（副）产品新品研发、聚集、发布、展销和推广，并结合城镇建设，集农业休闲体验、游乐、住宿、商业为一体的综合型农商模式，简单来说是农业和商业的结合模式。

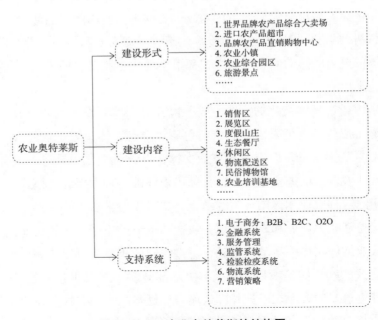

图 3.2.3-1　农业奥特莱斯的结构图

农业奥特莱斯的建设形式包括世界品牌农产品综合性大卖场、进口农产品超市、品牌农产品直销购物中心、农业小镇、农业综合园区、旅游景点等，建设内容主要有销售区、展览区、度假山庄、生态餐厅、休闲区、物流配送区、民俗博物馆、农业培训基地等，支持系统主要包括电子商务（如B2B、B2C、O2O）、金融系统、服务管理、监管系统、检验检疫系统、物流系统（全球物流、扁平化采购）、营销策略等。

总之，农业奥特莱斯该种业态基于奥特莱斯的理念，将农业和商业进行结合，从而提升农产品的品质，构建精品销售平台，打造农商协同发展的范本，能有效激活农业综合体的活力，激发其市场潜力。

4. 其他业态及本质关联

农业具有多功能性，而农业的生产功能由于其本身的基础性，往往涵盖于各业态之中。农业嘉年华旨在实现全民共乐、满足于各个群体，体现了农业科技、娱乐等功能的有机结合。农业奥特莱斯由农业的销售功能引申而来，借助奥特莱斯这一理念，用放心、优质且价格适宜的农产品打造其特色。农业迪士尼则充分体现了农业的休闲娱乐功能。除了以上这些功能衍生出的业态外，考虑农业的加工功能可以发展高效生产集群，其中设施农业方面以荷兰模式为优。加强农业的科技功能可以大力打造和升级农业科技园区。此外，农业还具有文化创意等功能，借此可以衍生出更多具有发展前景的新业态。

这些由功能衍生出的业态名称，究其本质，存在以下几方面的联系：一是均具有世界性的知名度，即强调了两点——"范围"和"品牌"，例如嘉年华、迪士尼、奥特莱斯等都是有影响力的品牌，在世界范围内都有其根据地，且受众范围广；二是代表一定的内涵且与之契合，即嘉年华、迪士尼、奥特莱斯本身所代表的含义与涉及的农业功能有内部关联，与农业相结合之后能切合地体现农业业态特色，例如农业奥特莱斯将农业的销售功能与奥特莱斯的理念相结合，表明该业态的特色为优质农产品销售且价格适宜。三是名称选取上不存在侵权，这是从法律角度考虑的最基本原则。这些农业综合体的业态可以进行模式化，在全国一些地区具有普遍适用性。

3.2.4 农业综合体的发展方向

1. 产品、设施与工艺创新

产品创新所包括的产品既有一般农产品如蔬菜、水果等，也涵盖特殊农产品，如种苗等。该种方向的发展与创新属于生产及示范功能的提升，产品可以朝着有机、绿色、无公害、精品化的方向升级、提高质量水平，同时借鉴国外的经验提高质量标准，减少无效供应，建议通过上文所述农业奥特莱斯这种业态构建精品销售平台。种苗可以通过家庭园艺、空间农业等进行功能优化。

从农业产业集群的理论范畴分析，农业综合体在一定程度上就是一个农业产业集群。可持续的农业产业集群应具有完善的产业链和专业化的分工协作，目前农业综合体仍处于初期发展阶段，可以从以下角度进行产品提升：1）构建合理的农产品标准体系，改善农产品准入市场的环境；2）培育龙头企业，带动综合体内企业的集体发展，提升产品的附加值与市场竞争力；3）加强疏通农产品的营销通道，树立供应链管理理念，进行合作销售。

工艺创新的初级是设施、设备的创新，即向企业提供更先进或者更合适的技术服务。工艺创新体现了农艺与农机的结合，往往更多的是一种流程的体现。三者的创新向上包容，具有推广价值。

2. 功能创新

（1）经营体制创新

根据土地规模的大小，经营主体分为单一主体和多主体。多主体可包括三种形式：一是管委会 + 企业 + 农村合作组织；二是企业进行一次性开发，然后进行招商、合作或者出租；三是集体经济加之入驻，实现共享模式，这时资金就涉及工资、地租、集体股份、股权收益等。三种形式体现了农业综合体未来经营主体的发展趋势，即市场更具有决定性的力量，政府让位于市场，更多的起到监督、管理与服务的作用。企业未来发展呈现以产权制度为核心的趋势，以实现要素的优化整合。

（2）功能创新

社会经济的沿革路径为农业经济到工业经济，接着为服务经济，再到体验经济。农业经济时代以原料生产为主，主体功能为生产；工业经济时代以商品制作为主，功能开始丰富化，出现了示范、推广、会议会展等多种功能；服务经济时代添加了技术服务、人才培养等功能，以服务为导向；体验经济阶段消费行为趋向于感性、情境塑造，创造消费回忆活动，注重商品的互动，旅游可以作为一种体验产品，实际上是提供了场地和环境。从目前情况来看，我国四个阶段皆具备，因此延长产业链、提升价值链、推动功能的不断创新是农业综合体未来的发展方向。

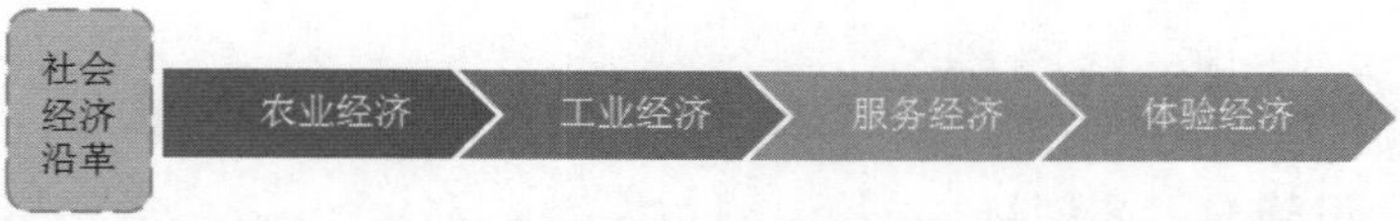

发展阶段	农业经济	工业经济	服务经济	体验经济
	初级产品	商品	服务	体验
生产行为	以原材料生产为主	以商品制作为主	强调分工及产品功能	以提升服务为首并以商品为道具
消费行为	以自给自足为原则	强调功能性与效率	以服务为导向	感性、情境塑造、创造消费回忆活动，注重商品的互动

图 3.2.4–1 社会经济沿革图

（3）融资创新

从资金筹措主体角度来看，除了政府、企业资金等，应构建融资平台，可借鉴众筹等分享经济模式，同时应完善农业综合体风险投资机制。从资金来源类别来看，不仅包括农产品，农用设施、设备、资材等农用工业品销售获得的收益，技术输出与服务也同样是资金渠道。未来可以推动品牌的建设，利用品牌效应吸引技术入股，且通过多功能发展软产品，以此盈利。

3. 理念创新

（1）科技渗透

农业的科技创新与实践应用本质上是农业综合体可持续较快发展的内生驱动力，可从以下几方面进行渗透：

1）根据不同层次和发展阶段明确农业综合体所对应的科技服务功能定位，从而选择更为合适的科技创新项目与推介宣传模式。例如省级层面的农业综合体强调提升自主创新开发能力，以成为农业科技成果转化的发源地和核心区。县域层面的农业综合体应借助其优势产业、特色产业，围绕人们的切实需求，主动承接农业科技成果成熟化、规范化、示范、推广及应用。最终汇集所有不同层次的农业综合体形成一个层次清晰、角色定位明确的网络化科技创新和推广体系。

2）政府应以核心项目建设为载体，加大对农业综合体科技创新资源的投入，探索并试行多主体、多元化的农业科技创新资源投入模式，逐渐形成以企业为主导的多元合作科技创新机制。

3）提升与普及农业专家大院、"科技超市"等具有前瞻性和实践性的科技服务平台。通过发挥这些针对性较强的农业科技服务新模式的最大效用，探索新常态、新形势下更为高效、绿色的多元化农业科技推广体系。

具体来说，可以扩大科技的渗透范围和加大渗透深度，例如利用物联网技术，将数据收集、图像收集、人、财、物进行结合。数据收集包括环境消耗、室内室外气象等精确数据，图像收集包含监控、安保系统、研发、控制系统等，二者统一为技术管理。加之对正式员工、季节工等多种人员、财、物的信息化管理，能增强农业综合体的生命力，有助于其可持续发展。

（2）人才"引智"

根据农业综合体匮乏的人才类型，有针对性地进行农业综合体人才队伍建设。如：1）培训农业综合体经营管理人才。在当前的管理模式下，有必要在区域范围内实施农业综合体经营管理人才培训工程，提高经营者的农业综合体经营管理技能；2）完善农业综合体科技人才开发机制。人才的最优化关键在于在拥有人才和使用人才、现有人才和储备人才两者关系之间寻找到彼此的平衡点。对高端科技人才可将重心倾向于人才"引智"，实行柔性化管理模式。对于农业综合体的主要科技人才队伍，则应通过完善激励机制与提升保障机制，引进人才，激发人才的极大潜力。同时，还要做好后备科技人才的培养工作，实现人才源源不断的"引流"。

（3）品牌驱动

虽然目前农业综合体尚处于初期发展阶段，但品牌的打造意识应积极加以践行，借鉴发达国家的经验，构建品牌的评比与认证体系，借助品牌效应提升农业综合体的知名度，加以推广，发展衍生经济，延长产业链，提升价值链，驱动地区经济的蓬勃发展。

3.2.5 农业综合体的规划模式

1. 规划背景与发展基础分析

新的发展形势下，主要分析为什么要建设农业综合体，来解决哪些问题。聚焦到规划区域，分析区域建设农业综合体的优势与困难、机遇与挑战，并深刻考虑如何建设农业综合体，如何保障农业综合体可持续运行。

具体来说，一般站在行政级别更高一级着眼，针对规划区域的区位交通、自然资源、土地性质、人文底蕴、社会经济概况等进行具体分析，对区域的蔬菜、园林苗木、农产品加工物流、休闲旅游等产业以及新农村建设，进行全面分析和综合评价。通过分析内部的自身条件，深刻研究当前农业新常态、"十三五"规划新趋势、省级示范区建设新要求等，结合市场发展趋势，从内外两个角度综合分析规划农业综合体的发展现状及发展环境。

综合分析评价规划区域现代农业发展现状、资源优势、产业优势，以及影响地区农业发展的瓶颈因素，并结合时代下的发展机遇与挑战，为规划方案提供可靠、充分的依据，并勾绘出建设农业综合体对区域现代农业发展所起到的农业产业功能载体和农业区域经济中心的作用，成为区域核心驱动力，带动区域经济的发展。

发展环境条件主要从区位交通、自然资源、人文底蕴、社会经济概况四大方面进行分析。其中，自然资源条件的分析一般从自然气候、水利水文、地形地貌、土壤条件、土地利用现状进行考虑，上述情况的分析有助于选择合适的业态以及找到侧重的方向。对于人文底蕴的整理可以有效地将文化和农业结合起来，找到并打造规划区的文化特色。根据农业综合体内涵，社会经济概况主要着眼于社会环境与经济和农业经济。社会环境与经济主要包括项目区的人口构成、城镇化率、从业人员的第一、二、三产比重、地区生产总值等。

对于产业的深刻分析是选择多业态组合的重要依据，有助于提升农业综合体规划的可行性和科学性，一般从蔬菜、粮食、园林苗木、农产品加工物流、休闲旅游业等产业进行研究。对规划区域进行 SWOT 分析是发挥优势、补短板、抓住机遇、规避风险的有效前提。

2. 规划思路与整体方案设计

规划思路与整体方案设计主要从指导思想、规划原则、战略目标、发展定位、开发思路、空间结构、发展布局七大方面进行规划与设计。

区域背景不同,指导思想则有所差异,因此强调因地制宜,与区域发展环境相契合。规划原则大同小异,一般包括以下四个原则:一是科技引领与模式创新原则;二是政府引导与市场主导原则;三是生态优先与可持续发展原则;四是整体规划与分步实施原则。

在战略目标制定上,农业综合体根据上位规划以及地区的不同有所区别,但是分级目标体系的构建是战略目标的思路。发展定位主要考虑总体定位、功能定位以及特色产业定位三个层面。

开发思路可以引用"三级圈层结构"理论,确定核心区、示范区与辐射区,并考虑信息流、科技流、技术流等要素流的内外流动。空间结构一般可以从设立"心""环""轴""区""组团"等进行整体规划。

发展布局依托交通、资源现状、产业基础,结合周边发展业态、乡村建设、产业发展趋势,兼顾相近区域的功能衔接,在空间上将难以集中连片的发展板块,通过便捷的交通,串联项目区内不同功能的园区,使各园区之间互相联系,形成功能多样、互补、可持续发展的整体,并设立不同内容与功能的版块。

3. 专项规划与实施建议

为了保障农业综合体顺利建设及可持续运营,基于规划区域的发展需求,并结合当地实际情况,因地制宜地进行专项规划,保障农业经济综合体的顺利实施,可以包括休闲农业专项、农业科技推广专项、品牌培育专项、招商引资专项、综合生态环境专项以及美丽乡村专项。休闲农业专项主要从专项的总体规划、总体构想、发展思路、空间布局、景观结构及线路优化布局、休闲活动设计、产品策划进行分析;农业科技推广专项主要从农业科技活动和培训计划着手;品牌培育专项从存在的问题和挑战进行分析,从而提出战略性的措施;招商引资专项则是从策划和统筹、招商载体、宣传推介、运作机制、创新招商方式途径、服务和保障措施等进行分析;综合生态环境专项从建设理念、建设目标、建设基本原则、建设体系、保障措施等进行梳理;美丽乡村专项则从基本原则、建设思路、建设目标、建设模式、建设工程等进行着手。

组织运营架构方面,政府行政下设管理机构——区域农业综合体管委会,各相关部门主要领导担任副职,整合各方面资源,统一协调各单位相关工作。同时,组建园区开发建设公司——区域农业综合体有限公司,进行市场化管理与对外合作。

农业综合体管委会运作初期以政府规划为主,加大省级示范园区发展规划宣传,重点制定土地流转、招商引资政策,主要进行招商引资及基础设施建设,集聚资金、技术、项目,带动区域发展;中后期龙头企业引领市场化运作为主,政府引导为辅,拓展农业功能,以科技支撑为手段,提升区域的设施、劳动力、科技创新、市场水平,承接"示范推广、品牌培育，增收增效、合作共赢，文化传承、休闲体验，产业融合、模式创新"四大功能，确定推出主要发展产业，逐渐发展完善成为"特色产业＋美丽乡村"为一体的区域发展模式创新试验区。

农业综合体总体开发模式是，通过创新发展模式，以农业核心吸引物作为整个规划区的撬动力，促进区域整体升值，并整合多种资源，推动多方参与合作，实现互利共赢。并通过综合定位、综合规划、综合开发、综合发展，充分挖掘综合体系统内部各种潜力，从而大幅度降低产业经营的综合成本，实现综合效益。农业综合体一般由五个部分构成：吸引核、休闲聚集区、农业生产区、居住区、相关服务配套。该五个部分之间是互相驱动、互相联结的统一整体。

保障措施主要包括政策、资金、土地、人才四大保障，其中政策保障包括土地使用政策、人才技术政策、财政补助政策、项目扶持政策、招商引资政策等；资金保障通过确立和扩充资金来源确定保障措施；土地保障应深刻研究国家地方相关土地政策，积极探索新型土地流转机制，完善机构，探索模式，激发土地金融功能，采取多种灵活流转方式。人才保障主要从人才引进和人才培育两大方面着手。[1]

---

[1] 王伊梦，张天柱.农业综合体的规划模式研究（J）.中国农业文摘 - 农业工程，2016（5）.

第4篇　新农村建设创新篇——田园综合体

4.1　中国田园综合体发展概述

4.1.1　田园综合体基本概念

1. 田园综合体定义

田园综合体是集现代农业、休闲旅游、田园社区于一体的特色小镇和乡村综合发展模式，是在城乡一体格局下，顺应农村供给侧结构改革、新型产业发展，结合农村产权制度改革，实现中国乡村现代化、新型城镇化、社会经济全面发展的一种可持续性模式。

（1）循环农业

在农作系统中推进各种农业资源往复多层与高效流动的活动，以此实现节能减排与增收的目的，促进现代农业和农村的可持续发展。通俗地讲，循环农业就是运用物质循环再生原理和物质多层次利用技术，实现较少废弃物的生产和提高资源利用效率的农业生产方式。循环农业作为一种环境友好型农作方式，具有较好的社会效益、经济效益和生态效益。

（2）创意农业

创意农业起源于20世纪90年代后期，是指有效地将科技和人文要素融入农业生产，进一步拓展农业功能、整合资源，把传统农业发展为融生产、生活、生态于一身的现代农业。以审美体验、农事体验为主题，具有养生、养美、体验品味的功能和快乐，提供给在快节奏工作中的人放松的地方，增添被高楼大厦包裹外的乐趣，目的是让农民增收、农村增美、企业增效、城市增辉。

（3）农事体验

休闲农业中将农业生产、自然生态、农村文化和农家生活变成商品出售，城市居民则通过身临其境地体验农业、农村资源，满足其愉悦身心的需求。

2. 田园综合体内涵

2017年中央一号文件首次提出"田园综合体"概念后，多方进行了解读。从其内涵和外延上来看，田园综合体并不是一个新词，它是在原有的生态农业和休闲旅游基础上的延伸和发展。

从业态上来看，是"农业＋文创＋新农村"的综合发展模式，是以现代农业为基础，以旅游为驱动，以原住民、新住民和游客等几类人群为主形成的新型社区群落。而纵观农业园区的发展历程就不难看出，田园综合体并非凭空产生，是在农业现代化、新型城镇化等发展历程基础上，结合新形势下农业增效、农民增收和农村生态环境保护的多重客观需求而提出的，有其现实背景。[1]

3. 田园综合体的组成

景观吸引核：吸引人流、提升土地价值的关键所在，依托观赏型农田、瓜果园，观赏苗木、花卉展示区，湿地风光区，水际风光区等，使游人身临其境地感受田园风光和体会农业魅力。

休闲聚集区：为满足客源的各种需求而创造的综合产品体系，可以包括农家风情建筑（如庄园别墅、小木屋、传统民居等）、乡村风情活动场所（特色商街、主题演艺广场等）、垂钓区等。休闲聚集区使游人能够深入农村特色的生活空间，体验乡村风情活动，享受休闲农业带来的乐趣。

农业生产区：生产性主要功能部分，让游人认识农业生产全过程，在参与农事活动中充分体验农业生产的乐趣。同时还可以开展生态农业示范、农业科普教育示范、农业科技示范等项目。

居住发展带：城镇化主要功能部分居住发展带，是田园综合体迈向城镇化结构的重要支撑。通过产业融合与产业聚集，形成人员聚集，形成人口相对集中居住，以此建设居住社区，构建城镇化的核心基础。

社区配套网：城镇化支撑功能，服务于农业、休闲产业的金融、医疗、教育、商业等，称之为产业配套。

4. 田园综合体与农业综合体的区别与联系

（1）农业综合体

农业综合体最早是由陈剑平院士在 2012 年 11 月 3 日《农民日报》上发表的《农业综合体：区域现代农业发展的新载体》一文中首次提出。它是在借鉴城市综合体概念的基础上提出的现代农业发展的新型载体形式，通过农村一、二、三产业的相互融合和农业多功能拓展，延伸产业链，提升价值链，增加农民收入，促进新农村建设，并逐步推动农业发展方式的根本转变。

农业综合体的基本内涵是以农业为主导，以科技支撑和文化创意为两翼，融合农产品加工、商贸物流、科普会展、教育培训、休闲观光、文化创意等多个相关产业，构建多功能、复合型、创新性的产业综合体，它是伴随着区域经济社会快速发展，在对长期以来农业园区实践的不断总结基础上提出的一个现代农业发展的新概念，既脱

[1] 杨礼宪. 合作社：田园综合体建设的主要载体（J）. 中国农民合作社，2017（03）.

胎于农业园区，又高于农业园区，可以说是现代农业园区的"升级版"。

（2）田园综合体

田园综合体的内涵与农业综合体基本一致，不同的是，田园综合体更多的是从地域空间开发和农村发展角度提出的对乡村资源的合理性开发，建设集循环农业、创意农业、农事体验于一体的地域综合体。

田园综合体是以农业为主导，以农民充分参与和受益为前提，是以农业合作社为主要建设主体，以农业和农村用地为载体，融合工业、旅游、创意、地产、会展、博览、文化、商贸、娱乐等三个以上产业的相关产业与支持产业，形成多功能、复合型、创新型地域经济综合体。

因此，从农业规划和科技推广工作者视角看，田园综合体是以农业、农村用地为载体，融合"生产、生活、生态"功能，集农业全产业链目标的整合、农业科技体系的支撑、现代农业经营体系的优化、多种类型农业园区的结合、农村第一、二、三产业融合、区域经济发展的新型复合载体，是一种新型的现代农业发展模式，是"六次产业"创新理念的一种新体现。

（3）田园综合体与农业综合体的区别与联系

从与农业综合体的区别及联系上看，田园综合体是基于乡村地域空间的概念，农业综合体是基于产业思维的概念，是农业综合开发；农业综合体是在一定地域空间内，多产业、多功能、多业态并存，以产业融合发展为特征的现代农业随着产业融合深入发展，关系层面加强，经济交融，跟区域经济发展有密切的联动性；这是经济综合体的一种表现形式，和旅游综合体、商业综合体、城市综合体是一个概念。

从三农角度来说，农业、农村、农民三者又是密不可分的。无论是农业综合体还是田园综合体，在本质上是一样的，只不过视角不同，分量和侧重点有所差异而已，因而从这个意义上说，田园综合体并不是一个全新的概念。而近几年比较受关注的农业特色小镇、农业公园等，就是伴随着现代农业发展、美丽村镇建设而发展起来的田园综合体的新模式、新探索。[1]

4.1.2 中国田园综合体发展特征分析

1.农民广泛参与受益

田园综合体是以田园景观和农业生产农民生活环境为基础，在特定的农业生产、乡村民俗、农家生活空间环境基础上，充分利用农田景观、生态环境、农耕文化等特色农业资源，与休闲体验相结合，形成农业转型升级和乡村和谐发展的平台。农民合

---

[1] 白春明，尹衍雨，柴多梅，王楠，张天柱.我国田园综合体发展概述（J），2018（02）.

作社利用其与农民天然的利益联结机制，使农民不仅参与田园综合体的建设过程，还能享受田园综合体带来的各种潜在效益，如农业产业化程度的提高、农产品品牌价值的提升、乡村土地价值的增长等。

2.强化融合，突出体验

田园综合体在开展农业基本生产的同时，也满足农产品加工的二产需求，还要满足观光、休闲、贸易、物流等三产的要求，将农业从单一的第一产业向第二、三产业延伸发展，三者之间又相互依存、相互促进，共同助推田园综合体的发展。同时，田园综合体汇集独特的乡村民俗文化，通过建设休闲体验设施，开展休闲体验活动，将乡村休闲服务充分渗透到农田景观中，让城乡居民的休闲从单一的观光向体验拓展，强化参与性，突出休闲体验功能。

3.强调农业创意理念

农业创意是田园综合体的亮点。田园综合体的农业创意，是以特色农业产业为基础，以农耕文化为灵魂，注重农业生态环境保护，按照特色化、个性化、艺术化的创意理念，将创意作为生产要素融入田园综合体的产品设计、服务设计中。其中，创意农事景观符合生态环保要求，与周边环境融合，有主题性内涵表达，体现自然之美。创意活动对周边具有影响、辐射、带动作用。创意服务项目特色鲜明、功能突出，知识性、趣味性、体验性强。

4.集约配置乡村资源

我国乡村长期以来有分散居住的习惯，呈现传统乡村规模小、位置分散、距离远、土地等资源使用不节约等现状。田园综合体立足当地区位优势、资源优势和产业优势，在尊重自然、尊重规律、尊重当地民俗的前提下，对当地农村的资源禀赋和乡村传统文化等进行系统梳理、综合利用。引导乡村社区居民集中连片居住，集中建设配套设施，提高生产生活条件的便利，具有引领区域资源共生、聚合增值的作用，能够优化配置乡村土地、生产要素等资源，实现资源的有效利用和生产要素最大利用化的组合分配。

4.1.3　中国田园综合体提出背景分析

田园综合体发展模式的提出有其必然的原因和背景，其中比较重要的包括以下几方面：

1.经济新常态下，农业发展承担更多的功能

当前我国经济发展进入新常态，地方经济增长面临新的问题和困难，尤其是生态环境保护的逐步开展，对第一、二产业发展方式提出更高的"质"的方面的要求，农业在此大环境下既承担生态保护的功能，又承担农民增收、农业发展的功能。

2.传统农业园区发展模式固化，转型升级面临较大压力

农业发展进入新阶段，农村产业发展的内外部环境发生了深刻变化，传统农业园区的示范引领作用、科技带动能力及发展模式与区域发展过程中条件需求矛盾日益突出，使得农业园区新业态、新模式的转变面临较多的困难，瓶颈明显出现。

3.农业供给侧改革，社会资本高度关注农业，综合发展的期望较强

经过十余年的中央一号文件及各级政策的引导发展，我国现代农业发展迅速，基础设施得到改善、产业布局逐步优化、市场个性化需求分化、市场空间得到拓展，生产供给端各环节的改革需求也日趋紧迫，社会工商资本也开始关注并进入农业农村领域，对农业农村的发展起到了积极的促进作用。同时，工商资本进入该领域，也期望能够发挥自身的优势，从事农业生产之外的二产加工业、三产服务业等与农业相关的产业，形成第一、二、三产融合发展的模式。

4.土地政策日趋严格、管理强度加大，寻求综合方式解决发展问题

在经济新常态下，国家实施了新型城镇化、生态文明建设、供给侧结构性改革等一系列战略举措，实行建设用地总量和强度的"双控"，严格节约集约用地管理。先后出台了《基本农田保护条例》《农村土地承包法》等，对土地开发的用途管制有非常明确的规定。特别是《国土资源部 农业部关于进一步支持设施农业健康发展的通知》（国土资发〔2014〕127号）的发布，更是将该要求进一步明确，使得发展休闲农业在新增用地指标上面临着较多的条规限制。[1]

4.1.4 中国田园综合体发展环境分析

1.宏观经济环境

（1）国民经济运行综述

近年来，国家积极推进经济结构转型，持续加大对房地产行业的调控力度，同时货币政策也逐渐从宽松转向稳健。在外需持续不振、内需趋于平稳，而投资增速逐渐放缓的背景条件下，我国GDP的增速也出现了下滑的常态化趋势。

2017年，我国国内生产总值为827122亿元，比上年增加83537亿元（折美元相当于2016年世界排名第14位的澳大利亚GDP总量规模（根据世界银行发布的数据）。按可比价格计算，比上年增长6.9%，提高0.2个百分点。其中，第一产业增加值65468亿元，比上年增长3.9%，提高0.6个百分点；第二产业增加值334623亿元，比上年增长6.1%，回落0.2个百分点；第三产业增加值427032亿元，比上年增长8.0%，提高0.3个百分点。分季看，四个季度国内生产总值增速分别为6.9%、6.9%、6.8%和

---

[1] 张玉成.关于田园综合体的深度解读（J）.中国房地产，2018（03）.

6.8%，保持了较为平稳增长的态势。

2018年一季度，我国国内生产总值为198783亿元，按可比价格计算，比上年同期增长6.8%，比上年同期回落0.1个百分点，与2017年三、四季度持平，总体上呈现出稳定性增强的特征，延续了近年来平稳增长的态势。其中，第一产业增加值8904亿元，比上年同期增长3.2%，第二产业增加值77451亿元，比上年同期增长6.3%，第三产业增加值112428亿元，比上年同期增长7.5%。从环比看，经调整季节因素后，一季度GDP环比增长1.4%，比上季度回落0.2个百分点。

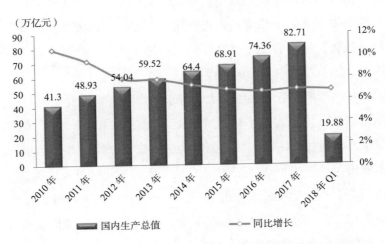

图4.1.4-1　2010-2018年我国国内生产总值及其增长率变化情况

（2）工业经济运行良好

2010年以来，全国全部工业增加值呈逐年稳步增长态势，但增速有所放缓。2017年全年全部工业增加值279997亿元，比上年增长6.4%。规模以上工业增加值增长6.6%。

在规模以上工业中，分经济类型看，国有控股企业增长6.5%；集体企业增长0.6%，股份制企业增长6.6%，外商及港澳台商投资企业增长6.9%；私营企业增长5.9%。分门类看，采矿业下降1.5%，制造业增长7.2%，电力、热力、燃气及水生产和供应业增长8.1%。

全年规模以上工业中，农副食品加工业增加值比上年增长6.8%，纺织业增长4.0%，化学原料和化学制品制造业增长3.8%，非金属矿物制品业增长3.7%，黑色金属冶炼和压延加工业增长0.3%，通用设备制造业增长10.5%，专用设备制造业增长11.8%，汽车制造业增长12.2%，电气机械和器材制造业增长10.6%，计算机、通信和其他电子设备制造业增长13.8%，电力、热力生产和供应业增长7.8%。六大高耗能行业增加值增长3.0%，占规模以上工业增加值的比重为29.7%。

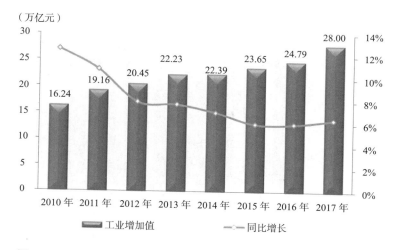

图 4.1.4-2　2010-2017 年中国规模以上工业增加值及增长率走势图

（3）产业结构优化升级

国内产值分产业看，2017 年第一产业增加值 65468 亿元，同比增长 3.9%；第二产业增加值 334623 亿元，同比增长 6.1%；同比第三产业增加值 427032 亿元，增长 8.0%。第一产业增加值占国内生产总值的比重为 7.9%，第二产业增加值比重为 40.5%，第三产业增加值比重为 51.6%。总的来看，国内产业结构越来越以第三产业（服务业）为主，服务业占比也从 2010 年的 43.2% 提升至 2017 年末的 51.6%，占比提升近 9 个百分点；第二产业占比从 2010 年的 46.7% 下降至 2017 年末的 40.5%；第一产业比重也从 2010 年的 10.1% 下降至 2017 年末的 7.9%。综合来看，中国产业结构逐渐优化，服务业逐渐成为国民经济支柱性产业。

2018 年一季度，第一产业增加值 8904 亿元，同比增长 3.2%；第二产业增加值 77451 亿元，同比增长 6.3%；同比第三产业增加值 112428 亿元，增长 7.5%。第一产业增加值占国内生产总值的比重为 4.49%，第二产业增加值比重为 38.96%，第三产业增加值比重为 56.56%。

（4）服务行业快速增长

2010-2017 年，中国服务行业产值由 17.36 万亿元增长至 2017 年的 42.70 万亿元，年均增长 13.72%。其在国民经济中的比重也提升至了 51.6%。2018 年一季度，中国服务业产值达到 11.20 万亿元，同比增长 10.20%，占国民经济比重为 56.6%，比 2017 年末提升了 5 个百分点。

（5）宏观经济形势预测

回顾 2017 年，全年 GDP 增长 6.9%，实现了 7 年来首次提速，国民经济呈稳中有进、稳中向好的发展态势，实现了平稳健康发展。

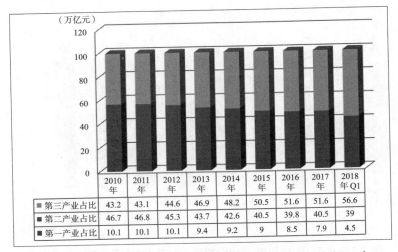

图 4.1.4-3　2010-2018 年中国产业结构优化情况（单位：%）

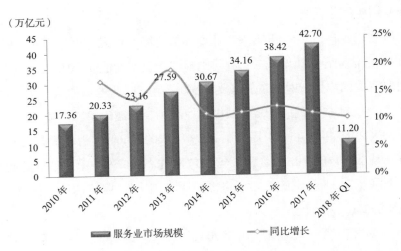

图 4.1.4-4　2010-2018 年中国服务行业市场规模（单位：万亿元，%）

2. 社会环境分析

（1）人口规模现状

2010-2017 年，我国大陆（包括 31 个省、自治区、直辖市和中国人民解放军现役军人，不包括香港、澳门特别行政区和台湾省以及海外华侨人数）人口规模呈逐年增长趋势，且增速保持稳定。2010 年大陆人口规模为 134091 万人，同比增长 0.49%；2017 年大陆人口规模为 139008 万人，比 2016 年年末增加 737 万人，比 2010 年年末增长 4914 万人。

（2）居民收入现状

2010-2017 年，城乡居民收入平稳、快速地增长。同时，农村居民收入虽然仍落后于城镇居民收入，但农村居民收入的增长总体比城市居民收入的增长快，城乡贫富

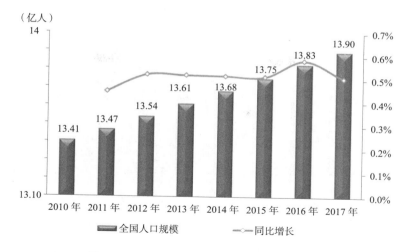

图 4.1.4-5　2010-2017 年中国人口增长情况

差距较大的状况正在得到改观。

随着我国社会经济的不断发展，人们的生活水平、生活质量也逐步提高。我国城镇居民家庭人均可支配收入从 2010 年的 19109 元增长至 2017 年的 36396 元，年复合增长率为 9.64%；农村居民家庭人均可支配收入从 2010 年的 5919 元增长至 2017 年的 13432 元，年复合增长率为 12.42%。人均可支配收入绝对值的增加使人们支付能力进一步增强。

2018 年一季度，全国居民人均可支配收入 7815 元，比上年同期名义增长 8.8%，扣除价格因素，实际增长 6.6%。其中，城镇居民人均可支配收入 10781 元，增长 8.0%，扣除价格因素，实际增长 5.7%；农村居民人均可支配收入 4226 元，增长 8.9%，扣除价格因素，实际增长 6.8%。

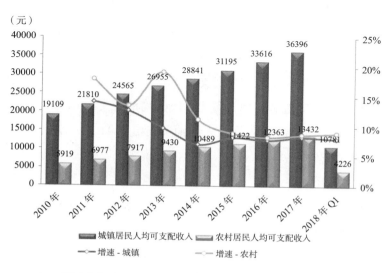

图 4.1.4-6　2010-2018 年中国城乡居民收入水平

图 4.1.4-7　2011-2018 年中国居民人均可支配收入及增长速度

（3）居民消费现状

2017 年全国居民人均消费支出 18322 元，比上年增长 7.1%，扣除价格因素，实际增长 5.4%。按常住地分，城镇居民人均消费支出 24445 元，增长 5.9%，扣除价格因素，实际增长 4.1%；农村居民人均消费支出 10955 元，增长 8.1%，扣除价格因素，实际增长 6.8%。

2017 年，全国居民人均食品烟酒消费支出 5374 元，占人均消费支出的比重为 29.3%；人均衣着消费支出 1238 元，占人均消费支出的比重为 6.8%；人均居住消费支出 4107 元，占人均消费支出的比重为 22.4%；人均生活用品及服务消费支出 1121 元，占人均消费支出的比重为 6.1%；人均交通通信消费支出 2499 元，占人均消费支出的比重为 13.6%；人均教育文化娱乐消费支出 2086 元，占人均消费支出的比重为 11.4%；人均医疗保健消费支出 1451 元，占人均消费支出的比重为 7.9%；人均其他用品及服务消费支出 447 元，占人均消费支出的比重为 2.4%。

2018 年一季度，全国居民人均消费支出 5162 元，比上年同期名义增长 7.6%，扣除价格因素，实际增长 5.4%。其中，城镇居民人均消费支出 6749 元，增长 5.7%，扣除价格因素，实际增长 3.4%；农村居民人均消费支出 3241 元，增长 11.0%，扣除价格因素，实际增长 8.8%。

（4）民众休闲需求

从城镇居民历年来用于教育文化娱乐服务方面的支出变化情况来看，2010-2017 年，该项支出总体呈上涨趋势，且 8 年来的年化增长率 8.31%。表明在收入不断提高的基础上，我国城镇居民用于教育、文娱等方面支出正在不断增长，居民休闲需求不断扩大。

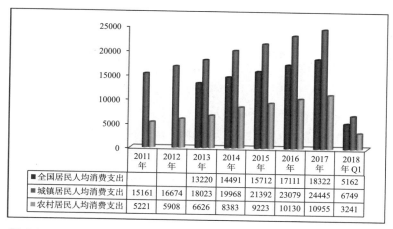

	2011年	2012年	2013年	2014年	2015年	2016年	2017年	2018年 Q1
■ 全国居民人均消费支出			13220	14491	15712	17111	18322	5162
■ 城镇居民人均消费支出	15161	16674	18023	19968	21392	23079	24445	6749
■ 农村居民人均消费支出	5221	5908	6626	8383	9223	10130	10955	3241

图 4.1.4-8 2011-2018 年中国城乡居民消费支出增长情况（单位：元）

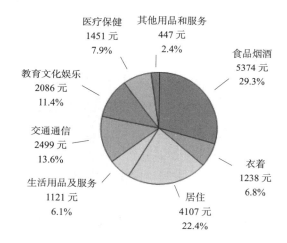

图 4.1.4-9 2017 年中国居民人均消费支出及构成

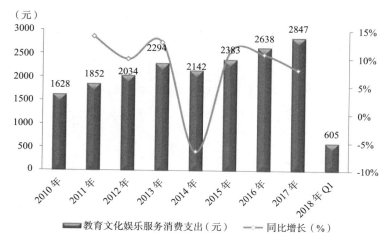

图 4.1.4-10 2010-2018 年中国城镇居民人均教育文化娱乐服务消费支出变化趋势

3. 城镇化发展分析

（1）城镇化发展历程

纵观 60 余年来的城市化发展进程，我国城市化水平由 1949 年 7.3% 提高至 2016 年的 58.52%，大致可以划分为以下几个阶段。

◆ 城镇化起步发展阶段（1949-1957 年）

1949 年，新中国刚成立时，全国仅有城市 132 个，城市市区人口 3949 万人，城市市区人口占全国总人口比重 7.3%。到 1957 年末，我国城市发展到 176 个，比 1949 年增长 33.3%，平均每年增长 10%；城市市区人口增加到 7077.27 万人，比 1949 年增长 79.2%，平均每年增长 19.9%。城市市区人口占全国人口的比重提高到 10.9%，比 1949 年增加 3.6 个百分点。

◆ 城镇化波动发展阶段（1958-1965 年）

三年"大跃进"后，我国城市数量由 1957 年 176 个增加到 1961 年的 208 个，增长 18.2%；城市人口由 7077.27 万人增加到 10132.47 万人，增长 43.2%；城市市区人口占全国总人口比重由 10.9% 提高到 15.4%。1962 年开始的国民经济调整时期，又被迫撤销了一大批城市，到 1965 年，全国拥有城市 168 个，比 1961 年减少 40 个，下降 20%；城市市区人口由 1961 年的 10132.47 万人下降到 8857.62 万人，下降 12.6%；城市市区人口的比重由 15.4% 下降至 12.2%。

◆ 城镇化停滞发展阶段（1966-1978 年）

1966 年开始的"文化大革命"，使得我国国民经济长期徘徊不前，相应的城市发展也十分缓慢，城市化进程受阻。1966 年到 1978 年 12 年间，全国仅增加城市 26 个，平均每年只增加 2 个，1978 年城镇人口（居住在城镇地区半年及以上的人口）为 17245 万人，城市化率（城镇人口占全国总人口的比重）17.92%。

◆ 城镇化高速发展阶段（1979-1991 年）

党的十一届三中全会以来，特别是进入 20 世纪 90 年代以后，小城镇发展战略的实施、经济开发区的普遍建立以及乡镇企业的兴起，带动了城市化水平的高速发展。1979 到 1991 年的 12 年间，全国共新增加城市 286 个，相当于前 30 年增加数的 4.7 倍，平均每年新增 15 个城市。到 1991 年末，城镇人口增加到 31203 万人，比 1978 年增长 80.9%，平均每年增长 5.8%。城市化率达到 26.94%，比 1978 年提高 9 个百分点。

◆ 城镇化平稳发展阶段（1992 年至今）

党的十四大明确了建立社会主义市场经济体制的总目标，城市作为区域经济社会发展的中心，其地位和作用得到前所未有的认识和重视。2002 年 11 月党的十六大明确提出"要逐步提高城市化水平，坚持大中小城市和小城镇协调发展，走中国特色的城市化道路"，从此揭开了我国城镇建设发展的新篇章，城市化与城市发展空前活跃。到 2017 年底，全国城市化率提高到 57.35%，比 1991 年提高 31.58 个百分点。

（2）城镇化水平现状

2006 年以来，中国城镇化率水平不断提升，2017 年中国整体城镇化率已经达到了 58.52%。从城乡结构看，2017 年中国城镇常住人口 81347 万人，比上年末增加 2049 万人；乡村常住人口 57661 万人，减少 1312 万人，城镇人口占总人口比重（城镇化率）为 58.52%。全国人户分离的人口（即居住地和户口登记地不在同一个乡镇街道且离开户口登记地半年以上的人口）2.91 亿人，其中流动人口 2.44 亿人。2017 年年末全国就业人员数量为 77640 万人，其中城镇就业人员数量为 42462 万人，乡村就业人员数量为 35178 万人。2016 年中国就业人员数量为 77603 万人，其中城镇就业人员数量为 41428 万人，乡村就业人员数量为 36175 万人。

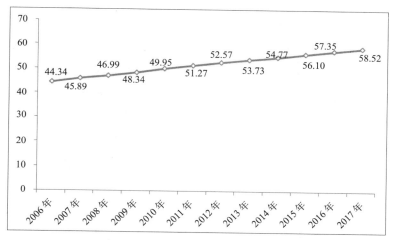

图 4.1.4-11　2006-2017 年中国城镇化率变化趋势（单位：%）[1]

（3）推进新型城镇化建设

新型城镇化，是指坚持以人为本，以新型工业化为动力，以统筹兼顾为原则，推动城市现代化、城市集群化、城市生态化、农村城镇化，全面提升城镇化质量和水平，走科学发展、集约高效、功能完善、环境友好、社会和谐、个性鲜明、城乡一体、大中小城市和小城镇协调发展的城镇化建设路子。新型城镇化的"新"就是要由过去片面注重追求城市规模扩大、空间扩张，改变为以提升城市的文化、公共服务等内涵为中心，真正使我们的城镇成为具有较高品质的适宜人居之所。城镇化的核心是农村人口转移到城镇，而不是建高楼、建广场。农村人口转移不出来，不

---

[1]　注：本节所有数据均来源于国家统计局。

仅农业的规模效益出不来，扩大内需也无法实现。新型城镇化的本质是用科学发展观来统领城镇化建设。

2014年12月29日，国家新型城镇化综合试点名单正式公布。2016年2月，国务院发布《关于深入推进新型城镇化建设的若干意见》的政策，提出坚持点面结合、统筹推进。统筹规划、总体布局，促进大中小城市和小城镇协调发展，着力解决好"三个1亿人"城镇化问题，全面提高城镇化质量。充分发挥国家新型城镇化综合试点作用，及时总结提炼可复制经验，带动全国新型城镇化体制机制创新。并在意见中给出了加快培育中小城市和特色小城镇的措施，发展具有特色优势的休闲旅游、商贸物流、信息产业、先进制造、民俗文化传承、科技教育等魅力小镇，带动农业现代化和农民就近城镇化。

（4）城镇化建设中的问题

1）片面注重城市规模的扩张

目前，我国很多地区对城镇化的本质和内涵认识不到位、不全面，重视城市自身而忽视区域协调，关注城市建设而忽略产业拉动，重工业发展轻第三产业，重外延拓展轻内涵提高，注重扩大规模而轻视有效管理和资源保护，重视改善形象而忽视完善功能等问题较普遍。一些地方热衷于大规模的城市建设，大拆大建，把城镇的公共设施投入用于行政办公中心等形象工程，重视政绩效应和视觉效果，忽视城镇居民特别是外来务工人员的基本就业及社会保障需求，导致城镇化发展中最为重要的人口城镇化的目标被忽视。

2）大城市与中小城市"两极分化"严重

目前，我国城市化存在严重的"两极化"倾向，大城市的数量和比重不断增加，人口和空间规模急剧膨胀，有的甚至出现了城市病；中小城市比重甚至数量在减少，一些小城市和小城镇出现相对衰落，城镇人口规模分布有向"倒金字塔形"转变的危险。从2006年到2011年，城市新增城区人口的84%是依靠50万以上大城市吸纳的，其中400万以上人口的巨型城市占到61.1%，而小城市则在萎缩。造成这种"两极化"的原因有多方面，包括资源配置的行政中心偏向、市场作用的极化效应、进城农民的迁移意愿，以及政府调控手段的缺乏等。

3）城市环境污染日益突出、生态服务功能日趋弱化

城镇基础设施供应以及资源、环境等无法适应和匹配。目前，我国大部分城市缺水，大部分饮用水源受到污染。垃圾围城现象突出，无害化处理率很低。虽然各级政府在给排水、环保等城市基础设施方面的投资逐年增加，但资源和环境供应保障的缺口并没有相应地缩小。生态脆弱区域对都市区和产业人口密集区域发展所造成的影响越来越突出。产业和城市集聚区域的发展需要依靠更大范围内的生态服务功能的支撑。因此，城镇化的发展规模受到生态和环境承载力的制约。

4）城乡二元结构阻碍了城镇化发展进程

首先，长期以来，我国人为地将全体公民划分为农村户口和城市户口，形成了我国特有的城乡分割的二元体制，严重阻碍了城镇化的发展。其次，我国在城市和农村实行不同的土地政策。农村实行家庭联产承包责任制，土地归集体所有，具有本地户籍的农民才有使用权，且农户不能将土地自由转让，农民的土地权益无法得到实现。再者，如今的社会保障政策不能完全覆盖农村，农村居民的养老、医疗、失业等保障体系尚未完全建立起来。

5）城镇化与农业转移人口市民化不同步

农业转移人口规模大，市民化程度低、成本高，面临的障碍多，这是我国城市化的最大特色。2012年，统计在城镇常住人口中的农业转移人口总量大约为2.34亿人，约占全国城镇总人口的1/3。而目前我国农业转移人口市民化程度仅有40%左右，预计至2030年前，全国大约有3.9亿农业转移人口需要实现市民化，其中存量部分约1.9亿人，增量部分约2亿人。

（5）我国城镇化发展的社会、经济效益

一是城镇化可以有效扩大城市消费群体，增加居民消费。

二是城镇化可以提高农村居民消费水平。农村人口逐步转为城镇居民，有助于推进农业适度规模经营，对增加农民收入和提高消费水平具有明显效果。

三是城镇化可以有力拉动投资需求。城镇人口的增加，可以带来城镇基础设施、公共服务设施建设和房地产开发等多方面的投资需求。

（6）城镇化未来发展利好

1）城镇化与工业化发展差距缩小

城镇化是工业化发展到一定阶段的必然结果，工业化通过拉动就业、增加收入、改变土地形态等方式影响城镇化，两者具有极强的关联性。很长一段时间，我国的城镇化远远滞后于工业化。近些年，各大中城市加大工业园区建设，注重产业发展，工业化率与城镇化率差距在逐渐缩小，

2）城镇体系日益完善，布局日趋合理

改革开放以来，我国城镇体系日益完善，初步形成了"城市＋建制镇"的框架体系以及辽中南、京津冀、长三角、珠三角四个成熟的城镇群的格局。从宏观空间看，我国城镇空间合理布局的"大分散、小集中"格局正在形成，表现为与我国地理环境资源基本相协调的东密、中散、西稀的总体态势。从微观角度看，我国城市内部空间，中心城区、近郊区以及远郊县的城镇空间结构层次日益显现。

3）人口流动的促进作用增强

伴随着户籍制度的改革和农村剩余劳力的大量产生，我国人口迁移呈现出量大面广的特点，对当前正以较快速度向前推进的城镇化进程起到了促进作用。从全国情况

来看，东部地区特别是东南沿海地区是国内人口流入最多的地区，由于经济发展较快，吸引了大量外来务工人口，在一定程度上促进了这些地区的城镇化，使之成为当前人口城镇化水平最高和近年来城镇化进程推进最快的地区。

4）城镇建设成效明显

当前，我国城市建成区面积逐步扩大，住房条件、城市交通、供水、热电、绿化、环境卫生、电信等基础设施体系不断完善，扩大了城镇人口容量，提高了城镇现代化水平。2016年年末，全国设市城市657个，比上年增加1个。其中，直辖市4个，地级市293个，县级市360个。我国城市建成区面积已达5.43万平方公里。

4.1.5 中国田园综合体促进政策解读

1. 田园综合体上升为国家战略

2017年中央"一号文件"首次提出了"田园综合体"这一新概念，"支持有条件的乡村建设以农民合作社为主要载体、让农民充分参与和受益，集循环农业、创意农业、农事体验于一体的田园综合体，通过农业综合开发、农村综合改革转移支付等渠道开展试点示范"。自此，田园综合体建设上升为国家战略。

2. 田园综合体发展中政府主导作用

我国田园综合体的建设起步晚，相关政策出台时间最早也是2017年的5月份，因此发展初期政府在田园综合体中的作用是政策设计与规划引导。随着2017年5月出台的《关于开展田园综合体建设试点工作的通知》，政府更多地鼓励田园综合体的建设由市场来主导。

《关于开展田园综合体建设试点工作的通知》提出：按照政府引导、企业参与、市场化运作的要求，创新建设模式、管理方式和服务手段，全面激活市场、激活要素、激活主体，调动多元化主体共同推动田园综合体建设的积极性。政府重点做好顶层设计、提供公共服务等工作，防止大包大揽。政府投入要围绕改善农民生产生活条件，提高产业发展能力，重点补齐基础设施、公共服务、生态环境短板，提高区域内居民特别是农民的获得感和幸福感。

3. 创新政策供给助力田园综合体

（1）政策对田园综合体支持情况

首先是直接针对田园综合体的建设出台了《关于田园综合体建设试点工作通知》的政策，确定河北等18个省份开展田园综合体建设试点工作；其次是通过加大惠农、支农政策力度从而带动农村综合改革工作的进展，为田园综合体的开展打下坚实基础；再次是在2017年6月，就开展农村综合性改革试点试验和田园综合体试点工作答记者问中，财政部有关负责人明确表示，中央财政对于开展试点试验省份给予适当补助，对于改革试点成效显著的省份，中央财政将继续给予奖补支持，原则上不超过三年，三年共扶持1.5个亿；最后是2018年田园综合体项目申报指南发布，国家级田园综合体每年6000万-8000万，连续三年；省级田园综合体3000万-6000万，根据各省具体情况执行。

另外值得注意的是，国家虽在2017年初以及年中接连发布了田园综合体建设的相关政策，但在田园综合体的尝试上其实早已开始，如具有田园风格的特色小镇的建设与田园综合体建设的宗旨不谋而合，因此有些省份出台将特色小镇建设融入田园综合体建设的整体规划之中，充分发挥二者相互促进与带动的作用。

（2）国家规定田园综合体申请补助条件及案例

根据2018年田园综合体项目申报指南，无论国家级还是省级田园综合体必须符合七个条件才能准予立项。

田园综合体项目申请条件 表 4.1.5-1

申请条件	申请条件分析
功能定位准确	围绕有基础、有优势、有特色、有规模、有潜力的乡村和产业，按照农田田园化、产业融合化、城乡一体化的发展路径，以自然村落、特色片区为开发单元，全域统筹开发，全面完善基础设施。突出农业为基础的产业融合、辐射带动等主体功能，具备循环农业、创意农业、农事体验一体化发展的基础和前景。明确农村集体组织在建设田园综合体中的功能定位，充分发挥其在开发集体资源、发展集体经济、服务集体成员等方面的作用
基础条件较优	区域范围内农业基础设施较为完备，农村特色优势产业基础较好，区位条件优越，核心区集中连片，发展潜力较大；已自筹资金投入较大且有持续投入能力，建设规划能积极引入先进生产要素和社会资本，发展思路清晰；农民合作组织比较健全，规模经营显著，龙头企业带动力强，与村集体组织、农民及农民合作社建立了比较密切的利益联结机制
生态环境友好	能落实绿色发展理念，保留青山绿水，积极推进山水田林湖整体保护、综合治理，践行看得见山、望得到水、记得住乡愁的生产生活方式。农业清洁生产基础较好，农业环境突出问题得到有效治理
政策措施有力	地方政府积极性高，在用地保障、财政扶持、金融服务、科技创新应用、人才支撑等方面有明确举措，水、电、路、网络等基础设施完备。建设主体清晰，管理方式创新，搭建了政府引导、市场主导的建设格局。积极在田园综合体建设用地保障机制等方面作出探索，为产业发展和田园综合体建设提供条件
投融资机制明确	积极创新财政投入使用方式，探索推广政府和社会资本合作，综合考虑运用先建后补、贴息、以奖代补、担保补贴、风险补偿金等，撬动金融和社会资本投向田园综合体建设。鼓励各类金融机构加大金融支持田园综合体建设力度，积极统筹各渠道支农资金支持田园综合体建设。严控政府债务风险和村级组织债务风险，不新增债务负担
带动作用显著	以农村集体组织、农民合作社为主要载体，组织引导农民参与建设管理，保障原住农民的参与权和受益权，实现田园综合体的共建共享。通过构建股份合作、财政资金股权量化等模式，创新农民利益共享机制，让农民分享产业增值收益
运行管理顺畅	根据当地主导产业规划和新型经营主体发展培育水平，因地制宜探索田园综合体的建设模式和运营管理模式。可采取村集体组织、合作组织、龙头企业等共同参与建设田园综合体，盘活存量资源，调动各方积极性，通过创新机制激发田园综合体建设和运行内生动力

目前国内田园综合体项目申请达 2 亿元以上的项目主要有广西南宁美丽南方田园综合体、临沂市沂南县朱家林田园综合体建设项目、襄汾县田园综合体建设试点、福建省农业综合开发田园综合体等（表 4.1.5-2）。

申请 2 亿元以上田园综合体案例　　　　　　　　　　　表 4.1.5-2

项目	地区	模式借鉴
美丽南方田园综合体	广西南宁	以美丽南方丰富的农业资源、产业基础、特色村落、传统文化为依托，以农业综合开发项目为抓手，完善生产、产业、经营、生态、服务和运行六大功能体系，实现生产生活生态"三步同生"、第一、二、三产业"三产融合"、农业文化旅游"三位一体"
河南全省田园综合体建设试点	河南省	各地必须在美丽乡村建设基础上，优先选择有基础、有特色、有潜力的乡镇（村），全域统筹开发。项目范围应为乡镇内或相邻乡镇3-5个村以特色产业、特色景观、特色文化等为枢纽连接成片的区域
临沂市沂南县朱家林田园综合体建设项目	山东省	按照田园综合体建设的乡村旅游项目，按照"创新、三美、共享"的发展理念，遵循"保护生态、培植产业、因势利导、共建共享"的原则，以农民专业合作社、农业创客为主体，致力建设"创意农业＋休闲旅游＋田园社区"的田园综合体
襄汾县田园综合体建设试点	山西襄汾县	规划在汾河以东，北起襄汾县与尧都区交界、南至县城建成区，以燕村荷花园为核心，涉及2个乡镇9个村，面积1万余亩的区域开展试点工作，全力打造具有襄汾特色的近郊创意休闲农业田园综合体
迁西花乡果巷田园综合体	河北迁西县	依托燕山独特的山区自然风光，以"山水田园，花乡果巷，诗画乡居"为规划定位，以生态为依托、以旅游为引擎、以文化为支撑、以富民为根本、以创新为理念、以市场为导向，致力打造特色鲜明、宜居宜业、惠及各方的国家级田园综合体，建设生态优良的山水田园，百花争艳的多彩花园，硕果飘香的百年果园，欢乐畅享的醉美游园，群众安居乐业的祥福家园
福建省农业综合开发田园综合体	福建武夷山市	武夷山市五夫镇在福建省7个参与的市县中脱颖而出，成为首个国家级示范点，目标是围绕农业增效、农民增收、农村增绿，支持有条件的乡村加强基础设施、产业支撑、公共服务、环境风貌建设，实现农村生产生活生态"三生同步"、一二三产业"三产融合"、农业文化旅游"三位一体"，建成集循环农业、创意农业、农事体验于一体的田园综合体
浏阳田园综合体建设和衡山萱洲田园综合体建设两项试点	湖南浏阳市	在"两项试点"申报评审工作中，湖南突出以农为本，抓住农民合作关键点，坚持政府引导、规划引领、市场运行，择优筛选标准高且具有一定规模的项目，确保了试点的典型性与代表性
田园鲁家	浙江安吉县	以鲁家村为核心，辐射、带动周边南北庄、义士塔、赤芝 3 个行政村，构筑"1+3"格局，规划范围总计 55.78 平方公里，核心功能板块划分为"一廊三区"，最终形成"一带为核、一环贯通、三点辐射、四村共赢"的局面

4. 田园综合体相关政策解读

自 2017 年田园综合体被中央一号文件正式提出以来，国家针对田园综合体建设的政策步伐有所加快，分别在 2017 年 5 月和 6 月出台了相关试点政策，具体政策情况如下：

◆ 2017 年 2 月，"田园综合体"作为乡村新型产业发展的亮点措施被写进中央一号文件，支持有条件的乡村建设以农民合作社为主要载体，让农民充分参与和受益，集循环农业、创意农业、农事体验于一体的田园综合体，通过农业综合开发、农村综合改革转移支付等渠道开展试点示范。

◆ 2017 年 5 月 24 日，财政部下发《关于田园综合体建设试点工作通知》，明确重点建设内容、立项条件及扶持政策，确定河北、山西、内蒙古、江苏、浙江、福建、江西、山东、河南、湖南、广东、广西、海南、重庆、四川、云南、陕西、甘肃 18 个省份开展田园综合体建设试点，深入推进农业供给侧结构性改革，适应农村发展阶段性需要，遵循农村发展规律和市场经济规律，围绕农业增效、农民增收、农村增绿，支持有条件的乡村加强基础设施、产业支撑、公共服务、环境风貌建设，实现农村生产生活生态"三生同步"、一二三产业"三产融合"、农业文化旅游"三位一体"，积极探索推进农村经济社会全面发展的新模式、新业态、新路径。

◆ 2017 年 6 月 5 日，财政部印发关于《开展农村综合性改革试点试验实施方案》的通知，通过综合集成政策措施，尤其是多年中央 1 号文件出台的各项改革政策，多策并举，集中施策，推进乡村联动，政策下沉到村，检视验证涉农政策在农村的成效。切实尊重基层干部群众主体地位、首创精神，积极发挥农村综合改革在统筹协调、体制创新、资源整合方面的优势，扎实推进农业供给侧结构性改革，有效释放改革政策的综合效应，为进一步全面深化农村改革探索路径积累经验。

◆ 2017 年 6 月 26 日，国家农业综合开发办公室发布《关于做好 2018 年农业综合开发产业化发展项目申报工作的通知》（国农办 [2017]21 号），文件提出，坚持实施农业综合开发扶持农业优势特色产业规划，加快培育新型农业经营主体，着力打造农业优势特色产业集群，积极发展适度规模经营，推动农村第一、二、三产业融合发展，为优化产品产业结构、推进农业提质增效、促进农民持续增收发挥重要作用。要立足本地实际，把扶持农业优势特色产业发展同农业综合开发高标准农田建设特别是高标准农田建设模式创新试点、田园综合体建设试点、特色农产品优势区和农业产业园建设等有机结合起来，形成推动现代农业产业发展的合力。要补齐农业产业链条短板，促进全产业链和价值链建设，提升财政支农效能。

◆ 2017 年 10 月，党的十九大提出实施乡村振兴战略。农业农村农民问题是关系国计民生的根本性问题，必须始终把解决好"三农"问题作为全党工作重中之重。要坚持农业农村优先发展，按照产业兴旺、生态宜居、乡风文明、治理有效、生活富裕的总要求，建立健全城乡融合发展体制机制和政策体系，加快推进农业农村现代化。未来几年，田园综合体、特色小镇将和龙头企业、特色种养产业一样，成为乡村崛起重要的业态支撑，为乡村振兴助力。

◆ 2017 年 12 月，自然资源部发布《国家发展改革委关于深入推进农业供给侧结构性改革做好农村产业融合发展用地保障的通知》（国土资规〔2017〕12 号）。通知提出，优先安排农村基础设施和公共服务用地，对利用存量建设用地进行农产品加工、农产品冷链、物流仓储、产地批发市场等项目建设或用于小微创业园、休闲农业、乡村旅游、农村电商等农村二三产业的市、县，可给予新增建设用地计划指标奖励。

◆ 2018 年 1 月，2018 田园综合体项目申报指南发布，指南确定了项目申报时间、申报条件、国家资金扶持力度等，其中申报时间为：国家级田园综合体申报时间是 6 月底前；省级田园综合体申报时间按照各省财政厅文件执行。资金扶持额度为：国家级田园综合体每年 6000 万 -8000 万，连续三年，比如河北迁西县花香果巷项目，第一批 8000 万资金已经到位；省级田园综合 3000 万 -6000 万，根据各省具体情况，比如江苏省 2017 年田园综合体建设试点资金各 3500 万元，其中：专项转移支付资金分别为 3500 万元、400 万元。

◆ 2018 年 1 月，《中共中央国务院关于实施乡村振兴战略的意见》发布，《意见》提出，紧紧围绕统筹推进"五位一体"总体布局和协调推进"四个全面"战略布局，坚持把解决好"三农"问题作为全党工作重中之重，坚持农业农村优先发展，按照产业兴旺、生态宜居、乡风文明、治理有效、生活富裕的总要求，建立健全城乡融合发展体制机制和政策体系，统筹推进新农村建设，加快推进乡村治理体系和治理能力现代化，加快推进农业农村现代化，走中国特色社会主义乡村振兴道路。《意见》提出实施乡村振兴战略的目标任务是：到 2020 年，乡村振兴取得重要进展，制度框架和政策体系基本形成；到 2035 年，乡村振兴取得决定性进展，农业农村现代化基本实现；到 2050 年，乡村全面振兴，农业强、农村美、农民富全面实现。

5. 田园综合体发展规划分析

2017 年 5 月 24 日，财政部下发了《关于田园综合体建设试点工作通知》，对未来我国田园综合体建设内容进行了规划。

《关于田园综合体建设试点工作通知》 表 4.1.5–3

建设内容	具体规划
夯实基础，完善生产体系发展条件	要按照适度超前、综合配套、集约利用的原则，集中连片开展高标准农田建设，加强田园综合体区域内"田园＋农村"基础设施建设，整合资金，完善供电、通信、污水垃圾处理、游客集散、公共服务等配套设施条件
突出特色，打造涉农产业体系发展平台	立足资源禀赋、区位环境、历史文化、产业集聚等比较优势，围绕田园资源和农业特色，做大做强传统特色优势主导产业，推动土地规模化利用和三产融合发展，大力打造农业产业集群；稳步发展创意农业，利用"旅游＋""生态＋"等模式，开发农业多功能性，推进农业产业与旅游、教育、文化、康养等产业深度融合；强化品牌和原产地地理标志管理，推进农村电商、物流服务业发展，培育形成 1-2 个区域农业知名品牌，构建支撑田园综合体发展的产业体系
创业创新，培育农业经营体系发展新动能	积极壮大新型农业经营主体实力，完善农业社会化服务体系，通过土地流转、股份合作、代耕代种、土地托管等方式促进农业适度规模经营，优化农业生产经营体系，增加农业效益。同时，强化服务和利益联结，逐步将小农户生产、生活引入现代农业农村发展轨道，带动区域内农民可支配收入持续稳定增长

续表

建设内容	具体规划
绿色发展，构建乡村生态体系屏障	牢固树立绿水青山就是金山银山的理念，优化田园景观资源配置，深度挖掘农业生态价值，统筹农业景观功能和体验功能，凸显宜居宜业新特色。积极发展循环农业，充分利用农业生态环保生产新技术，促进农业资源的节约化、农业生产剩余废弃物的减量化和资源化再利用，实施农业节水工程，加强农业环境综合整治，促进农业可持续发展
完善功能，补齐公共服务体系建设短板	要完善区域内的生产性服务体系，通过发展适应市场需求的产业和公共服务平台，聚集市场、资本、信息、人才等现代生产要素，推动城乡产业链双向延伸对接，推动农村新产业、新业态蓬勃发展。完善综合体社区公共服务设施和功能，为社区居民提供便捷高效服务
形成合力，健全优化运行体系建设	妥善处理好政府、企业和农民三者关系，确定合理的建设运营管理模式，形成健康发展的合力。政府重点负责政策引导和规划引领，营造有利于田园综合体发展的外部环境；企业、村集体组织、农民合作组织及其他市场主体要充分发挥在产业发展和实体运营中的作用；农民通过合作化、组织化等方式，实现在田园综合体发展中的收益分配、就近就业

4.1.6 中国推进田园综合体建设的意义

1. 资源优化配置，促进传统农业转型升级

以田园综合体建设为契机，整合土地、资金、科技、人才等资源，促进传统农业转型升级。

《关于田园综合体建设试点工作通知》

表 4.1.6-1

建设内容	具体规划
创新土地开发模式	田园综合体可保障增量、激活存量，解决现代农业发展的用地问题。2017年中央一号文件专门强调提出，要完善新增建设用地的保障机制，将年度新增建设用地计划指标确定一定比例，用于支持农村新产业、新业态的发展，允许将村庄整治、宅基地整理等节约的建设用地，通过入股、联营等方式，重点支持乡村休闲旅游、养老等产业和农村三产融合的发展
创新融资模式	田园综合体解决了现代农业发展、美丽乡村和社区建设中的钱从哪儿来和怎么来的问题。经济社会发展必须都要有经济目标，工商资本需要盈利，农民需要增收，财政需要税收、GDP需要提高，多主体利益诉求决定了田园综合体的建设资金来源渠道的多样性；同时又需要考虑各路资金的介入方式与占比，比如政府做撬动资金，企业做投资主体，银行给贷款融资，第三方融资担保，农民土地产权入股等，这样就形成了田园综合体开发的"资本复合体"。 田园综合体需要整合社会资本，激活市场活力，但要坚持农民合作社的主体地位，防止外来资本对农村资产的侵占
增强科技支撑	科技是现代农业生产的关键要素，同时还是品质田园生活、优美生态环境的重要保障，全面渗透、支撑田园综合体建设的方方面面。为降低资源和环境压力，秉持循环、可持续发展理念，以科技手段增强对生态循环农业的支撑，构建农居循环社区，在确保产业发展、农业增收的条件下，改善生态环境，营造良好的生态居住和观光游憩环境。 在田园综合体里面，科技要素的关键作用已经由现代农业园区生产力提升的促进剂，转变为产业融合的黏合剂，这是科技地位本质性改变的地方。传统的科技是促进生产效率提升，产品质量和效益提高，现代的科技是能够促进业态效率提升和业态融合，如物联网技术的应用，降低生产成本、提高生产效率的同时，更能促进与消费者之间的互动，有助于建立良好的信任关系。因而从这个意义上说，科技的出发点和要素作用已经发生了改变
促进区域经济主体的利益联结	通过田园综合体模式，解决几大主体之间的关系问题，包括政企银社研等不同主体。以往的农业园区只能解决其中2-3个主体之间的关系，现在通过复合体的利益共享模式结构，将关系完全捆绑融合到一起

2. 提高产业价值，促进乡村经济有序发展

田园综合体模式强调其作为一种新型产业的综合价值，包括农业生产交易、乡村旅游休闲度假、田园娱乐体验、田园生态享乐居住等复合功能。田园综合体和现代农业、旅游产业的发展是相辅相成的。农业生产是发展的基础，通过现代高新技术的引入提升农业附加值；休闲旅游产业需要与农业相融合，才能建设具有田园特色的可持续发展的休闲农业园区；休闲体验、旅游度假及相关产业的发展又依赖于农业和农副产品加工产业，从而形成以田园风貌为基底并融合了现代都市时尚元素的田园社区。

田园综合体做的是现代农业、加工体验、休闲旅游、宜居度假，并作为新型城镇化发展的一种动力，通过新型城镇化发展连带产业、人居环境发展，使文化旅游产业和城镇化得到完美的统一。

3. 统筹城乡发展，形成城乡一体化新格局

田园综合体以乡村复兴为最高目标，让城市与乡村各自都能发挥其独特禀赋，实现和谐发展。它是以田园生产、田园生活、田园景观为核心组织要素，多产业多功能有机结合的空间实体，其核心价值是满足人回归乡土的需求，让城市人流、信息流、物质流真正做到反哺乡村，促进乡村经济的发展。

我国城镇化必须同农业现代化同步发展，城市工作必须同"三农"工作一起推动，形成城乡发展一体化的新格局。中央农村工作会议指出，"一定要看到，农业还是'四化同步'的短腿，农村还是全面建成小康社会的短板。中国要强，农业必须强；中国要美，农村必须美；中国要富，农民必须富。"

"以城带乡、以工促农、形成城乡发展一体化"新格局，必须在广阔的农村地区找到新支点、新平台和新引擎。具有多元集聚功能的田园综合体恰好可以成为实现这一目标的优良载体。也就是说，田园综合体将成为实现乡村现代化和新型城镇化联动发展的一种新模式。

4. 成为农业供给侧改革的突破口

近年来，我国将农业供给侧改革作为转化"三农"发展动能的主要抓手，进行了多项改革尝试，取得了一定效果，积累了良好基础，特别是在"提质"方面，在优质农产品供给方面，取得了较大突破。下一步，如何将现有改革项目集聚、联动，形成精准发力、高起点突破的新引擎，在进一步"提质"的基础上做到"增效"，让农民充分受益，让投资者增加收益，将是"三农"领域改革面临的新挑战。

田园综合体集循环农业、创意农业、农事体验于一体，以空间创新带动产业优化、链条延伸，有助于实现一二三产深度融合，打造具有鲜明特色和竞争力的"新第六产业"，实现现有产业及载体（农庄、农场、农业园区、农业特色小镇等）的升级换代。

5. 成为乡村旅游业升级的新动能

乡村旅游独具魅力，近年来创新花样繁多，但始终未解决"产、社、人、文、悟"

诸要素在空间上的优化集聚问题。农庄、农场、农家乐等乡村旅游载体对乡村旅游要素的"综合度"还不够强，对人们期盼体验的"真实田园"营造不足，无法实现市民与田园"浸染互动"的体验层次，因此，其所激发的消费动力还处在表层。田园综合体的真实图画、乡野氛围、业态功能等，可以带给人们真实的田园体验，实现乡村旅游从"玩一把"向"住下来"、从"浅花钱"向"深消费"转变。

6. 成为高端人群的集聚地

在我国现代化发展较快的地区，作为主要潮流的城市化，和非主要潮流的逆城市化是共同存在的。特别是在沿海发达城市，逆城市化的主要群体是高端人群。可以预见，在较为发达的城市，郊区化现象将进一步扩散。而中国人传统的"田园"情结，也将吸引越来越多的人选择住在郊区、回归田园。

7. 成为农民脱贫的新模式

田园综合体集聚产业和居住功能，让农民充分参与和受益，是培育新型职业农民的新路径。各种扶贫政策和资金，可以精准对接到田园综合体这一"综合"平台，释放更多红利和效应，让农民有更多获得感、幸福感，让"三农"有可持续发展支撑，让农村真正成为"希望的田野"。

总之，田园综合体将推动农业发展方式、农民增收方式、农村生活方式、乡村治理方式的深刻变化，实现新型城镇化、城乡一体化、农业现代化更高水平的良性互动，奏响"三农"发展全面转型、乡村全面振兴的"田园交响曲"。

8. 成为乡村地产转型的助力

乡村地产经过长期的探索和创新，积累了一定能量，但也进入了"瓶颈期"，土地供应机制、开发模式、营销渠道等都面临转型。田园综合体包含新的农村社区建设模式，同时，田园综合体在土地盘活机制、建筑特色、适宜人群等方面将有一次飞跃式的变革，借助这一载体和平台，乡村地产将寻找到新的发展"蓝海"。

4.2 国内外田园综合体发展现状及建设情况

4.2.1 国外田园综合体的发展与借鉴

1. 韩国田园综合体的发展与借鉴

（1）总体特征

韩国发展休闲农业的经典形式为"周末农场"和"观光农园"；注重资源整合，海滩、山泉、小溪、瓜果、民俗都成为乡村游的主题；注重创意项目开发，深度挖掘农村的传统文化和民俗历史等并使其商品化；注重政策支持与资金扶持，注重乡村旅游严格管理。

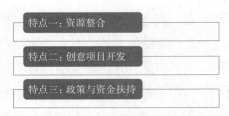

图 4.2.1-1　韩国"田园综合体"总体特征

（2）案例描述

以江原道旌善郡大酱村为例。大酱村首先抓住游客好奇心，出奇制胜地由和尚与大提琴家共同经营，利用当地原生材料，采用韩国传统手艺制作养生食品的方式制造大酱，既符合现代人的养生学，还可以让游客亲临原初生活状态下的大酱村，同时节省资本、传承民俗文化特色。

此外休闲农业的经营者还特别准备了以三千个大酱缸为背景的大提琴演奏会，绿茶冥想体验，赤脚漫步树林及美味健康的大酱拌饭，增加了游客的体验性，体现了乡村旅游的就地取材、地域特色的同时迎合了修身养性的市场需求，成功地吸引了大量客源。

（3）经验借鉴

以"奇"为突破口，和尚与大提琴家共同经营是创意的奇特之处，配合这样的理念，开展以三千个大酱缸为背景的大提琴演奏会，是实践的奇特；再者，将韩国泡菜、大酱拌饭为核心招牌突出乡土气息也是乡村旅游发展的灵魂。[1]

2. 日本田园综合体的发展与借鉴

（1）总体特征

日本政府积极倡导和扶持绿色观光产业；法律法规和财政预算齐头并进，科学制定绿色观光农业经济发展规划，同时重视民间组织的作用，并且适时对其进行财政支持。在绿色观光旅游产品开发中，日本注重环境保护和当地居民的主体性，尊重农村居民和地方特点，不过度关注经济利益；另外，日本不断拓展绿色观光农业的内涵，在观光农园、民俗农园和教育农园等方面进行创新。

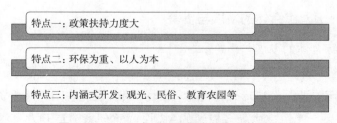

图 4.2.1-2　日本"田园综合体"总体特征

[1]　国外开发休闲农业的 7 种创意模式（附农场案例）（J）．世界热带农业信息，2016（10）．

（2）案例描述

日本绿色观光农业可以分为以下四大类型。一是农林业公园型。主要为都市近郊的农林主体公园，包括观光农业公园、林业体验和野营公园等。二是饮食文化型。即利用农林水产资源产品进行餐饮零售，提升当地土特产品的品牌化。主要有农林水产品的早市、直卖、配送和直销业务、土特产品的加工和销售以及农村的便利餐馆等。三是农村景观观赏和山野居住型，主要是在山区和半山区的村落建造住宅区和附带农园的别墅，吸引城市居民来此购房居住和观赏山景。这有利于传统农村景观的保护。四是终生学习型。主要是从二、三产业回归从事农业的城市居民，他们在农村相关设施中参加以农林水产品生产和农村环境保护为主题的农林水产业研修课程、体验农村生活和学习生态环境保护知识等。

典型代表是日本的大王山葵农场，该农场以黑泽明的电影《梦》的拍摄地点而闻名，以农场为依托，以媒体传播为宣传手段也是乡村旅游发展的方向之一。

（3）经验借鉴

日本的绿色观光农业是以农业为基础，将农业和旅游业相互结合，在充分利用自然资源改变单一农业结构的基础上，通过规划、设计与施工，把农业生产、农艺展示，农产品加工及市民参与融为一体，使城市居民充分享受农业艺术与自然情趣的一种生态旅游形式。这与中国单一重视绿色观光产品的开发，只获取经济利益的产业发展模式有着霄壤之别。绿色观光农业的发展经验对中国当下城乡统筹科学发展有着极其重要的启示。[1]

日本田园综合体经验借鉴

表 4.2.1-1

经验借鉴	具体措施
建立和完善相关政策法规和法律体系，设立常设主管机构，并辅以财政预算	发展绿色观光农业，立法先行。为了实现促进城乡结合、科学发展的目的，为城乡一体化建设提供法律保障，建议全国人大尽快制定以明确绿色观光农业职能、规范管理组织机构组织和权限、保障国家和地方对绿色农业投入为目的的单行法律和相关法规。同时，各地方政府各部也应尽早制定相关条例，形成层次分明、原则和具体措施相结合的法律法规体系
以政府主导进行绿色观光农业开发，积极发挥政府的扶持作用	政府应积极进行现实问题的调查研究，及时抓住现实中正在发生的现象的本质，进行分类指导。将绿色观光休闲作为中国城乡统筹科学发展，缩小城乡收入差距的重要举措来加以重视、引导和支持。建议设立由国务院主管领导牵头，由相关部委领导组成的常设机构，实施全国的统一管理和规划，将绿色观光农业的发展目标定位上升为国家发展战略。做到有法律、有预算、有规划，有目标，有评估
充分发挥民间组织（NPO等）的参与促进作用	在政府主导的同时，民间组织的作用不可低估，应该积极鼓励它们建言献策。在日本有关绿色观光农业发展中，民间组织在辅助政府，促进典型模式的宣传、推广和应用方面发挥着积极的作用

[1] 包书政，王志刚．日本绿色观光休闲农业的发展及其对中国的启示（J）．中国农学通报，2010（10）．

续表

经验借鉴	具体措施
深入挖掘当地农村的自然资源和文化资源，创新体验性、文化性和教育性产品	发展绿色观光农业，就是要因地制宜，突出当地特色，利用区域自然资源和传统文化等本地特点，合理探索开发绿色观光旅游产品，进行科学的绿色观光农业规划，景区建设应保留其原有的乡土和村野特色
遴选出各地绿色观光旅游示范户，积极开展全国规模的启蒙运动、推介会和广告宣传活动	这一点在日本显得尤显突出，发展初期积极挑选绿色观光示范户，并在因特网上建立网站进行及时宣传，通过全国大会积极开展可持续的农业和农村环境的教育培训
重视和尊重当地居民的合意决策程序，注重其规模效应和环境效应	在绿色观光农业开发上，日本倡导农民开展小型观光事业，所得收入全部归于自己。同时保证农民主导决策，及时进行农村环境的影响评价，以此来遏制外部资源介入导致的生态环境的恶化

3. 意大利田园综合体的发展与借鉴

（1）总体特征

意大利农业旅游区的管理者们利用乡村特有的丰富自然资源，将乡村变成具有教育、游憩、文化等多种功能的生活空间。这种"绿色农业旅游"的经营类型多种多样，使乡村成为一个"寓教于农"的"生态教育农业园"，人们不仅可以从事现代的健身运动，还可以体验农业原始耕作时采用的牛拉车，甚至还可以手持猎枪当一回猎人，或是模仿手工艺人亲手制作陶瓷等。

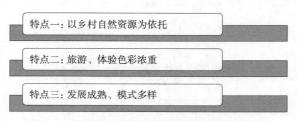

特点一：以乡村自然资源为依托

特点二：旅游、体验色彩浓重

特点三：发展成熟、模式多样

图 4.2.1-3　意大利"田园综合体"总体特征

（2）案例描述：意大利绿色农业旅游区

意大利现有 1.15 万家专门从事"绿色农业旅游"的管理企业，它们管辖的景区主要分布在中部的托斯卡纳、翁布里亚、马尔凯大区，南部的坎帕尼亚大区以及北部的威尼托、特伦蒂诺和利古里亚大区。据意大利环境联盟执委会官员鲁杰罗介绍，这些景区为不同的游客提供了类型不同的个性化服务。目前，这些景区中 70% 以上都配有运动与休闲器械，供那些喜欢健身运动的游客使用；55% 的景区为游客提供外语服务，为外国游客解决语言不通的困难；50% 以上的景区提供包括领养家庭宠物在内的多种服务项目。

（3）经验借鉴

增加休闲农业的参与性项目。欧洲国家这种休闲农业的发展本身就是由赛马、高尔夫球、钓鱼等实际参与性活动催生而形成的，可见对于休闲农业的发展参与性项目的重要性，民俗、露营、美食品尝等当地特色也是乡村旅游发展的重点之一。

重视生态农业发展。意大利人喜爱"绿色农业旅游"，这与该国政府重视环保，发展生态农业不无关系。尤其是近几年间，意大利的生态农业发展很快，生态农业耕地面积也在不断扩大。

4. 美国田园综合体的发展与借鉴

（1）总体特征

美国市民农园采用农场与社区互助的组织形式，参与市民农园的居民与农园的农民共同分担成本、风险和赢利。农园尽最大努力为市民提供安全、新鲜、高品质且低于市场零售价格的农产品，市民为农园提供固定的销售渠道，双方互利共赢，在农产品生产与消费之间架起一座连通的桥梁。

（2）案例描述：美国 Fresno 农业旅游区

美国 Fresno 农业旅游区由 Fresno city 东南部的农业生产区及休闲观光农业区构成。区内有美国重要的葡萄种植园及产业基地，以及广受都市家庭欢迎的赏花径、水果集市、薰衣草种植园等。采用"综合服务镇＋农业特色镇＋主题游线"的立体架构，综合服务镇交通区位优势突出，商业配套完善；农业特色镇打造优势农业的规模化种植平台，产旅销相互促进；重要景点类型全面，功能各有侧重。

（3）经验借鉴

采用资源导向型的片区发展模式——产业强者重在生产销售，交通优者重在综合服务，生态佳者重在度假；要做足体验性，同时把握重点人群需求——针对青少年家庭市场做足农业体验，针对会议人群做强硬件设施与配套娱乐等；另外，通过丰富的节庆活动提升品牌影响力。

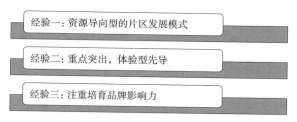

图 4.2.1-4　美国"田园综合体"经验借鉴

5. 法国田园综合体的发展与借鉴

（1）总体特征

自从法国推出"农业旅游"后，以农场经营为主的休闲农业得到较快的发展。这些农场基本上是专业化经营，其中主要有九种性质：农场客栈、点心农场、农产品农场、骑马农场、教学农场、探索农场、狩猎农场、暂住农场以及露营农场。

（2）案例描述

法国南部地中海沿岸的普罗旺斯不仅是法国国内最美丽的乡村度假胜地，更吸引来自世界各地的度假人群。普罗旺斯的特色植物——薰衣草成为普罗旺斯的代名词，其充足灿烂的阳光最适合薰衣草的成长，因此，游客不仅可以欣赏花海，还带动了一系列格式薰衣草产品的销售。除了游览，其特色美食橄榄油、葡萄酒、松露也是享誉世界。还有持续不断的旅游节庆活动，以营造浓厚的节日氛围和艺术氛围，不断吸引来自全球的度假游客。

（3）经验借鉴

首先，休闲农业旅游不仅仅是种地，也可以很浪漫，利用具有景观欣赏价值的花卉，如薰衣草、向日葵等，配合各类型节庆、婚庆活动，改变游客对农业旅游的传统看法。

其次，以营造浓厚的节日氛围和艺术氛围，不断吸引来自全球的度假游客，鲜花主题型的普罗旺斯带动了一系列产品的销售。

另外，法国休闲农业的发展也得益于多个非政府组织机构的联合。具体是指各行业协会在政府的政策指导下制定相关的行业规范和质量标准，推动以农场经营为主的休闲农业得到快速发展。[1]

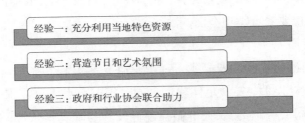

经验一：充分利用当地特色资源

经验二：营造节日和艺术氛围

经验三：政府和行业协会联合助力

图 4.2.1-5　法国"田园综合体"经验借鉴

4.2.2　中国田园综合体发展现状分析

1. 中国田园综合体发展规模分析

我国田园综合体相关政策正式落地时间为 2017 年 5 月，而田园综合体实践落地的时间却较早。2012 年，在"中国水蜜桃之乡"无锡市惠山区阳山镇的大力支持下，内地第一个田园综合体项目——无锡田园东方落地实践。田园东方综合体分三部分：农业、文旅和居住，以及内在的复合业态。

随后，国内迎来一阵"田园综合体"建设的热潮，比如鄂尔多斯市乌审旗无定河镇——新风古韵无定河聚力田园综合体、上海金山区"田园综合体"、安徽肥西县"官

[1]　柒石．国内外田园综合体经典项目（J）．中国房地产，2017（09）．

亭林海"、黑龙江富锦建"稻"梦空间等。从模式上看，上述落地实践的田园综合体大多数是以当地丰富的自然资源为基础，进而融合旅游观光等产业打造成独具地方特色的田园综合体。

2017 年 5 月 24 日，国家发布了田园综合体试点工作的政策，包括河北、山西、内蒙古、江苏等在内的 18 个省份确定为田园综合体试点所在地，政策提到，每个省份可以开展 1-2 个试点。这也意味着 2018 年中国最多有 36 个"田园综合体"诞生。

2. 中国田园综合体投资规模分析

目前，国内田园综合体建设的总规模仍没有具体的数字统计，但从一些具体的田园综合体建设投资规模的情况来看，田园综合体的投资规模较大：如成都多利农庄的投资规划总额高达 180 亿元；中国无锡田园东方的规划总投资额也在 50 亿元左右。总之，报告中所选取的主要田园综合体的平均规划投资额也高达 29.32 亿元。

主要田园综合体投资规模   表 4.2.2-1

田园综合体案例	投资
成都多利农庄	规划总投资 150 亿元
双胞胎集团肥乡生猪产业链田园综合体	规划总投资 80 亿元
中国无锡田园东方	规划总投资 50 亿元
壮乡印象田园综合体	规划总投资 30 亿元
六溪七梁田园综合体	规划总投资 30 亿元
南宁市西乡塘区"美丽南方"田园综合体	规划总投资 26 亿元
南阳市建业田园综合体	规划总投资 23 亿元
成都市都江堰市田园综合体	规划总投资 21.03 亿元
迁西县花乡果巷田园综合体	规划总投资 21.5 亿元
乌审旗田园综合体	规划总投资 16 亿元
井冈山市柏露红色体验小镇田园综合体	规划总投资 15 亿元
海口市田园综合体项目	规划总投资 14.97 亿元
夷山市五夫镇田园综合体	规划总投资 10 亿元
高安田园综合体	已累计完成投资 53 亿元
安吉县"田园鲁家"项目	规划总投资 4.5 亿元
儋州市"稻虾共育"田园综合体	规划总投资 6000 万元
禅茶小镇田园综合体	规划总投资 5000 万元
列举案例平均投资规模	29.32 亿元

3. 中国田园综合体开发区域分布

从目前已经纳入规划中的田园综合体的区域分布情况看，区域分布集中度不高，各个地区都可凭借地域特色而申请田园综合体建设的试点或者直接由政府和企业之间进行合作开发田园综合体。

4. 中国田园综合体开发模式分析

（1）田园农业旅游开发模式

以农村田园景观、农业生产活动和特色农产品为休闲吸引物，开发农业游、林果游、花卉游、渔业游、牧业游等不同特色的主题休闲活动来满足游客体验农业、回归自然的心理需求。

田园农业游以大田农业为重点，开发欣赏田园风光、观看农业生产活动、品尝和购置绿色食品、学习农业技术知识等旅游活动，以达到了解和体验农业的目的。如上海孙桥现代农业观光园，北京顺义"三高"农业观光园。

园林观光游以果林和园林为重点，开发采摘、观景、赏花、踏青、购置果品等旅游活动，让游客观看绿色景观，亲近美好自然。如四川泸州张坝桂园林。

农业科技游以现代农业科技园区为重点，开发观看园区高新农业技术和品种、温室大棚内设施农业和生态农业，使游客增长现代农业知识。如北京小汤山现代农业科技园。

务农体验游通过参加农业生产活动，与农民同吃、同住、同劳动，让游客接触实际的农业生产、农耕文化和特殊的乡土气息。如广东高要广新农业生态园。

（2）民俗风情旅游开发模式

即以农村风土人情、民俗文化为旅游吸引物，充分突出农耕文化、乡土文化和民俗文化特色，开发农耕展示、民间技艺、时令民俗、节庆活动、民间歌舞等旅游活动，增加乡村旅游的文化内涵。

农耕文化游利用农耕技艺、农耕用具、农耕节气、农产品加工活动等，开展农业文化旅游。如新疆吐鲁番坎儿井民俗园。

民俗文化游利用居住民俗、服饰民俗、饮食民俗、礼仪民俗、节令民俗、游艺民俗等，开展民俗文化游。如山东日照任家台民俗村。

乡土文化游利用民俗歌舞、民间技艺、民间戏剧、民间表演等，开展乡土文化游。如湖南怀化荆坪古文化村。

民族文化游利用民族风俗、民族习惯、民族村落、民族歌舞、民族节日、民族宗教等，开展民族文化游。如西藏拉萨娘热民俗风情园。

（3）农家乐旅游开发模式

即指农民利用自家庭院、自己生产的农产品及周围的田园风光、自然景点，以低廉的价格吸引游客前来吃、住、玩、游、娱、购等。

农业观光农家乐利用田园农业生产及农家生活等，吸引游客前来观光、休闲和体验。如四川成都龙泉驿红砂村农家乐、湖南益阳花乡农家乐。

民俗文化农家乐利用当地民俗文化，吸引游客前来观赏、娱乐、休闲。如贵州郎德上塞的民俗风情农家乐。

民居型农家乐利用当地古村落和民居住宅，吸引游客前来观光旅游。如广西阳朔特色民居农家乐。

休闲娱乐农家乐以优美的环境、齐全的设施、舒适的服务，为游客提供吃、住、玩等旅游活动。如四川成都郫县农科村农家乐。

食宿接待农家乐以舒适、卫生、安全的居住环境和可口的特色食品，吸引游客前来休闲旅游。如江西景德镇的农家旅馆、四川成都乡林酒店。

农事参与农家乐以农业生产活动和农业工艺技术，吸引游客前来休闲旅游。

（4）村落乡镇旅游开发模式

指以古村镇宅院建筑和新农村格局为旅游吸引物，开发观光旅游。其中古民居和古宅院游大多数是利用明、清两代村镇建筑来发展观光旅游。如山西王家大院和乔家大院、福建闽南土楼；

民族村寨游利用民族特色的村寨发展观光旅游，如云南瑞丽傣族自然村、红河哈尼族民俗村；古镇建筑游利用古镇房屋建筑、民居、街道、店铺、古寺庙、园林来发展观光旅游，如山西平遥、云南丽江、浙江南浔、安徽徽州镇；新村风貌游利用现代农村建筑、民居庭院、街道格局、村庄绿化、工农企业来发展观光旅游，如北京韩村河、江苏华西村、河南南街。

（5）休闲度假旅游开发模式

依托自然优美的乡野风景、舒适怡人的清新气候、独特的地热温泉、环保生态的绿色空间，结合周围的田园景观和民俗文化，兴建一些休闲、娱乐设施，为游客提供休憩、度假、娱乐、餐饮、健身等服务。

休闲度假村以山水、森林、温泉为依托，以齐全、高档的设施和优质的服务，为游客提供休闲、度假旅游。如广东梅州雁南飞茶田度假村。

休闲农庄以优越的自然环境、独特的田园景观、丰富的农业产品、优惠的餐饮和住宿，为游客提供休闲、观光旅游。如湖北武汉谦森岛庄园。

乡村酒店以餐饮、住宿为主，配合周围自然景观和人文景观，为游客提供休闲旅游。如四川郫县友爱镇农科村乡村酒店。

（6）科普教育旅游开发模式

利用农业观光园、农业科技生态园、农业产品展览馆、农业博览园或博物馆，为游客提供了解农业历史、学习农业技术、增长农业知识的旅游活动。

农业科技教育基地是在农业科研基地的基础上，利用科研设施作景点，以高新农业技术为教材，向农业工作者和中、小学生进农业技术教育，形成集农业生产、科技示范、科研教育为一体的新型科教农业园。如北京昌平区小汤山现代农业科技园、陕西杨凌全国农业科技农业观光园。

观光休闲教育农业园利用当地农业园区的资源环境，现代农业设施、农业生产过程、优质农产品等，开展农业观光、参与体验、DIY 教育活动。如广东高明蔼雯教育农庄。

少儿教育农业基地利用当地农业种植、畜牧、饲养、农耕文化、农业技术等，让中、小学生参与休闲农业活动，接受农业技术知识的教育。

农业博览园利用当地农业技术、农业生产过程、农业产品、农业文化进行展示，让游客参观。如沈阳市农业博览园、山东寿光生态农业博览园。

（7）回归自然旅游开发模式

利用农村优美的自然景观、奇异的山水、绿色森林、静荡的湖水，发展观山、赏景、登山、森林浴、滑雪、滑水等旅游活动，让游客感悟大自然、亲近大自然、回归大自然。[1]

5. 中国田园综合体经营效益分析

2016 年成都多利农庄实现销售额超过 5 亿元，预计 2017 年将超过 10 亿元，从经营效益看，多利农庄运营较好。

而对于国内大部分在建田园综合体来说，想要获取较好的经营效益首先得确立自身的盈利模式：

（1）创意休闲农业盈利

此模式的核心在于从田园综合体项目的经营上获取最大的利润。这就要求在田园综合体项目的经营上不断推陈出新，将创意休闲农业融入项目的开发上来，实现基础设施与服务水平的不断提高，满足游客休闲度假的需求，提高田园综合体项目的美誉度以及游客的满意度，完善田园综合体项目本身的经营。

（2）品牌增长盈利

在整个项目的运营过程中，研究人员认为，经营者需要依靠高质量的农业休闲旅游及地产产品来打造自身品牌，重视品牌的价值。在成功塑造品牌后，不断延长品牌的产品线，让品牌的影响不断扩大，从而实现品牌附加值的全面盈利。

（3）共享客源盈利

在项目的经营过程中，要充分发挥地区内其他旅游景点的优势，积极与周边旅游项目及景点合作，推行联票制度以及会员优惠制度，共享彼此客源，实现互惠互利，延长游客在本区域的逗留时间，创造更大的收益，这种盈利模式是整合所在区域内一切可利用的休闲旅游资源，进行连锁促销，实现资源共享，利润共享。

6. 中国田园综合体开发重点方向

区域上，拥有丰富自然景观资源的地区、城郊结合地带等可以进行田园综合体的试点建设。我国山川奇险、地形多样，尤其是一些极具旅游价值的地区可以依托自身丰富的自然资源来进行产业的开发。

---

[1] 来源于《田园综合体 7 大开发模式 29 种类型》一文

形式上，可以景带农、以产带农、综合开发相结合的模式进行田园综合体的建设。以景带农是指以优势的自然资源景观带动当地田园综合体的发展；以产带农是指以当地具有优势的农业产业带动第二、三产业的发展；综合开发主要是指在政府基础设施建设比较完善的基础上与当地农业资源、自然资源等充分融合而发展起来的田园综合体。选择什么样的开发方向要与当地资源优势进行充分结合。

4.2.3 中国田园综合体建设动态分析

1. 开展田园综合体建设试点工作的通知

2017 年 5 月 24 日，财政部发布了《关于田园综合体建设试点工作通知》，明确重点建设内容、立项条件及扶持政策，确定河北、山西、内蒙古、江苏、浙江、福建、江西、山东、河南、湖南、广东、广西、海南、重庆、四川、云南、陕西、甘肃 18 个省份开展田园综合体建设试点，深入推进农业供给侧结构性改革，适应农村发展阶段性需要，遵循农村发展规律和市场经济规律，围绕农业增效、农民增收、农村增绿，支持有条件的乡村加强基础设施、产业支撑、公共服务、环境风貌建设，实现农村生产、生活、生态"三生同步"，一、二、三产业"三产融合"，农业、文化、旅游"三位一体"，积极探索推进农村经济社会全面发展的新模式、新业态、新路径。

2. 田园综合体建设试点启动

此次试点中，将有河北、山西、内蒙古、江苏、浙江、福建、江西、山东、河南、湖南、广东、广西、海南、重庆、四川、云南、陕西、甘肃 18 个省份开展田园综合体建设。中央财政从农村综合改革转移支付资金、现代农业生产发展资金、农业综合开发补助资金中统筹安排，每个试点省份安排试点项目 1-2 个。

3. 各地建设试点工作进展分析

截至目前，各省市入选国家田园综合体试点项目情况如表 4.2.3-1。

各省市田园综合体试点进展情况　　　　　　　　　　　表 4.2.3-1

省市	试点情况
广西	截至目前，广西南宁美丽南方正式入选国家田园综合体试点，将获得 2017 年国家农业综合开发田园综合体建设试点财政补助资金 5600 万元，并于 7 月 27-28 日参加国家农发办举行的田园综合体建设试点项目政策合规性评议
河南	2017 年 7 月 17 日，河南省财政厅公布了全省田园综合体建设试点单位公示名单，公示期为 7 月 15 日至 7 月 21 日，鹤壁浚县、洛阳孟津县、永城市、汝州市、长垣县、南阳唐河县分别排第 1 至第 6 位，按照方案，6 县（市）将分别获得 2500 万元财政"红包"
山东	2017 年 7 月 5 日，山东省农业综合开发办公室发布《山东省 2017 年农业综合开发田园综合体建设试点项目的公示》。山东省农业综合开发办公室严格按照有关程序和规定，委托第三方机构组织对全省 14 个市择优选报的 14 个田园综合体建设项目进行了认真评选。拟将临沂市沂南县朱家林田园综合体建设项目选为国家试点项目，潍坊市昌邑潍水田园综合体建设项目选为省级试点项目选为省级试点项目

省市	试点情况
山西	2017年7月12日，山西省初步确定临汾市襄汾县作为省2017年国家农业综合开发田园综合体建设试点项目县上报国家立项
河北	2017年7月8日，由唐山市供销社主导开发建设的迁西花乡果巷田园综合体项目，在全河北省同类项目评选中脱颖而出，成为河北省唯一一个国家田园综合体试点项目。该项目每年将获得5000万元中央财政资金支持和2000万元省财政资金支持，资金支持连续三年
福建	2017年7月12日至13日，作为财政部确定的2017年18个田园综合体建设试点省份，福建省经现场考察、项目汇报、专家评审、集体评议，最终武夷山市五夫镇在7个参与的市县中脱颖而出，成为福建省农业综合开发田园综合体建设首个国家级示范点。漳浦县石榴镇、漳平市永福镇被确定为省级示范点
湖南	2017年8月底，湖南"两项试点"方案获财政部批复，将在浏阳市、衡山县启动田园综合体建设国家级试点，在醴陵市、宁乡市启动农村综合性改革国家级试点。同时，湖南还将在新化县、汝城县开展田园综合体建设省级试点，在长沙县开展农村综合性改革省级试点
浙江	安吉县"田园鲁家"项目入围全国首批15个国家田园综合体试点项目，浙江省仅2个

4.2.4 部分省市田园综合体发展情况分析

1. 重庆市

2017年5月，重庆市成为全国首批开展田园综合体试点建设的18个省区之一。随后，重庆市农综办和市财政局在全市21个参与申报竞争试点的区县中，遴选出忠县、南川、潼南和梁平进行试点建设。

2017年10月17日，重庆市农业综合开发田园综合体试点项目建设推进会在忠县新立镇召开。忠县、南川、潼南和梁平4个区县被纳入全市田园综合体1+3（1个国家级+3个市级）试点项目区县。其中，忠县三峡橘乡田园综合体凭借柑橘特色产业支撑、核心引领等因素，成为首批国家级试点项目之一。据悉，忠县三峡橘乡田园综合体将发挥柑橘全产业链作用，建设生产、产业、经营、生态、服务、运行等六大体系，建设"生态旅游+高科技柑橘园"的特色旅游景点。

2. 山东莱芜

近年来，莱芜市从城镇化深入发展背景下城乡资源要素流动加速、城乡互动联系逐步增强的实际出发，坚持把吸引工商资本下乡、建设田园综合体作为推进农村三次产业融合发展、增创农业农村发展新优势、加快实现农业强农民富农村美的重要载体和抓手，精心设计，统筹施策，取得明显效果。

对田园综合体的评定，莱芜市委农工办确定了三项评价指数。田园效益指数，以种植业、养殖业为主导的田园综合体亩均综合收入不低于1万元，以林果业为主导的亩均综合收入不低于8000元。田园人气指数，年实地接待游客或消费者不低于1万人次。田园魅力指数，独特经营项目不低于3个，总经营收入占到全部收入的80%以上。对符合建设条件的田园综合体的三项评价指数进行综合考核。一项评价指数达标的授予"一星级"，两项评价指数达标的授予"二星级"，三项评价指数达标的授予"三星级"。星级认定作为资金、项目、政策扶持的重要依据。2015年9月，莱芜市委农工办会同市农业局，对各区提报的田园综合体项目进行了实地查验，按照评价指数和星级管理方式标准要求，筛选确定了首批53家市级田园综合体，奖补资金335.5万元。

莱芜市共有106个村进行了村庄改造，所有改造村都实现了村庄美与村业兴、村民富的同步提升。

3. 河南洛阳

2017年7月9日，河南省第一个田园综合体项目在洛阳孟津县平乐镇凤凰山正式开园运营。该田园综合体由洛阳凤凰山集团公司投资，孟津县凤凰山田园综合体有限公司运营。

该田园综合体项目以农民合作社为主要载体，融循环农业、创意农业、观赏型农业、农事体验于一体，分区建设了牡丹苑、紫薇苑、樱花苑等观赏类苗木、花卉园区，农事体验类园区核桃苑等，并完成了休闲旅游项目"我的农庄"、农耕体验项目"我的菜园"、养殖认知项目"我的牧场"，采摘认养项目"我的果园"，以及亲子体验项目"梦想乐园"等产业配套项目。

在建设过程中，洛阳凤凰山集团公司拟定了"以旅游为先导，以产业为核心，以文化为灵魂，以体验为价值，以土地为根基"，建设集现代农业、休闲旅游、田园度假、农副产品开发和加工于一体，多纬度立体综合发展的思路。

4. 四川蒲江

2017年3月28日，四川天府瑞城投资发展有限公司与蒲江县签署战略合作协议，拟投资约40亿元在成佳镇打造首个茶文化田园综合体项目。该项目总占地面积约14000亩，总投资约40亿元。按照蒲江县建设有机农业基地和健康休闲基地发展战略，结合蒲江县成佳镇自身特色，该项目将在原有茶产业的基底上，大力挖掘旅游第三产业的经济潜力，以产业化、规模化、品牌化为方向整体开发运作，发展茶文化、生态旅游等产业。

5. 海南文昌

2017年8月7日，文昌"琼北大草原农业田园综合体"草牧基地项目开工，在文昌市罗豆农场内推进牧草种植、加工项目，并大力发展畜牧养殖产业。据了解，该项目总投资1亿元，项目一期用地3000亩，二期用地约7000亩。两期建成投产后，可养殖东山羊10万头，年加工湿牧草100万吨。该项目由海南长驰控股集团有限公司投资开发，将带动罗豆农场、铺前镇、锦山镇贫困人口脱贫，促进该地区老百姓的经济发展。同时，对文昌建设现代生态农业具有重要的引导和示范作用，将海南省农业、生态建设等方向搭建多渠道、多方向的交流平台。据了解，草牧基地项目的开工，将当地撂荒地变废为宝，不仅能让当地农民获得租金收入，而且能获得劳务性收入。

6. 广东惠州

近年来，惠州市大力发展休闲农业、乡村旅游，并逐渐向产业化迈进，很多项目已具备发展成为田园综合体的基础。例如，依托省级新农村示范片建设，博罗县罗浮山周边的村庄主打乡村旅游品牌，"七星耀罗浮"已经成为博罗旅游品牌。惠城区生态休闲旅游也开展得如火如荼，惠州市现代农业观光乐园、源茵生态农业示范园等正在加紧建设和完善。

根据 2016 年出台的《惠州市农业农村经济发展"十三五"规划》，预计到 2020 年，惠州市的全国休闲农业与乡村旅游示范县发展到 2 个，全国休闲农业与旅游示范点 3 个，省级休闲农业与旅游示范镇 8 个，省级休闲农业与旅游示范点 15 个。《规划》提出，以历史风貌建筑、乡土文化、生态建设为依托，积极拓展农业功能，大力开发特色旅游项目和旅游产品；突出地方特色，建立主题型、观光型、生态型现代农业。例如，建立以航天育种技术为主的博罗县湖镇高科技型休闲农业；以荔枝为主的惠阳区镇隆特色产业型休闲观光农业；以马铃薯为主的惠东稔平半岛特色产业型休闲观光农业和惠城区汝湖、马安，惠阳区平潭、良井、永湖等城郊型休闲观光农业。

《规划》强调，开发休闲农业，要按照综合利用（健身、教育、休憩、商务）、多目标经营（观光、采摘、购物、饮食、住宿等）和规模化（面积较大、集中连片）发展原则。惠州市还将鼓励民间资本、工商资本以及外资，通过参股、合作、租赁等各种形式，投资建设农庄、公园、游乐场所等休闲农业项目。据不完全统计，截至 2016 年，惠州市从事乡村旅游的大大小小农家乐和农场有 2 万多家。

7. 黑龙江富锦

享有"黑土绿谷、北国粮都"美誉的富锦市，区域耕地 920 万亩，市属耕地 570 万亩，农民人均耕地 20 亩，是全国平均水平的 10 倍。这里土地集中连片，坡降度为万分之一，适合机械化作业。是中国大豆之乡、中国东北大米之乡、中国水稻第一县、国家现代农业示范区、国家绿色农业示范区、国家粮食（水稻）生产功能区，连续 12 次获得"全国粮食生产先进县（市）"，2016 年粮食总产达到 47 亿斤，位居全省第一，商品率 90% 以上。

2017 年，富锦市依据市场需求和国内旅游发展趋势，结合富锦地理、生态优势，依托现代农业万亩展示区和金玛农业集团，打造农业 + 旅游发展模式，于 4 月 21 日开工建设集循环农业、创意农业、农事体验于一体的"稻海田园综合体"（万亩水稻公园），总投入 3900 万元。倾力打造融农业展示、休闲观光、亲子教育、科普拓展等功能为一身的旅游项目。通过产业的相互渗透和融合，把休闲农业、养生度假、文化艺术、农业技术、农副产品、农耕活动等有机结合起来，拓展现代农业原有的研发、生产、加工、销售产业链，使传统的功能单一的农业加工及加工食用的农产品成为现代休闲产品的载体，发挥产业价值的乘数效应，形成绿色食品、绿色产业的集聚融合。

8.四川都江堰

2017年7月，全国首批15个国家田园综合体试点项目公布，都江堰市天府源田园综合体成功入围，成为四川省首个试点项目，项目从2017年至2020年分三个年度实施，计划总投资210285万元。其中：中央财政农发资金15000万元；省级财政农发资金6000万元；成都市级财政农发资金3000万元；都江堰市级财政农发资金6000万元；整合其他财政资金33997万元；吸引金融和社会资本146288万元。

项目将按照"坚持以农为本、共同发展、市场主导、循序渐进"的原则，在胥家镇和天马镇的13个村（社），围绕"四园、三区、一中心"。"四园"即红心猕猴桃出口示范园、优质粮油（渔）综合种养示范园、绿色蔬菜示范园、多彩玫瑰双创示范园；"三区"即灌区农耕文化体验区、农产品加工物流区、川西林盘康养区；"一中心"即综合服务中心功能布局，将田园综合体建设成美丽乡村展示区、都市现代农业示范区、农业农村改革先行区和绿色农业典范区。

4.3　中国田园综合体模式探索及实施战略分析

4.3.1　田园综合体的建设原则

1.农业+文旅+地产的综合发展模式

（1）"农业+"建设原则

农业要做三件事："现代农业生产型产业园"＋"休闲农业"＋"CSA（社区支持农业）"。

（2）"文旅+"建设原则

文旅产业要打造符合"自然生态型的旅游产品"＋"度假产品"的组合，组合中需要考虑功能配搭、规模配搭、空间配搭，此外还要加上丰富的文化生活内容，以多样的业态规划形成旅游度假目的地。

（3）"地产+"建设原则

地产及社区建设，无论改建还是新建，都需要按照村落肌理打造，也就是说，即使是开发，那也是开发一个"本来"的村子，并且更重要的是要附着管理和服务，营造新社区。

2.把握田园综合体的五大建设理念

（1）"为农"理念，坚持姓农为农

坚持姓农为农，广泛受益。建设田园综合体要以保护耕地为前提，提升农业综合生产能力，在保障粮食安全的基础上，发展现代农业，促进产业融合，提高农业综合效益和竞争力。要使农民全程参与田园综合体建设过程，强化涉农企业、合作社和农

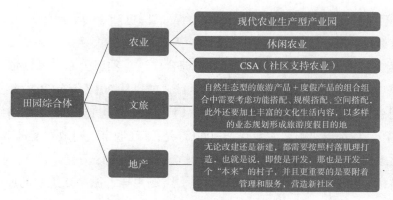

图 4.3.1-1　田园综合体的建设原则

民之间的紧密型利益联结机制，带动农民从三产融合和三生统筹中广泛受益。

（2）"融合"理念，坚持三产融合

田园综合体体现的是各种资源要素的融合，核心是一二三产业的融合。一个完善的田园综合体应是一个包含了农、林、牧、渔、加工、制造、餐饮、仓储、金融、旅游、康养等各行业的三产融合体和城乡复合体。要通过一二三产业的深度融合，带动田园综合体资源聚合、功能整合和要素融合，使得城与乡、农与工、生产生活生态、传统与现代在田园综合体中相得益彰。

（3）"生态"理念，坚持生产、生活、生态统筹

生态是田园综合体的根本立足点。要把生态的理念贯穿到田园综合体的内涵和外延之中，要保持农村田园生态风光，保护好青山绿水，留住乡愁，实现生态可持续。要建设循环农业模式，在生产生活层面都要构建起一个完整的生态循环链条，使田园综合体成为一个按照自然规律运行的绿色发展模式。将生态绿色理念牢牢根植在田园综合体之中，始终保持生产、生活、生态统筹发展，成为宜居宜业的生态家园。

（4）"创新"理念，坚持特色创意

田园综合体是一种建立在各地实践探索基础之上的新生事物，没有统一的建设模式，也没有一个固定的规划设计，要坚持因地制宜、突出特色，注重保护和发扬原汁原味的特色，而非移植复制和同质化竞争。要立足当地实际，在政策扶持、资金投入、土地保障、管理机制上探索创新举措，鼓励创意农业、特色农业，积极发展新业态新模式，激发田园综合体建设活力。

（5）"持续"理念，坚持可持续发展

田园综合体不是人工打造的盆景，而是具有多种功能、具有强大生命力的农业发展综合体，要围绕推进农业供给侧结构性改革，以市场需求为导向，集聚要素资源，激发内生动力，更好地满足城乡居民需要，健全运行体系，激发发展活力，在建设主

体各有侧重、各取所需的基础上，为农业、农村、农民探索出一套可推广、可复制、可持续的全新生产生活方式。[1]

4.3.2 田园综合体的体系构建

1. 田园综合体产业集群概况

田园综合体的主题定位与功能开发对产业链扩展也有特定的要求与限定。在产业规模、技术水平、公共服务平台、科研力量和品牌积累等方面具有一定比较优势的基础上，借鉴国际产业集群演化与整合趋势，对照农业价值链演化规律，依据产业补链、伸链、优链的需要，形成综合产业链。可以形成包括核心产业、支持产业、配套产业、衍生产业四个层次的产业群（图4.3.2-1）

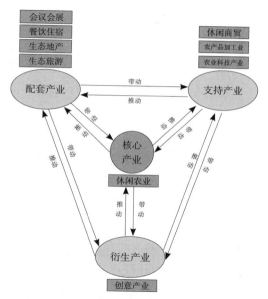

图 4.3.2-1　田园综合体的产业体系构建

2. 田园综合体的核心产业构建

（1）核心产业构建内容

核心产业是指以特色农产品和园区为载体的农业生产和农业休闲活动。

（2）核心产业构建要点

核心产业是田园综合体建设的基础所在，是田园综合体其他所有相关产业能够起步的前提。因此，在构建田园综合体的核心产业时应以当地资源为依托并在此基础上开发出适合市场趋势的、具有可持续发展前景的以及符合环境发展形势的产业。

[1] 资料来源：广西壮族自治区财政厅办公室《广西财政坚持五大发展理念打造全区首个田园综合体》

（3）典型案例打造核心产业的特征与经验

以田园东方为例，在构建核心产业时，田园东方以农业板块的构建为项目建设的首期。田园东方规划出四园（水蜜桃生产示范园、果品设施栽培示范园、有机农场示范园、蔬果水产种养示范园）、四区（休闲农业观光示范区、果品加工物流园区、苗木育苗区、现代农业展示区）、两中心（综合管理服务中心、资源再生中心）。规划初衷是提高农业生产的多样性，完善产业链，将传统农业导向生态、现代农业，为当地农业的转型提供切实的服务和帮助。在项目实际落地上，田园东方已经建好的一期项目中，90%的土地用于农业板块，主打产品水蜜桃产量占整个阳山镇的20%。

（4）核心产业构建趋势

目前来看，核心产业构建中更多会从生态农业、循环农业等角度出发围绕农业生态产业链进行构建。

3.田园综合体的支持产业构建

（1）支持产业构建内容

支持产业是指直接支持休闲农产品的研发、加工、推介和促销的企业群及金融、媒体等企业。

（2）支持产业构建要点

从支持产业的内容来看，支持产业更多的是企业主体的集合。企业主体包括第二产业和第三产业企业主体的融合与互助：第二产业企业主体负责农产品的研发、生产与加工制造；第三产业企业主体负责商品的推介服务以及为农产品的研发、投产等提供金融支持。综合来看，支持产业的构建需要从农产品开发到销售等环节进行产业链式布局构建，吸引那些具有农产品深加工实力以及市场主导力的企业加入，从而也更容易为农产品的市场推介找到合适的金融支持和媒体宣传。

（3）典型案例打造支持产业的特征与经验

以浙江衢州柯城区"一山一溪一带"田园综合体为例。该项目围绕"一山一溪一带"（禅修静逸白云山、"最美溪流"石梁溪、现代田园示范带）沿溪依次布局现代农业项目：柑橘出口加工园区、田园综合体服务区、柑橘森林公园、中澳柑橘风情园、农法自然现代农业示范园、赛石田园，总投资约9亿元。建立柑橘产业引导基金，撬动金融和社会资本投向田园综合体产业建设。采取村集体组织、农民合作组织、家庭农场、龙头企业等共同参与建设，实行土地入股，利益共享，盘活存量资源、调动各方积极性，激发田园综合体建设和运行的内生动力。

（4）支持产业构建趋势

目前来看，田园综合体支持产业构建的核心依然是生态产业链。如上述柯城区"一山一溪一带"田园综合体就是围绕该项目具有特色的柑橘产业布局下游支持产业如柑橘出口加工等。未来这一布局形式也将成为田园综合体支持产业构建的趋势。

4. 田园综合体的配套产业构建

（1）配套产业构建内容

配套产业则是为创意农业提供良好的环境和氛围的企业群，如旅游、餐饮、酒吧、娱乐、培训等等。

（2）配套产业构建要点

从配套产业的类别看，既有娱乐产业也有餐饮服务产业等。因此在构建配套产业时可以有所不同，如旅游产业的配套方面可以在田园综合体内部培养一批相关旅游企业；而在餐饮服务的配套方面可选择引入知名餐饮企业以便提升园区的形象与影响力。

（3）典型案例打造配套产业的特征与经验

以上海金山区"田园综合体"为例，围绕着"渔"而展开的运营是金山区"田园综合体"的特色。在餐饮方面，金山嘴渔村里最早开出的天桥饭店，如今已是天天排队吃海鲜的局面，而另一家永乐大酒店，2016年接待人数也超过了15万人次；文旅方面，到2016年底，金山嘴渔村累计接待游客达320万人次；民俗方面，目前，全村已有100多户村民的农宅租了出去，被用来开民宿、饭店、咖啡店等，租金已比前两年翻了一番不止。整个渔村的特色民宿出现了12个品牌，客房数达到了120间，每到节假日必须提前预订才能入住。

（4）配套产业构建趋势

文旅配套是标配。文旅是田园综合体建设的基本内容之一，因此在配套产业的构建上，建设主体需要考虑田园综合体建设的基础，各个独具特色的田园综合体在文旅配套上具有较为明显的差异，但也有共同点，即一般都需要餐饮、娱乐、教育培训以及民宿等产业配套。综合来看，因地制宜的产业配套是未来田园综合体配套产业构建的大趋势。

5. 田园综合体的衍生产业构建

（1）衍生产业构建内容

衍生产业是以特色农产品和文化创意成果为要素投入的其他企业群。

（2）衍生产业构建要点

衍生产业的构建必须建立在田园综合体的产出之上，比如具有农业生产特色的产业配套则需要引入具有农产品加工或者以农产品为再投入要素的生产企业，以旅游资源为基础而发展起来的田园综合体则需要配套那些以文旅资源要素进行投入的企业群体。

（3）典型案例打造衍生产业的特征与经验

以黑龙江富锦市"稻"梦空间为例。"稻"梦空间在衍生产业的打造上别具一格，更多的依托农业资源，如在位于富锦长安镇永胜村的万亩高标准水稻示范基地，"大地块"有4万亩，核心区有1850亩，景观区有819亩。景区中心建一座观光塔，12座观光亭，20个观光平台，其中玻璃平台延展到稻田里，让游人有站在稻田里的感觉。在观光塔四周，利用6种不同颜色的水稻苗种出"中国梦""美丽乡村""祖国大粮仓""海稻船"等4幅巨型彩色稻田画。此外，还将打造稻田水世界、稻草人王国、黑土泥塘、植物迷宫、热气球等景观。

（4）衍生产业构建趋势

如上所述，衍生产业的构建需要考虑田园综合体的建设基础。从目前我国大多数田园综合体建设经验来看，以文旅为方向的衍生产业配套占据着较大的比重。可见，目前衍生产业的配套思路仍有待进一步拓展。

4.3.3 田园综合体的建设内容

1. 文化景观区

（1）文化景观区主要功能

文化景观区是以农村文明为背景，以农村田园景观、现代农业设施、农业生产活动和优质特色农产品为基础，开发特色主题观光区域，以田园风光和生态宜居为特色，增强综合体的吸引力。

（2）文化景观区建设要点

在文化景观区的建设上既要追求特色又不能舍本逐末。具体来看，特色性是指文化景观区的建设要有自身特色，不然无法吸引游客；但又不能离开田园综合体建设的基础而只搞特色忽视基础，如以农业生产为基础的田园综合体要在农业生产的基础上构建独具特色的文化景观区。

（3）典型案例打造文化景观区的特征与经验

以黑龙江富锦市"稻"梦空间为例。富锦利用大地块周边附近的森林公园和湿地公园，在附近村屯重点打造了湿地共邻洪州村、低碳养生工农新村、满族风情六合村、朝阳民俗文化村、赫哲故里噶尔当村以及农家美食村等6个农家乐，依托"田园综合体"发展吃、住、行、游、购、娱全域旅游。

（4）文化景观区建设趋势

随着消费者旅游消费需求能力的提升以及在旅游消费中对特色景观需求的提升，只有那些独具特色的文化旅游景观才能抓住消费者的眼球并使之为此买单。因此，具有特色的文化景观区建设将是田园综合体建设的趋势。

2. 休闲聚集区

（1）休闲聚集区主要功能

休闲聚集区是为满足城乡居民各种休闲需求而设置的综合休闲产品体系，包括游览、赏景、登山、玩水等休闲活动和体验项目等，使城乡居民能够深入农村特色的生活空间，体验乡村田园活动，享受休闲体验乐趣。

（2）休闲聚集区建设要点

从休闲聚集区的功能来看，建设休闲聚集区应考虑综合性、休闲性以及体验性三个方面。

（3）典型案例打造休闲聚集区的特征与经验

以安徽肥西县"官亭林海"为例。农村人向往都市，都市人又想回归田园，然而城市居民和农民很难互融，尽管都有迫切的互动需要，但是却没有很成功的模式可以一揽子解决好这些问题。在官亭林海的周边，肥西县正在对农村进行改造，以官亭林海为中心，逐步向外围拓展。改造的思路是让城市和乡村实现文明融合。

（4）休闲聚集区建设趋势

城乡结合将成为田园综合体建设的趋势之一。田园综合体的最终消费者一般为城市居民。为了让消费者有更好的体验，田园综合体在建设中应注意农村生态的原始性、农村风貌的独特性，还可在保持农村风貌的前提下提供综合休闲娱乐的服务，如登山、玩水、游泳、垂钓等。

3. 农业生产区

（1）农业生产区主要功能

主要是从事种植养殖等农业生产活动和农产品加工制造、储藏保鲜、市场流通的区域，是确立综合体根本定位，为综合体发展和运行提供产业支撑和发展动力的核心区域。

（2）农业生产区建设要点

农业生产区的建设要注重基础设施的建设，基础设施是否完善对农业生产的效率有很大影响；同时，还要考虑农业生产产业链的建设，产业链是否健全对农产品从源头到进入市场的周期有较大影响；最后，农业生产区的建设要因地制宜，不同地区农产品生产周期不同、市场基础不同以及消费者消费观念以及消费能力不同等都会使农业生产区的建设有着较大的差异。

（3）典型案例打造农业生产区的特征与经验

以黑龙江富锦市"稻"梦空间为例。富锦在田园综合体的建设中始终坚持以农业生产为基础，富锦万亩地块共 4 万亩连片水稻，富锦东北水田现代农机合作社 2017 年流转了其中的 1 万亩水稻，合作社农户种植水稻都是订单种植，每公斤水稻收购价格较之市面价格高 0.54 元。合作社有 38 栋育秧大棚，其中 8 栋种植蘑菇、木耳，其他大棚种植瓜果蔬菜供游人采摘。

（4）农业生产区建设趋势

目前来看，国内已建成或正在建设的田园综合体在农业生产区建设中更多的从农业生产链方面进行布局，生产链条的完善也就意味着田园综合体的农业生产能够较快进入市场从而实现盈利。未来农业生产区产业链建设将被更多的田园综合体实践。

4.生活居住区

（1）生活居住区主要功能

生活居住区在农村原有居住区基础之上，在产业、生态、休闲和旅游等要素带动引领下，构建起以农业为基础、以休闲为支撑的综合聚集平台，形成当地农民社区化居住生活、产业工人聚集居住生活、外来休闲旅游居住生活等3类人口相对集中的居住生活区域。

（2）生活居住区建设要点

生活居住区的建设要具有集聚化、便利性以及差异性特点。集聚化主要是因为田园综合体虽不是"寸土寸金"，但在土地利用上具有较强的限制性；便利性主要是为了满足农业生产以及工业生产需要；差异化主要为了体现出民居与旅居的不同，给消费者提供不一样的消费体验。

（3）典型案例打造生活居住区的特征与经验

以江苏无锡阳山田园东方项目为例。田园东方不断创新社区居住方式，田园社区属于居住的一部分，服务于原住民和新移民，以及旅居的客群，最终形成新的社区和新的小镇。社区分两类，一是结合宅改、土改的政策和试点，用集体建设用地的方式进行开发，一类是利用国有建设用地为基础的开发，这两种社区混合进行。

5.综合服务区

（1）综合服务区主要功能

综合服务区指为综合体各项功能和组织运行提供服务和保障的功能区域，包括服务农业生产领域的金融、技术、物流、电商等，也包括服务居民生活领域的医疗、教育、商业、康养、培训等内容。

（2）综合服务区建设要点

从综合服务区的功能来看，综合服务区要具有服务和保障的功能，因此在建设中不仅需要基础设施的完善还需要考虑服务的全面性，如物流、电商、教育、医疗等。完善的基础设施是全面的服务发挥完全作用的基础。

（3）典型案例打造综合服务区的特征与经验

以台湾清境农场——"小瑞士"为例。清境农场是台湾休闲农业的经典项目之一，创建于1961年，位于台湾南投县仁爱乡，临近合欢山，面积700公顷，海拔1748米，有"雾上桃源"的美名，是台湾最优质的高山度假胜地。清境乡村农场利用优质的草场和山地景观资源，打造特色农场和风情民宿，吸引游客远离城市，体验独特的山地田园风光。

旅游度假

文化植入	农牧体验
主题花园	休闲娱乐
特色民宿	综合服务

相继建立大量特色民宿和其他复合业态，逐渐成为知名的度假胜地

图 4.3.3-1　台湾清境农场——"小瑞士"综合服务区建设规划

4.3.4　田园综合体的发展战略

1. 市场分析

市场分析是对市场规模、位置、性质、特点、市场容量及吸引范围等调查资料所进行的经济分析。主要目的是研究商品的潜在销售量，开拓潜在市场，安排好商品地区之间的合理分配，以及企业经营商品的地区市场占有率。

在田园综合体的建设中更应将市场分析作为建设的重中之重，因为盲目的市场跟风只会让田园综合体的建设呈现出铺摊子、同质化等现象，无法实现真正的独具特色的田园综合体。

2. 市场定位

市场定位是企业及产品确定在目标市场上所处的位置。市场定位是由美国营销学家艾·里斯和杰克特劳特在 1972 年提出的，其含义是指企业根据竞争者现有产品在市场上所处的位置，针对顾客对该类产品某些特征或属性的重视程度，为本企业产品塑造与众不同的、给人印象鲜明的形象，并将这种形象生动地传递给顾客，从而使该产品在市场上确定适当的位置。

田园综合体的市场定位可在进行过市场分析之后，结合田园综合体建设的基础来进行，明确田园综合体的市场受众及其对所要推出的产品或服务的认知。

3. 规划目标

在确定了市场定位后，田园综合体可以进行初期目标规划，并可根据初期目标规划实际完成度来进行后期目标规划。规划目标包括农产品或者服务提供的量的目标、服务人群的目标以及经营效益目标等。

4. 总体定位

在建设定位上，要确保田园综合体"姓农为农"的根本宗旨不动摇。田园综合体的建设目标是为当地居民建设宜居宜业的生产、生活、生态空间，其核心是"为农"，特色是"田园"，关键在"综合"。要将农民充分参与和受益作为根本原则，充分发挥好农民合作社等新型农业经营主体的作用，提升农民生产生活的组织化、社会化程度，紧密参与田园综合体建设并全面受益。在这一方面，要切实保护好农民的几项权益：一是保护农民就业创业权益；二是保护产业发展收益权益；三是保护乡村文化遗产权益；四是保护农村生态环境权益。尤其要强调的是，田园综合体要展现农民生活、农村风情和农业特色，核心产业是农业，决不能将综合体建设搞成变相的房地产开发，也不是大兴土木、改头换面的旅游度假区和私人庄园会所，确保田园综合体建设定位不走偏走歪，不发生方向性错误。

5. 形象定位

形象是田园综合体的名片，对田园综合体的后期市场推介有着重要的影响。因此，田园综合体在进行形象定位时应综合考虑建设基础、服务人群以及建设的意义等方面。

4.3.5　田园综合体的产业延伸与互动

将各产业进行融合、渗透，拓展田园综合体的产业链，形成以市场为导向，以农村的生产、生活、生态为资源，将农产品与文化、休闲度假、艺术创意相结合，以提升现代农业的价值与产值，创造出优质农产品，拓展农村消费市场和旅游市场。休闲农业具有高文化品位、高科技性、高附加值、高融合性，是现代农业发展的重点，是现代农业发展演变的新趋势。

通过各个产业的相互渗透融合，把休闲娱乐、养生度假、文化艺术、农业技术、农副产品、农耕活动等有机结合起来，能够拓展现代农业原有的研发、生产、加工、销售产业链。在休闲农业产业体系中，一二三产业互融互动，传统产业和现代产业有效嫁接，文化与科技紧密融合，传统的功能单一的农业及加工食用的农产品成为现代休闲产品的载体，发挥着引领新型消费潮流的多种功能，开辟了新市场，拓展了新的价值空间，产业价值的乘数效应十分显著。

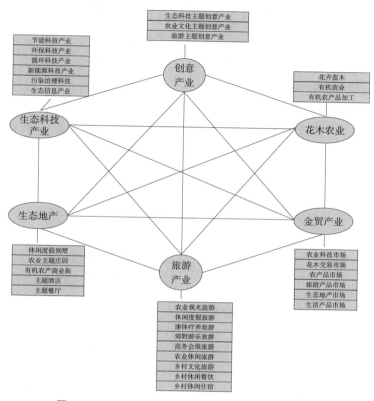

图 4.3.5–1 田园综合体产业延伸与互动模式设计

4.3.6 田园综合体建设中的土地问题

1. 可用作建设的土地

田园综合体建设用地包括土地流转、农村集体经营性建设用地和农民宅基地。

2. 土地的使用限制分析

（1）不得占用基本农田

基本农田俗称"吃饭田""保命田"，其重要程度不言而喻。对于基本农田有"五不准"：不准占用基本农田进行植树造林、发展林果业和搞林粮间作以及超标准建设农田林网；不准以农业结构调整为名，在基本农田内挖塘养鱼、建设用于畜禽养殖的建筑物等严重破坏耕作层的生产经营活动；不准违法占用基本农田进行绿色通道和城市绿化隔离带建设；不准以退耕还林为名违反土地利用总体规划，将基本农田纳入退耕范围；不准非农建设项目占用基本农田（法律规定的国家重点建设项目除外）。因此在进行休闲农业开发中必须弄清楚其是否占有基本农田。

（2）不得超越土地利用规划

各地区国土资源部门都会制定土地利用总体规划，规划会规定土地用途，明确土地使用条件，土地所有者和使用者必须严格按照规划确定的用途和条件使用土地；此外还会确定土地利用年度计划，对年度内新增建设用地量，土地开发整理补充耕地量和耕地保有量等作出具体安排。该怎么做：休闲农业开发必须要明确当地土地规划中其园区所占土地的用途，符合规划使用条件的要积极争取土地建设使用指标，以满足休闲农业园区对建设用地的要求。

（3）严禁随意扩大设施农用地范围

以农业为依托的休闲观光等用地须按建设用地进行管理。以农业为依托的休闲观光度假场所、各类庄园、酒庄、农家乐，以及各类农业园区中涉及建设永久性餐饮、住宿、会议、大型停车场、工厂化农产品加工、展销等用地，必须依法依规按建设用地进行管理，而非按农用地管理。

3. 获取建设用地的建议

（1）土地出租

农民将其承包土地经营权出租给大户、业主或企业法人等承租方，出租的期限和租金支付方式由双方自行约定，承租方获得一定期限的土地经营权，出租方按年度以实物或货币的形式获得土地经营权租金。其中，有大户承租型、公司租赁型、反租倒包型等。租赁方式：国有土地租赁、土地使用权出租。

（2）土地入股

土地入股，是指土地权利人将土地使用权和投资者的投资共同组成一个公司或经济实体。初级农业生产合作社处理社员私有土地的办法：对社员入社的土地，根据其常年产量评定为若干股，作为交纳股份基金和取得土地分红的依据。

（3）农村集体经营性建设用地

农村集体经营性建设用地：是指存量农村集体建设用地中，土地利用总体规划和城乡规划确定为工矿仓储、商服等经营性用途的存量农村集体建设土地。

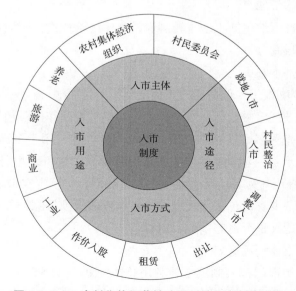

图 4.3.6-1　农村集体经营性建设用地入市制度图示

（4）农民宅基地

宅基地的取得目前仅在33个试点区有制度安排，不同试点区给出不同的试点方案。

4.3.7 关于田园综合体建设建议

1. 强化产业基础

农业产业是田园综合体的基础。田园综合体建设作为一项复杂工程，科学推进其建设，需要全方位打好"组合拳"，而重中之重的一拳就是要在强化农业产业支撑上下功夫。正确处理好农业产业和田园综合体的关系，通过农业生产将产业、生态、文化进行深度融合，做到产业优势明显，满足资源节约型、环境友好型和生态保护型农业发展要求。强调产业效益突出，辐射能力强，带动当地农民就业增收。另外，农业产业有利于田园综合体整合国家涉农财政资金和政策，农民专业合作社在这方面大有可为。

2. 抓好规划设计

田园综合体的本质就在于"综合"，建设田园综合体要在"综合"上做足文章，不仅要标新立异，更要坚持和突出当地的历史文化特色，防止千篇一律，实现个性化发展。田园综合体规划不是单一的农业园区规划，而是各种元素高度关联的综合性规划，必须坚持规划先行、多规融合，突出规划的前瞻性和协调性，在开发中保护，在保护中开发。要站位高，有前瞻性和可行性，找准发展定位，将当地的人文美与自然美有机统一，将村民生产生活真正融入田园综合体建设中，增强田园综合体的可持续发展能力。

3. 树立示范典型

示范典型本身就是一种力量。田园综合体作为新鲜事物，全国还没有成熟的典型案例，各级政府重点要抓好点上的典型培育，营造氛围，打造品牌，推动发展。国家层面创建一批国家级田园综合体，引导涉农资金汇集；省（市区）层面，打造省（市区）级田园综合体，整合涉农资金导入，充分发挥典型的示范引领作用。

4. 加大政策集成

政策引导始终是任何新鲜事物的话题。要进一步完善土地流转机制，保障田园综合体建设与发展所需要的相应的土地规模，并按一定规模或比例解决配套设施用地问题。大力鼓励开垦荒山、荒坡，兴建以农业、林业为主导产业的田园综合体。田园综合体建设具有投资大、回收期长、收益不确定、社会效益高等特点，其发展离不开财政资金扶持，要加大财政扶持力度；当前各级政府要整合有关农业、科技、财政、金融相关政策，导入田园综合体建设。

5. 助力宣传推广

在信息爆炸的年代，好东西如果不宣传、不推广，就很难形成足够的市场认知度。要广泛宣传、强势推广。在新媒体时代，充分发挥传统媒体的作用，积极利用微博、微信、客户端等新兴媒体的优势，加大对田园综合体建设的宣传力度，唱响品牌、提高知名度，增强吸引力，扩大影响力。[1]

4.3.8 国内田园综合体发展模式分析

1. 台湾模式

台湾清境农场——"小瑞士"是台湾休闲农业的经典项目之一，创建于 1961 年，位于台湾南投县仁爱乡，临近合欢山，面积 700 公顷，海拔 1748 米，有"雾上桃源"的美名，是台湾最优质的高山度假胜地。清境乡村农场利用优质的草场和山地景观资源，打造特色农场和风情民宿，吸引游客远离城市，体验独特的山地田园风光。

2. 田园东方模式

田园东方是我国目前比较成功的田园综合体落地案例，是田园综合体的先行者。由东方园林产业集团投资 50 亿元建设，项目规划总面积 6246 亩，于 2016 年 4 月初启动建设，力争通过 3 至 4 年全面完成。项目集现代农业、休闲旅游、田园社区等产业于一体，倡导人与自然和谐共融与可持续发展，通过"三生"（生产、生活、生态）、"三产"（农业、加工业、服务业）的有机结合与关联共生，实现生态农业、休闲旅游、田园居住等复合功能。[2]

3. 蓝城农业模式

蓝城农庄小镇项目是以"农业 + 养老"为切入点，2016 年 12 月顺势推出了"百镇万亿"的特色小计划，预计十年内打造 100 个"宜居、宜养、宜旅"的复合型理想生活小镇，实现万亿销售额，重点规划郊区大盘和新农村改造。该计划是做 100 个农镇，辐射带动 1 万个小镇，改变 2 亿 -3 亿人的生活。

4. 发展模式借鉴分析

从上述田园综合体的发展模式来看，主要是在充分挖掘当地自然资源的基础上进行农业生态链的建设，尤其是田园东方的"三生"、"三产"模式给我国未来将要开展田园综合体建设的地区树立了榜样。

4.4 田园综合体相关产业分析——生态循环农业

4.4.1 生态循环农业的基本情况

1. 概念及特点

生态循环农业，又名生态农业，是按照生态学原理和经济学原理，运用现代科学技术成果和现代管理手段，以及传统农业的有效经验建立起来的，能获得较高的经济效益、生态效益和社会效益的现代化农业。

---

[1] 资料来源《关于关于"田园综合体"建设的 5 点建议》
[2] 王新宇,于华,徐怡芳.田园综合体模式创新探索——以田园东方为例（J）.生态城市与绿色建筑,2017（11）.

生态循环农业的特点分析　　　　　　　　　　　　表 4.4.1-1

特点	具体分析
综合性	生态农业强调发挥农业生态系统的整体功能，以大农业为出发点，按"整体、协调、循环、再生"的原则，全面规划，调整和优化农业结构，使农、林、牧、副、渔业和农村一、二、三产业综合发展，并使各业之间互相支持，相得益彰，提高综合生产能力
多样性	生态农业针对我国地域辽阔，各地自然条件、资源基础、经济与社会发展水平差异较大的情况，充分吸收我国传统农业精华，结合现代科学技术，以多种生态模式、生态工程和丰富多彩的技术类型装备农业生产，使各区域能扬长避短，充分发挥地区优势，各产业都根据社会需要与当地实际协调发展
高效性	生态农业通过物质循环和能量多层次综合利用和系列化深加工，实现经济增值，实行废弃物资源化利用，降低农业成本，提高效益，为农村大量剩余劳动力创造农业内部就业机会，保护农民从事农业的积极性
持续性	发展生态农业能够保护和改善生态环境，防治污染，维护生态平衡，提高农产品的安全性，变农业和农村经济的常规发展为持续发展，把环境建设同经济发展紧密结合起来，在最大限度地满足人们对农产品日益增长的需求的同时，提高生态系统的稳定性和持续性，增强农业发展后劲

2. 与传统农业比较

与传统农业相比，生态循环农业是其更高层次。在产业发展理念上，生态循环农业更充分地利用了资源，以获得最大经济效益。在生产方式上，生态循环农业采用"资源—产品—再生资源"的物质循环方式，低开采、低排放、高利用的方式根本上区别于传统农业的高开采、高排放、低产出方式。在产业模式上，传统农业采用精耕细作，大量投入劳动力，而循环农业则是在大规模的生产中利用物质循环、能量流动的原理，如大型农场和工业园区等，有效解决污染问题，极大程度上提高经济效益。

生态循环农业与传统农业的对比　　　　　　　　　　表 4.4.1-2

指标	传统农业	生态循环农业
产业发展理念	资源利用与经济效益存在矛盾	资源利用合理化和经济效益最大化一致
生产方式	资源—产品	资源—产品—再生资源
产业模式	精耕细作，劳力投入大	物质循环，生产规模大

3. 发展注意事项

生态循环农业发展注意事项　　　　　　　　　　　　表 4.4.1-3

序号	注意事项
1	加强宣传，形成共识，培育全社会参与意识，提高参与能力，深入宣传发展循环农业的扶持政策，调动各方面发展循环农业的积极性
2	制订规划，进入"笼子"，各地在制订农业的远景发展规划时，应当列入发展循环经济、循环农业的内容。制订一个全面系统地发展循环农业的规划，步步推进
3	突出"绿色"，调整结构。农业结构的战略性调整已取得明显成效，今后要在深入调整上下功夫。要突出发展绿色食品、无公害食品和有机食品的生产
4	科技先行，培训优先。循环农业实际上是一种技术模式，要研究几种具体的循环农业模式，特别是体现新型工业化和农业现代化、市场化之路的循环模式

序号	注意事项
5	保护水土、节约资源。要严格保护耕地，重视耕地质量的保护和提高。要大力推广生物治虫，化工企业要研究、生产低残留农药和可降解塑料薄膜。要推广喷灌、滴灌，杜绝漫灌，发展节水农业。农村发展农产品加工或其他工业，要做到防污于未然，尽可能做到低排污
6	各级重视，部门联动。各级党委、政府要对循环农业的发展予以足够的重视，组织规划、计划的制订，研究扶持政策和发展措施。循环农业正在起步，必须从政策、资金、技术等方面予以扶持。要研究制订发展循环经济、循环农业的法律法规和行政措施，使之有法可依、有章可循。要加大对循环农业的投入，建立循环农业的核算机制，纳入统计体系和考核体系。发展循环农业涉及农业、工业、科技、环保、财政、金融等部门，各部门联动，才会得到较快的进展

4. 发展根本要求

　　发展现代生态循环农业是加快推进生态文明和美丽浙江建设的重要内容。中央关于加快推进生态文明建设的意见提出把绿色化与工业化、信息化、城镇化、农业现代化同步协调推进。

　　发展现代生态循环农业是加快推进农业供给侧改革和转变农业发展方式的重要手段。在经济新常态下，加快农业供给侧结构性改革，核心是调整优化农业产业结构、转变农业发展方式、改善农业生态环境、提升农产品品质，从过去的数量增长为主转到数量、质量、效益并重，由过去主要通过要素投入转到依靠科技和提高劳动者素质上来，由过去从资源过度消耗转到可持续发展的道路上来，实现农牧结合、农旅联动、一二三产业融合发展、化肥农药减量增效、农业废弃物循环利用。加快发展现代生态循环农业，对农业供给侧改革和加快转变农业发展方式将起到积极的推动作用。

4.4.2　国外循环农业发展经验借鉴

1. 德国循环农业发展

（1）德国循环农业发展概况

　　德国是世界上发展循环经济较早、水平最高的国家之一。德国的循环经济理念最早可以追溯到 20 世纪 50-60 年代，少数政治家针对当时日益严重的环境问题设立了研究组，开始分析环境污染以及生态破坏问题。

　　◆ 20 世纪 70 年代前期，政府启动了一系列环境政策法案，并成立了联邦环境委员会（UBA）等公共机构，制订政策法案以赋予政府在环境领域更多的权力。

　　◆ 20 世纪 70 年代中期至 90 年代初期，德国的循环经济经历了转型时期，开始着手全面解决环境问题，走经济发展和环境协调发展相结合的道路。

　　◆ 而从 20 世纪 90 年代中期至今，德国政府出台了更多的能源与法规政策，旨在促进经济和环境的和谐发展。循环经济区别于传统经济资源—产品—污染排放单向流动的线性经济，要求把经济活动组织成一个资源—产品—再生资源的反馈式流程，以低开采、高利用、低排放为特征，使得所有的物质和能源能在该循环中得到合理和持久的利用，从而使经济活动对自然环境的影响降低到最低程度。[1]

（2）德国循环农业发展模式

德国的综合型农业发展模式是欧洲国家发展农业循环经济的典型代表。德国是世界上仅次于美国、法国和荷兰的第四大农产品和食品出口国，农业是德国非常重要的产业部门之一。第二次世界大战后，德国经济迅速发展，在农业发展过程中，德国曾经是世界上生产和使用化肥、农药最多的国家，虽然实现了农业发展和农作物的稳产高产，但同时对水资源和生态环境都造成了严重的破坏。为此，德国提出了综合型农业发展模式。

其主要内容包括：一是综合农业重视生态系统平衡，综合农业的实施以不破坏自然环境为前提，且必须与生态系统要求的平衡过程相一致；二是综合农业重视土壤保护，农业经营要因地制宜，合理轮作，施用钙肥，综合植保；三是综合农业重视水资源保护，合理规划农田，避免在水淹区进行耕作，在水域周围建立保护绿地，合理栽培，实施最佳施肥法等；四是综合农业重视经济发展，发展综合经济必须协调好经济效益与环境保护等多方面的关系，充分发挥政府宏观调控作用，并根据不同时期的社会经济状况来具体实施。

（3）德国循环农业发展模式政策

与此同时，为了有效地促进可再生能源的发展，德国政府还出台规范了一系列法律法规及规章制度，为综合型农业模式实施提供保障。德国政府分别于2000年、2004年、2009年3次制定和修订《可再生能源法》，通过立法的形式禁止无机化肥施用过量、加强资源保护、加大处罚环境污染的力度等。

1）农业资源节约和保护政策

在农业资源节约和保护方面，德国主要制定了水资源保护政策，其宗旨是保护和修复水资源生态平衡，保证农村用水和农业用水安全。目前水资源保护的重点是防止地表水和地下水受到有害物质的污染，并防止城市工业和生活污水对农村、农业造成影响。1985年政府为提高土地保护的成效，第一次提出了土地保护的理念，但当时只是对大气污染防治、废弃物回收、农业肥料及除虫剂、除草剂使用限制规定的概括。其后，德国政府采取立法保护土壤资源，分别在1998年颁布了《联邦水土保持法》和1999年颁布了《联邦水土保持与污染治理条例》。

2）农业生产环节政策

在农业生产环节，德国主要遵循清洁生产理论。在农业生产过程中通过对投入品种及数量的控制，保护生态环境。为保证生态农业的健康发展，德国政府要求：生态

[1] 陶思源.德国发展农业循环经济的成功经验及启示（J）.世界农业，2013（06）.

农业企业与农场经营者在耕作过程中，禁止使用化肥、化学农药和除草剂等，而采用有益于环境的除草方式；严禁使用易溶的化学肥料，必须采用传统喂养方式的畜禽粪便做有机肥料，并采用轮作或者间作，以保持土壤肥力；由栏笼饲养改变为自然放养，并严格控制牧场载畜量，必须采用自己种植或者加工的天然饲料喂养，不得使用抗生素，不得使用转基因技术。其生产的产品在转为生态生产方式6个月后申请验收，2年之内接受检查，合格后才可以标以生态产品标识在市场上出售。

3）生态农业政策

为了推动生态农业的发展，德国还专门成立了德国生态农业促进联合会（AOEL），集农业、农业管理、农业经济、农用化工和植物保护于一体，目的是通过有效的农业生产方式加强对自然资源环境的保护。并且，AOEL还制定并实施了高于欧盟《关于生态农业及相应农产品生产的规定》的标准。德国对农产品统一实行生态标识，所有符合欧盟生态规定的产品，允许标以生态标识。统一的生态标识增加了德国生态食品的信任度和透明度，让经营者有更大机会实现收益，让消费者享受更多的便利条件。

虽然生态农业企业由于采取了不使用化肥和农药的耕作方法，施用农家肥，导致农产品产量略有降低，但生态产品价格上的优势可以弥补由于传统农产品产量降低带来的损失，所以，仍然能够保证生态农业企业获得较高的总利润及人均收入。

目前，德国有一部分农业企业在按照欧盟生态农业指令的有关规定从事生态农业经营，虽然生态农业在整个农业中所占的比例还不高，但其发展速度非常迅速，特别是在疯牛病危机之后，德国各级政府都大大加强了对生态农业发展的资助力度，民众对生态农产品的消费需求也大大提高。

2. 日本循环农业经验

（1）日本循环农业发展模式

在农业循环经济发展中，日本各地因地制宜、各具特色，其中滋贺县爱东町的农业循环经济最为典型。爱东町的农业循环经济经历了4个时期：

◆ 基础时期：1976-1991年的回收各类生活废弃物、促进资源循环再利用阶段。

◆ 探索时期：1992-1997年的废食用油生物燃油化、资源循环再利用阶段。

◆ 转型时期：1998-2001年利用稻田转作油菜、发展生物资源循环利用阶段。

◆ 腾飞时期：2002年至今的生物资源综合发展阶段。从2002年开始，爱东町农业循环经济形成了以发展油菜生产和综合利用为核心内容的农业循环经济发展模式。

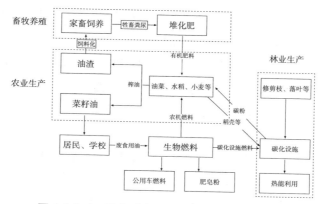

图 4.4.2-1　日本爱东町农业循环经济模式图示

（2）日本循环农业经验借鉴

1）建立完备的法律体系

为发展农业循环经济提供法律保障，日本在发展农业循环经济的过程中，认识到法律对社会发展的指引和依托作用，建立了完备的法律体系，以实现农业的可持续发展。早在 20 世纪 70 年代，日本政府就相继颁布了与环境保护、废弃物治理有关的法律。90 年代开始，日本制定了一系列法律法规，构建了完善的循环农业法律体系，该体系可分为基本法、综合法以及专项法。

◆ 基本法：主要包括《循环型社会形成推进基本法》和《食品、农业基本法》。

◆ 综合法：主要包括《促进资源有效利用法》和《固体废弃物管理和公共清洁法》。

◆ 专项法：主要包括《家畜排泄物法》《肥料管理法（修订）》《食品废弃物循环利用法》等。这 3 种法律法规从不同层面搭建起牢固的社会法律框架，为日本发展农业循环经济保驾护航。

2）采取必要的经济和行政措施，为发展农业循环经济提供政府支持

日本政府从经济、技术和理念等方面推动农业循环经济发展的政策性保障措施，从政策、贷款和税收上给予支持，以鼓励农民进行生态农业投资。日本政府每年增加 2000 万日元投入，并采取保证金制度、征收环境税、环保援助资金等措施，为农业循环经济发展提供良好的经济基础。此外，根据政策规定，银行对符合条件的环保型农户提供最长期限为 12 年的 10 万 -200 万日元不等的无息贷款。

同时，实施农业基本设施建设的农户还会得到政府或农业协会提供的 5 万 -50 万日元不等的资金扶持，并减免 7%-30% 的税收。另一方面，政府和有关部门将一些生产规模和技术水平高、经营效益好的环保型农户作为发展农业循环经济的典型进行推广，通过典型农户的示范、窗口和辐射作用，引导促进农业循环经济持续、健康、快速发展。

3）增加多渠道的推广和宣传，培养农业循环经济发展的公民意识

发展农业循环经济不仅需要完善的法律环境、政府的政策支持以及农户的重视，还需要广大社会公众和社会团体的积极参与。日本政府非常重视国民农业循环经济理念的培养，利用互联网、媒体优势，让环保意识深入社会各个层面，充分调动国民资源循环利用的积极性，使民众认识到建设农业循环经济的责任。在日本，减量化、再利用、再循环等循环经济理念家喻户晓，有 87% 的农户赞成并实行农业经济再循环发展。《食品废弃物循环利用法》等法律，也得到了社会各界的理解和支持。[1]

3. 美国循环农业启示

（1）健全法律体系促进农业循环经济发展

随着美国经济的迅速发展，高能源、高消耗的生产方式和消费方式导致资源供给的日渐短缺和环境恶化。为此，美国政府相继出台了一系列措施改变这一局面，而立法是其中最重要的手段。美国通过制定一系列可持续发展的法律和环境法规，形成了一个严格的全方位的资源保护与合理利用以及防治污染法规体系。1965 年美国颁布了《固体废物处理法》，之后多次对其修改，并重新定名为《资源保护和回收法》，这对美国废物再循环和综合利用工作起到了很大的促进作用。1990 年美国国会通过了《污染预防法》，将"对污染尽可能地实行预防或源削减"确定为美国的国策之一。

2000 年美国颁布了《有机农业法》，该法律的实施对美国农业循环经济的发展产生了深远的影响。2002 年美国出台了《2002 年农场安全与农村投资法案》，进一步加大了对农业生态环境的保护力度。除此之外，在促进农业可再生资源的开发利用方面，美国联邦还出台了《多重利用、持续产出法》《森林、牧场可更新资源规划法》《联邦土地利用和管理法》以及《濒危物种法》等，所有这些法规虽没有以循环经济命名，但都体现了循环经济的思想和原则。

（2）推广新农作模式促进农业循环经济发展

20 世纪 80 年代初，美国在有机农业、生态农业的基础上，提出了可持续农业的概念，并大力推广可持续农业的新农作模式。可持续农业模式由作物轮作、休闲农作、覆盖作物轮作、残茬还田免耕、农牧混合和水土保持耕作等组成，强调农业的生态与经济效益。如作物轮作中的"玉米—（大麦＋牧草）—玉米"模式，即玉米连作 2 年，再种大麦并套播牧草，种 3-4 年牧草后再种玉米，这种模式有助于抑制杂草及病虫害，可改善植物养分的供给，防止土壤流失，降低水资源的污染。

再比如，残茬还田免耕法主要是将小麦、大豆等作物秸秆采用机械化秸秆粉碎还田和高留茬收割还田，并采用专用的 6 行或 4 行大中型免耕播种。大量试验表明，这种方式可以明显减少化肥用量，增加土壤有机质。该技术 20 多年来一直是美国免耕农

---

[1] 唱潇然.日本农业循环经济的发展模式及经验分析（J）.世界农业，2013（06）.

田的主导技术，全美国有约 70% 的农田采用该技术。另外，覆盖作物轮作也得以在美国东部温带湿润地区试行推广。它以豆科绿肥、豆科作物、饲草作物为主，通过种植覆盖作物越冬后直接用作覆盖绿肥还田。试验表明，在基本不用氮肥的情况下，采用该技术农作物产量可提高 30%-40%。

（3）发展精准农业促进农业循环经济发展

精准农业也称为精确农业、精细农作，追求以最少的投入获得优质的高产出和高效益。其含义是按照田间每一操作单元的具体条件，精细准确地调整各项土壤和作物管理措施，最大限度地优化使用各项农业投入，如化肥、农药、水、种子和其他方面的投入量，以获取最高产量和最大经济效益，同时减少化学物质使用，保护农业生态环境，保护土地等自然资源。因此，精准农业的本质是农业循环经济。

精准农业是现有农业生产措施与新近发展的高新技术的有机结合，核心技术是"3S"（GPS、GIS、RS）技术和计算机自动控制系统。20 世纪 70 年代，由于电脑技术的发展，美国将信息技术引入农业领域，开始了精准农业的探索。1993 年精准农业技术首先在美国明尼苏达州的两个农场进行试验，结果当年用 GPS 指导施肥的产量比传统平衡施肥的产量提高 30% 左右，而且减少了化肥施用总量，经济效益大大提高。到目前为止，美国 200 多万个农场，有 60%-70% 的大农场采用精准农业技术，取得了明显的经济效益。

（4）重视技术研究与教育促进农业循环经济发展

美国发展循环农业的主要方法是将高新技术引入农业循环经济之中，构建先进农业技术体系，真正实现农业生产资源的减量投入，体现了循环经济"减量化"原则。为此，美国联邦政府不仅投入大量资金进行精准农业技术、高效施肥、灌溉技术以及无公害植物保护技术等先进技术的研究，而且投入大量资金用于环境科学技术的基础研究，建立环境质量标准体系，研发农业环保仪器设备。

环境污染管理检测和农产品中农药残留检测属于强制性执法检测，美国各级政府对农药残留分析技术给予充分重视，并将其作为研发重点。另外，美国非常重视农业从业人员的素质教育，对占人口总数 1% 的农民实行免费教育培训。而且各级部门对农业人员培训必须按规定的计划与标准执行，同时要求也十分严格。

（5）财政支持促进农业循环经济发展

美国是世界上最大的农产品生产和出口国，也是世界上农业补贴最多的国家。这些补贴中就包括名目繁多的生态环境补贴。早在 1986 年美国就开始实施土地休耕保护计划，根据这一计划，费用由政府补贴，农民（包括农场主等）可自愿参与，实施10-15 年的休耕还林、还草等长期性植被恢复保护。鉴于可持续农业的发展要求，美国近年来显著加大了对农业生态环境保护的财政支持力度。

根据美国出台的《2002 年农场安全与农村投资法案》，对于生态保护方面，新增加补贴支出占总增加额的 30%。据估算，2002-2007 年间的农业生态环境保护补贴总额达到了 220 亿美元。而且，根据该法案，农业部可以实施多项补贴计划，包括土地休耕、湿地保护、水土保持、草地保育等补贴计划，既可发放现金补贴，也可提供技术援助，使农民直接受益。[1]

4.4.3　中国生态循环农业发展综述

1. 循环农业和生态农业相辅

生态农业还停留在比较简单的循环里。循环农业是在经济和科技发展到一定阶段的产物，无论理念还是具体操作都有别于传统农业和生态农业。循环农业尽可能地利用高科技，使生产合理地依托在自然生态循环之上，以达到经济、社会与生态的和谐统一。所以在技术上比生态农业要求更高且已达到物质的多层次多梯度的循环利用，以延长产业链提高产品的附加值，这样才能更好、更有效地利用资源。

同时，在生产中还要求尽可能地利用可循环再生的资源替代不可再生资源，如利用太阳能、风能和农家肥等，把增加的经济效益留在农业体系内才能最终保证农业的可持续发展，实现由生态农业到循环农业的转变，以生态农业为基础，发展我国的循环农业才是根本。可以说循环农业是新时期生态农业的成功升级，是生态农业发展的高级模式，是生态农业更高效的利用模式。

2. 循环农业发展意义分析

（1）汲取传统农业精华，传承农耕文明，迫切需要继承发展生态循环农业

农耕文明是中华文明的基石，我国五千年传统农业始终秉承协调和谐的三才观、趋时避害的农时观、辨土施肥的地力观、御欲尚俭的节约观、变废为宝的循环观，稻田系统、桑基鱼塘、轮作互补、庭院经济等传统的生态循环模式，更是我国历经千载而"地力常壮"的主要原因。自 20 世纪 50 年代以来，以美国为代表的高投资、高能耗的"石油农业"快速发展，土地产出率和劳动生产率大幅提高，但化肥、农药等化学物质的长期过量使用导致土壤退化、生物多样性破坏、环境污染加重，近年来许多发达国家开始转向发展生态循环农业。我国正处在传统农业向现代农业转型的关键时期，必须在汲取传统农业精华和借鉴国外经验教训的基础上，大力发展生态循环农业，运用高新技术、科学管理、现代装备等现代文明成果改造传统农业。

（2）破解发展难题，加快现代农业建设，迫切需要大力发展生态循环农业

党的十八届五中全会提出，要大力推进农业现代化，促进新型工业化、信息化、城镇化、农业现代化同步发展。当前我国农业现代化发展依然滞后，是"四化同步"的短腿。资源环境两道"紧箍咒"越绷越紧，农业区域布局与资源禀赋不尽匹配，粮

[1]　何龙斌.美国发展农业循环经济的经验及其对中国的启示（J）.世界农业，2012（05）.

经饲结构不合理，种养业结合不紧、循环不畅，生产、加工、流通、消费融合不够。受农业生产成本"地板"和农产品价格"天花板"双重挤压，农业比较效益持续下降。"天育物有时，地生财有限"，应对农业发展新挑战，必须大力发展生态循环农业，促进农业增产、农民增收和绿水青山良性循环。

（3）贯彻落实发展新理念，推进生态文明建设，迫切需要加快发展生态循环农业

2015年，中央印发了《关于加快推进生态文明建设的意见》和《生态文明体制改革总体方案》，这是国家层面第一次专门就生态文明建设作出全面部署。农作物是绿色生命，农业生产本身就是固碳过程，发展生态循环农业，就是建设美丽中国的"生态屏障"。贯彻落实创新、协调、绿色、开放、共享的发展新理念，将生态循环农业作为现代农业发展的重要形态，不仅是农业发展理念的创新，也是相关政策、制度、技术的创新，将为农业发展提供新动力、拓展新空间，有利于延伸产业链和价值链，有利于促进种养加销游一体、生产生活生态协调。

3. 生态循环农业技术模式

围绕"一控两减三基本"的目标任务，探索形成了一些好的模式。在控制用水上，河北省制定了主要农作物水肥一体化技术标准和实施规范，2014年推广面积720万亩，亩均节水40%-60%，节肥20%-30%。在化肥减量增效上，安徽省重点推进玉米、蔬菜、水果化肥使用零增长行动，大力推广种肥同播、水肥一体、适期施肥等新技术，推进秸秆还田，增施有机肥、种植绿肥等。

在农药减量控害上，江西省把农药使用量零增长作为生态文明先行示范区建设的重要内容并纳入考核指标，实施公共植保防灾减灾、专业化统防统治、绿色植保农药减量、法治植保执法护农等专项行动。在畜禽粪污综合利用上，湖北省推广自我消纳、基地对接、集中收处等粪污利用方式，推进畜牧业与种植业、农村生态建设互动协调发展。

在地膜综合利用上，甘肃省制定了加厚地膜生产标准，开展地膜综合利用试点示范，废旧地膜回收利用率达到75.4%。在秸秆综合利用上，江苏省通过政府、企业、农户共同参与、市场化运作，初步形成了秸秆多元利用的发展格局。

4. 生态循环农业建设情况

近年来，国家不断适应新形势，对发展生态循环农业作了积极探索，取得了明显成效，初步建立了生态循环农业发展的制度框架，实施了一批重点工程，初步构建了生态循环农业示范带动体系，探索推广了一批技术模式。

（1）法规政策渐趋完善

初步建立了生态循环农业发展的制度框架。国家先后出台了《循环经济促进法》《清洁生产促进法》《畜禽规模养殖污染防治条例》等法律，实行最严格的耕地保护制度和节约用地制度、最严格的水资源管理制度和草原生态保护补助奖励制度，实行良

种、农机具、农资、节水灌溉等补贴。全国 21 个省份出台了农业生态环境保护规章，11 个省份出台了耕地质量保护规章，13 个省份出台了农村可再生能源规章，农业资源环境保护法制建设不断加强，制度不断完善。

（2）进一步强化了规划引导

农业部会同有关部门先后印发了《全国农业可持续发展规划（2015-2030 年）》《农业环境突出问题治理总体规划（2014-2018 年）》，农业部出台了《关于打好农业面源污染防治攻坚战的实施意见》，对发展生态循环农业进行全面部署。浙江省制定了《关于加快发展现代生态循环农业的意见》，安徽省制定了《现代生态农业产业化建设方案》，江苏省制定了《生态循环农业示范建设方案》，部省联动、多部门互动的工作推进机制初步形成。

（3）实施了一批重点工程

在继续开展测土配方施肥、草原生态保护等工程项目的基础上，启动畜禽粪污等农业农村废弃物综合利用项目和东北黑土地保护利用试点，实施区域生态循环农业建设试点项目。在湖南长株潭地区实施重金属污染耕地修复试点，在河北启动地下水超采区综合治理试点，在新疆、甘肃等西北地区支持以县市为单位推进地膜回收利用。

5. 生态循环农业示范情况

自 20 世纪 80 年代以来，先后 2 批建成国家级生态农业示范县 100 余个，带动省级生态农业示范县 500 多个，探索形成了"猪 - 沼 - 果"、稻鱼共生、林果间作等一大批典型模式。近年来，在全国相继支持 2 个生态循环农业试点省、10 个循环农业示范市、283 个国家现代农业示范区和 1100 个美丽乡村建设，初步形成省、市（县）、乡、村、基地五级生态循环农业示范带动体系。各地也积极开展试点示范，浙江省建设省级生态循环农业示范县 17 个、示范区 88 个、示范企业 101 个，江苏省启动 11 个生态循环农业示范县（市、区）建设，山东省确定了 16 个生态农业和农村新能源示范县。

6. 生态循环农业项目规划

（1）国家性规划

2015 年 5 月，国家发布了《全国农业可持续发展规划（2015-2030 年）》提出推进生态循环农业发展。优化调整种养业结构，促进种养循环、农牧结合、农林结合。支持粮食主产区发展畜牧业，推进"过腹还田"。积极发展草牧业，支持苜蓿和青贮玉米等饲草料种植，开展粮改饲和种养结合型循环农业试点。因地制宜推广节水、节肥、节药等节约型农业技术，以及"稻鱼共生""猪沼果"、林下经济等生态循环农业模式。到 2020 年国家现代农业示范区和粮食主产县基本实现区域内农业资源循环利用，到 2030 年全国基本实现农业废弃物趋零排放。

2016 年 9 月，农业部印发《农业综合开发区域生态循环农业项目指引（2017-2020 年）》，提出从 2017 年起集中力量在农业综合开发项目区推进区域生态循环农业项目建设。总体建设目标为：2017-2020年建设区域生态循环农业项目300个左右，积极推动资源节约型、环境友好型和生态保育型农业发展，提升农产品质量安全水平、标准化生产水平和农业可持续发展水平；

绩效目标：以提高区域范围内农业资源利用效率和实现农业废弃物"零排放"和"全消纳"为目标，建立起养分综合管理计划、生态循环农业建设指标体系等管理制度，使循环模式、技术路线、运行机制和政策措施四者有机结合，区域内化肥农药不合理使用得到有效控制，努力实现"零"增长；畜禽粪便、秸秆、农产品加工剩余物等循环利用率达到90%以上，大田作物使用畜禽粪便和秸秆等有机肥氮替代化肥氮达到30%以上；农产品实现增值10%以上，农民增收10%以上，农业生产标准化和适度规模经营水平明显提升，实现资源节约、生产清洁、循环利用、产品安全。

（2）省市级规划

目前来看，除国家发布了循环农业相关规划之外，江苏省、山东省以及浙江省也分别发布了循环农业"十三五"发展目标，具体规划如表4.4.3-1.

主要省份生态循环农业发展"十三五"规划 表4.4.3-1

省份	规划目标
浙江省	围绕"一控两减四基本"目标任务和加快转变农业发展方式、促进农业可持续发展要求，着力实现产业布局生态化、农业生产清洁化、废物利用资源化、制度体系常态化。到2017年，基本建立起现代生态循环农业制度体系和可持续发展长效机制，到2020年，建成全国现代生态循环农业先行区，为加快推进"双高"农业强省建设和率先实现农业现代化打好扎实基础
江苏省	到2020年，基本构建起生态循环农业产业体系和政策支撑体系，科技支撑能力不断增强，农业废弃物综合利用水平明显提升，农业农村生态环境显著改善，农业可持续发展能力不断增强，生态循环农业发展取得阶段性成效，经济、社会、生态效益明显
山东省	主要目标为，到2020年：1）全省建成省级生态循环农业示范县（市、区）30个，省级示范区100个，示范基地500个，生态循环农业示范基地面积达到3000万亩以上；2）全省推广水肥一体化面积650万亩，主要农作物测土配方施肥技术推广覆盖率达到90%以上，绿色防控覆盖率达到30%以上；全省化肥、农药使用量较2014年分别减少10%；3）推广应用生物降解地膜和0.01毫米以上的标准地膜，实现大田生产地膜使用量零增长；秸秆综合利用率达到92%以上；全省规模化畜禽养殖场粪便处理利用率达到90%以上；4）休闲观光农业健康发展，成为融合农村一二三产业、保护生态环境的绿色产业，促进农民就业增收、满足居民休闲需求的民生产业；全省休闲农业经营收入达到500亿元以上，带动受益农户100万户

4.4.4 国内生态循环农业区域发展分析

1. 山东省

"十二五"期间，全省各级围绕转变农业发展方式，坚持生产发展与生态保护并重，生态循环农业建设取得显著成效。

（1）循环农业示范基地建设取得新突破

强化生态农业和农村新能源示范县建设，着重打造示范样板和亮点，大力推广以沼渣沼液和秸秆利用为纽带的生态循环农业技术和模式。截至2015年底，山东全省规模以上生态循环农业基地达到 1000 多万亩。

（2）减量化技术推广取得新成效

围绕节水、节肥、节药，组织开展了农业节本增效、两减三保行动，大力推广水肥一体化、测土配方施肥、统防统治和绿色防控等减量化农业技术。到 2015 年，全省配方肥推广应用面积达到 4800 万亩，水肥一体化技术推广面积 90 万亩；实现了对甲胺磷等禁用、限用高毒农药的有效控制。

（3）农业清洁化生产取得新进展

加强高毒、高残农药源头监管，推广生物降解地膜栽培技术，开展废旧地膜回收处理，实施重金属污染修复工程，强化病死畜禽无害化处理。到 2015 年，推广 0.008 毫米以上标准地膜 110 多万亩，降解地膜 30 多万亩，建设地膜回收站点 70 处，新增地膜处理能力 6500 多吨；建设病死畜禽无害化处理厂 40 余处，处理能力达到 12 万吨以上。

（4）农业废弃物综合利用迈上新台阶

大力发展农村沼气，拓宽秸秆利用渠道，推进秸秆、畜禽粪便等农业废弃物资源化利用。到"十二五"末，全省共建设大中型沼气工程 671 处，小型沼气工程 7339 处，农村户用沼气 249 万户，沼气池容量达到 2400 万立方米，年处理畜禽粪便和农业废弃物总量达到 8000 多万吨；全省农作物秸秆综合利用量 7346 万吨，综合利用率达到 85%，重点区域利用率达到 90% 以上。

（5）农业生态功能进一步拓展

积极拓展农业生态环保功能，大力发展休闲农业。截至 2015 年底，山东全省创建国家级休闲农业与乡村旅游示范县 14 个、示范点 30 个，中国重要农业文化遗产 3 个。全省休闲农业经营主体达到 8000 余家、从业人员近 50 万人，全年营业收入超过 240 亿元。

2. 江苏省

"十二五"期间，江苏省高度重视农业生态环境建设，依托政府引导和市场创新，大力推进畜禽粪便、农作物秸秆综合利用以及化肥、农药的减量使用，结合重点流域农业面源污染治理，鼓励种养大户、合作组织、家庭农场、规模企业等主体探索生态循环农业发展机制，促进了种养结合、生态循环和农业绿色发展，改善了农业生态环境，提高了农业可持续发展水平，取得了较为显著的工作成效。

一是探索建立秸秆综合利用机制。率先制定地方性法规，探索按量补助方式，建立层级式秸秆收储利用体系，形成肥料化、能源化、饲料化、基料化和工业原料化为主的"五料化"利用途径，有效控制了秸秆露天焚烧，秸秆综合利用率突破 90%，比全国平均高 10 个百分点。

二是综合推进畜禽粪便资源化利用。适应畜禽规模养殖新变化，较早在全国实施农村沼气工程、生产推广商品有机肥、推进规模化养殖场标准化建设，探索多种形式农牧结合模式，畜禽粪便综合利用率突破89%，在全国处于领先水平。

三是切实控制化肥农药污染。年推广测土配方施肥6700万亩次，耕地质量建设、有机肥推广补贴、绿肥种植补贴等工作走在全国前列，化学肥料使用得到有效控制。率先在全国提出高效低毒低残留农药使用覆盖率并达到72.4%，高于全国10个百分点以上。建立病虫害绿色防控综合示范区143个，推进病虫害专业化统防统治，覆盖率达到57.3%，高于全国20个百分点。

四是开展太湖流域农业面源污染综合治理。建立面源氮磷生态拦截工程1400多万平方米，累计治理大中型畜禽场（户）3000多处，建立综合治理示范区4个，化学氮肥、农药使用量十年间分别削减20%、30%以上。五是积极推进省级生态循环农业示范县建设。制定实施《江苏省生态循环农业示范建设方案》，较早在全国开展循环农业示范项目建设，创建省级生态循环农业示范县11个。

3. 浙江省

（1）政策制度体系基本建立

根据现代生态循环农业发展要求，浙江省人大、省政府先后颁布农作物病虫害防治、动物防疫、耕地质量管理、农业废弃物处理与利用、畜禽养殖污染防治等法规规章。

浙江省政府先后出台加快畜牧业转型升级、加快发展现代生态循环农业、商品有机肥生产与应用、推进秸秆综合利用、创新农药管理机制、发展农村清洁能源、农药废弃包装物回收和集中处置等意见和办法。

农业部门或会同相关部门先后制定畜禽养殖场污染治理达标验收办法、沼液资源化利用、生猪保险与无害化处理联动、养殖污染长效监管机制、化肥和农药减量增效、废旧农膜和肥料包装物回收处理等指导意见和实施方案，基本建立了现代生态循环农业法规和政策体系。

（2）农业水环境治理全面实施

认真贯彻浙江省委"五水共治"决策部署，全面实施农业水环境治理，推动农业转型升级。

一是全面治理畜禽养殖污染。根据生态消纳环境承载能力和排放许可，重新调整划定畜禽养殖禁限养区，关停或搬迁禁养区畜禽养殖场7.46万家，对年存栏50头以上的54533家畜禽养殖场实行全面治理，其中关停4.5万家，治理保留近1万家，组织开展生猪散养户和水禽场治理；以畜牧业主产县市为主建成41家死亡动物无害化集中处理厂，基本建立了生猪保险与无害化处理联动机制，基本构建了病死动物无害化处理体系，基本消除了主要江河流域性漂浮死猪现象。

二是全面实施肥药减量增效。大力推广测土配方施肥技术、商品有机肥和新型肥料应用，以及高效环保农药、病虫害绿色防控和统防统治。2015年浙江省推广测土配方施肥面积 3222 万亩次，覆盖率 80%，应用配方肥、商品有机肥 108 万吨，化肥用量 87.5 万吨（折纯），比 2010 年的 92.2 万吨减少 5%；2015 年浙江省实施统防统治 575.7 万亩，病虫害绿色防控 517.7 万亩，浙江省农药使用量 56458 吨，比 2010 年的 65075 吨减少 13%。

（3）三级循环体系基本构建

按照浙江省政府发展生态循环农业行动方案，浙江省农业厅会同相关部门组织开展"2115"生态循环农业示范工程，制定示范建设标准，建成省级生态循环农业示范县 22 个、示范区 104 个（面积达 98 万亩）、示范企业 101 个，省级财政安排示范项目 680 个，投入 4.5 亿元。

农业生产经营主体内部应用种养配套、清洁生产、废弃物循环利用等技术，实现主体小循环；在生态循环农业示范区内，通过建设推广环境友好型农作制度、农牧结合模式，集成减肥减药技术、秸秆综合利用，实现园区中循环；以县域为单位，通过产业布局优化、畜禽养殖污染治理、种植业清洁生产、农业废弃物循环利用等，整体构建生态循环农业产业体系，实现县域大循环，基本构建起点串成线、线织成网、网覆盖县的现代生态循环农业三级循环体系。

（4）试点省建设全面启动

农业部批复同意浙江开展试点省建设以来，浙江省先后与农业部签署部省合作共建备忘录，制定试点省实施方案和三年行动计划，围绕"一控两减四基本"（农业用水总量控制，化肥和农药用量减少，畜禽养殖排泄物及死亡动物、农作物秸秆、农业投入品废弃包装物及废弃农膜基本实现资源化利用或无害化处理，农业"两区"土壤污染加重态势基本得到扭转）目标任务，全面启动"十百千万"推进等六大行动。在湖州、衢州、丽水 3 市和 41 个县（市、区）整建制推进现代生态循环农业，落实创建现代生态循环农业示范区 110 个、示范主体 1030 个、生态牧场 10000 家左右。

在整建制推进县（市、区）中，初步形成畜禽养殖污染治理"达标验收＋有效监管"、病死猪无害化处理"保险联动＋集中处理"、农药废弃包装物回收处置"集中回收＋环保处置"、秸秆利用与禁烧"激励利用＋责任监管"等长效机制；在示范区建设中，集成推广化肥农药减量技术；在示范主体建设中，围绕种养配套、清洁化生产、农业废弃物资源化利用、沼液配送服务、畜牧业全产业链五类主体，建成示范主体 462 个。贯彻落实省政府农业"两区"土壤污染防治三年行动计划，组织开展耕地地力调查、农产品产地土壤重金属污染普查，探索污染源控制和土壤污染治理工作。

4. 海南省

（1）示范推广，循环农业发展稳速推进

2015 年开始，海南省在屯昌县开展整县推进生态循环农业试点示范工作。屯昌县委十二届七次全体会议审议通过了《关于推进全县域生态循环农业发展的意见》，并印发了《"十三五"全县域生态循环农业发展实施方案》，为屯昌今后发展生态循环农业提供了政策依据和基本遵循。按照"两害"变"一利"的总体思路，从推进种养殖污染源治理入手，按照"零排放"的目标，投入 1.11 亿元由政府对全县 45 家规模以上养殖场统一设计、统一规划并统一组织实施环保改造。

通过改造升级，全县畜禽规模养殖场排泄物综合利用率达到 50% 以上，年沼液沼渣利用量 11 万吨，解决畜禽养殖场污染问题。用沼液灌溉的槟榔园区，2016 年产量提高 20% 以上，而且品质好，卖价高，农民从发展循环农业中尝到甜头，发展循环农业得到认可，有一定的群众基础，为下一步全县域推进生态循环农业打下坚实基础。2017 年，海南省在总结屯昌整县推进生态循环农业建设工作的基础上，选择琼海、东方、文昌、昌江、临高、儋州作为重点推进市县，力争在 2020 年前实现生态循环农业示范省的目标。

（2）结构优化，创新发展模式

昌江县引进和培育农业龙头企业等新型农业经营主体，采取"龙头企业 + 专业合作社 + 农民"或"专业合作社 + 农民"经营合作模式，主推种养结合生态循环农业模式，带动农民发展热带特色高效农业王牌。目前，昌江全县已调减甘蔗、桉树等低效产业累计 13.5 万亩，发展冬季瓜菜 14 万亩，常年蔬菜复种面积 5.6 万亩，热带水果 20 万亩。以圣女果、毛豆、哈密瓜、香水菠萝、种桑养蚕、雪茄烟叶、特种山猪、和牛等 12 个特色高效产业为依托，创建特色产业园和特色产业村，广大农民对生态循环农业的认同感和参与度不断提高。

2015 年和 2016 年的种植业产值占全县农业总产值的比重分别达到 50.8% 和53.3%，农民家庭经营性收入占农民收入构成的比重分别为 46.5% 和 43.7%。

（3）积极探索，完善管理体系

创新农业管理体制、推广新型农业科技服务体系是推进全县域生态循环农业的重要环节。海南省农业厅进一步整合农口部门检测楼、实验室等硬件设施，成立海南省现代农业检验检测预警防控中心，配强配齐专业技术人员，提升科技服务水平，为全省域生态循环农业发展提供全方位的服务保障。

同时，调整农业管理方式，探索各乡镇农业技术推广服务体系建设，建立适应现代农业发展需求新体系，用改革的方式全面推进循环农业发展，促进县域农业生产方式改革升级。加强探索 PPP 模式，将农业和市政废弃物集中处理。海南澄迈神州规模化生物天然气工程项目与澄迈县政府签订了《澄迈县神州生物燃气 PPP 示范项目》。

政府以 PPP 模式授予业主企业特许经营权，由特许经营企业建立废弃物的"收集—运输—处置"一体化运行模式。政府采取特许经营和以固废处置费的形式给予社会资本可行性缺口补贴，解决了项目原材料集中度不够所带来的原材料保障程度低、收集成本高、项目经济性差的共性问题，同时使项目获得合理预期收益，集中处理突显规模效益。2017 年，该基地被全国生态总站评选为首批全国"畜禽养殖废弃物资源化利用集中处理示范基地"示范样本，并向全国推介。

（4）品牌建设进展神速

海南制定、完善生态循环农业技术标准，实施"三品"认证，提高农产品附加值，培育生态循环农业后期发展支撑点，推进无公害、绿色和有机产地认证 637 个，霸王岭山鸡、姜园圣女果、枫木苦瓜等被农业部授予地理标志品牌，海尾冰糖哈密瓜被国家质检局指定为标准化生产示范基地。

同时，通过互联网小镇建设，辐射带动农民加入互联网经济，农民的品牌意识得到加强，收入得到了较大的提高。海南省农业增加值从 2013 年的 756.3 亿元增长到 2016 年的 1000.18 亿元，年均增长约为 5.25%，比全国同期增幅快大约 2 个百分点，海南省农民人均收入从 2013 年的 8343 元增长到 2016 年的 11830 元，增长 41.8%，年均增幅达到 10.95%，总体快于全国同期增幅。2017 年上半年，农民人均可支配收入 7239 元，同比增长 7.2%。

4.4.5　中国生态循环农业发展模式分析

1. 循环农业的生态模式

生态农业模式是一种在农业生产实践中形成的兼顾农业的经济效益、社会效益和生态效益，结构和功能优化了的农业生态系统。"四位一体"生态模式是在自然调控与人工调控相结合条件下，利用可再生能源（沼气、太阳能）、保护地栽培（大棚蔬菜）、日光温室养猪及厕所等 4 个因子，通过合理配置形成以太阳能、沼气为能源，以沼渣、沼液为肥源，实现种植业（蔬菜）、养殖业（猪、鸡）相结合的能流、物流良性循环系统，这是一种资源高效利用，综合效益明显的生态农业模式。

2. 循环农业"圣农"模式

福建圣农集团地处武夷山自然保护区北麓光泽县境内，是农业产业化国家重点龙头企业，中国南方规模最大的联合型肉鸡生产加工企业（全国第四大养鸡企业），肯德基公司长期核心冻鸡供应商，全国优质肉鸡科技产业化示范基地。该公司创建于 1983 年，现占地 6000 余亩，以饲料加工、种苗生产、肉鸡饲养加工销售为主业，下辖五个子公司，60 个生产场（厂），员工 3100 余人，年饲养肉鸡 3000 万羽。

圣农集团自创建以来，始终坚持走农业产业化道路，通过"鸡生蛋、蛋孵鸡"滚动式发展，用 20 年时间精心打造了一条独具特色的圣农生态型肉鸡饲养加工产业链，已形成"一主两副"的循环经济产业模式，即以肉鸡饲养加工为主业链，以鸡下脚料开发利用为主的生物工程第一副业链（用鸡毛生产多肽氨基酸,用鸡血提取活性蛋白酶,用鸡的其他下脚料喂养猪、鱼、鳖），以鸡粪生物有机肥开发利用为主的有机种植第二副业链（种植有机茶、有机稻等），实现了资源的综合、高效利用，做到变废为宝，化害为利，真正形成了无污染、零废弃的循环经济生产模式，获得了较高的经济、社会和生态效益。

该企业在全国肉鸡行业中率先同时通过 ISO 9001 国际质量体系认证和 HACCP 国际食品卫生安全体系认证，ISO 14001 环境管理体系认证。"圣农"牌冻鸡产品有三大系列，一百多个品种规格，并可根据客户要求生产不同规格的产品。早在 1994 年，公司就被国际快餐巨头肯德基公司定为中国区核心冻鸡供应商。圣农产品现已成为国内大中城市餐饮业、超市、快餐业的首选品牌之一，并远销日本、俄罗斯以及中东等国家和地区，产品产销率达 100%。

3. 循环农业"萧山模式"

2012 年，浙江省杭州市萧山区正式启动建设 10 万亩江东生态循环农业示范区。为了探索生态循环农业发展新路径、新模式，在江东生态循环农业示范区，一个投资 3000 余万元，集动物无害化处理、沼液收集配送、农作物秸秆综合利用、农药包装物回收处理和有机肥生产加工等五个功能单元于一体的江东农业废弃物综合处理中心正式开始运行，主要承担示范区及周边地区各类农业生产废弃物的无害化处置和资源化利用。

该综合处理中心具有日处理病死动物 24 吨，年处理秸秆 8000 吨、配送 2.5 万吨沼液、回收农药包装物 3 吨，加工有机肥 10000 吨的能力。其中动物无害化处理中心采用国内先进的湿化干化处理工艺和设备，动物尸体通过高温高压处理后，不仅可以有效杀灭病原菌，产生副产品油脂作为工业原料，实现了无害化处理和资源化利用双重目标。目前，萧山已设立了 29 个规模猪场病死猪收集点、3 个屠宰中心收集点、2 个镇街公共收集点，同时在中心配置专用收集运输车 6 辆，采用"统一收集、统一处理"的运行模式，定期收集病死动物。

此外，萧山不断探索循环农业发展的新路子，如有机肥加工、沼液异地配送消纳、秸秆喂牛养羊等，不仅有效控制源头污染，而且成了农家发家致富的"宝贝"。比如天元养殖公司探索形成的粪便生物链养殖处理新途径——蝇蛆处理猪粪规模和技术在全国领先，培育的蝇蛆烘干制成高蛋白饲料添加剂，处理后的粪便可以加工成生物质燃料棒和高品质有机肥，年销售产值达 1200 余万元，利润 380 万元。为了杜绝水污染，萧山积极推广应用农业投入品减量化和精确化技术，加强源头控制，努力减少农业污染物产生量。

目前，萧山已在示范区设立 80 个回收点，将开展农药废弃包装物回收处理机制。在大力推广使用生态循环农业技术、开展农业废弃物资源化利用、实施农业水环境治理的同时，萧山还积极扶持农业新兴产业。目前，示范区内建成了龚老汉、大洋、吉天、佳惠等一批农业休闲观光园，以及一批集吃住行娱乐于一体的观光旅游点。

4. 循环农业 "灌南模式"

近年来，浙江省连云港市灌南县以生态技术和农业实用技术为主导，形成了一批 "农" 字头的合作化产业群，不仅让农民的 "粮袋子" 变成 "钱袋子"，而且趟出了一条走循环农产业之路，实现粮丰、草绿、牛羊肥，田园、乡村清洁美丽的成功之路。该县在发展循环农业过程中，以低碳经济为核心理念，在畜牧、种植、水产三大产业之间，加入农业废弃物综合处理，把畜禽的粪便制成绿色有机肥还田，秸秆发酵成沼气发电，留下的沼液通过管道流进果蔬园肥田，或者进鱼田养鱼，经过这一环节之后，农村的 "污染源" 转眼间就成了农民发家致富的 "宝贝"，彻底打通了生态农业大循环的关键节点。

5. "鱼菜共生" 模式

鱼菜共生是一种新型的复合耕作体系，它把水产养殖与水耕栽培这两种原本完全不同的农耕技术，通过巧妙的生态设计，达到科学的协同共生，从而实现养鱼不换水而无水质忧患，种菜不施肥而正常成长的生态共生效应。

在传统的水产养殖中，随着鱼的排泄物积累，水体的氨氮增加，毒性逐步增大。而在鱼菜共生系统中，水产养殖的水被输送到水培栽培系统，由细菌将水中的氨氮分解成亚硝酸盐然后被硝化细菌分解成硝酸盐，硝酸盐可以直接被植物作为营养吸收利用。鱼菜共生让动物、植物、微生物三者之间达到一种和谐的生态平衡关系，是可持续循环型零排放的低碳生产模式，更是解决农业生态危机的有效方法。

鱼菜共生对消费者最有吸引力的地方有三点：第一，这种种植方式可自证清白。因为鱼菜共生系统中有鱼存在，任何农药都不能使用，稍有不慎会造成鱼和有益微生物种群的死亡和系统的崩溃。第二，鱼菜共生脱离土壤栽培，避免了土壤的重金属污染，因此鱼菜共生系统蔬菜和水产品的重金属残留都远低于传统土壤栽培。第三，鱼菜共生系统中，蔬菜有特有的水生根系，如果鱼菜共生农场带根配送的话，消费者很容易识别蔬菜的来源，消除消费者的疑虑。

4.4.6 国内生态循环农业综合开发项目案例分析

以海南省文昌市东郊镇上坡村生态循环农业产业综合开发项目为例进行说明。

1. 项目简介

（1）项目背景

根据海南省文昌市美丽乡村发展规划，以东郊镇上坡乡被列入文昌市美丽乡村建设试点乡村为契机，在充分利用和保护上坡乡生态资源、土地资源、人文资源的前提下，对上坡乡整体发展进行系统规划，综合开发，全面搞活上坡乡的农村经济。项目开发的原则是把本地美丽乡村建设与生态循环农业产业开发、传统落后的农业产业结构调整与农民增收致富紧密结合起来，本着 "规划引领、示范带动" 的原则，按照科学规划布局美、村容整洁环境美、创业增收生活美、乡风文明身心美的目标要求，建设"宜居、宜业、宜游"的美丽乡村，不断提高上坡乡村民的生活品质，促进生态文明和精神文明建设。

（2）所属产业

第三产业。

（3）建设地点

上坡乡位于文昌市东郊镇东北部，距东郊镇3.1公里，清澜港8公里，距文昌市区14公里。

2. 项目定位情况

项目的开发建设与政府的八门湾旅游规划和上坡乡及周边区域的美丽乡村建设规划紧密结合起来，以"亲水近农、生态保护、循环农业、养老养生、康乐度假"为主题，重点发展"循环农业生态养殖区、热带瓜菜种植区、健康养生度假区、农业休闲观光区"四大功能分区。基地按照"减量化、再利用、再循环"的生态循环农业发展理念，以现代化的生物质能综合利用工程为纽带，将热带高效瓜菜种植、特色水产品生态养殖、农业休闲观光旅游、健康养生度假有机结合，构建循环经济产业链条。

3. 项目优势分析

（1）项目地基本状况

上坡乡位于海南省文昌市东郊镇东南侧八门湾海湾西侧，现有村民445户，总人口1941人，其中农业人口1926人。上坡村拥有土地面积6522亩，集体用地面积6127亩，其中耕地面积981亩。上坡乡主要以农田耕地、林地、海水养殖及淡水河水资源为主，生态自然资源丰富。地貌为坡地，总体呈南高北低的态势，北侧多为水体。

（2）地理区位优势

上坡乡位于文昌市东郊镇东北部，距东郊镇3.1公里，清澜港8公里，距文昌市区14公里。属热带季风及海洋湿润气候区。年平均气温为23.9度，年平均降雨量1720毫米，年平均日照1800小时以上，年平均太阳辐射量为每平方厘米1150千卡，终年无霜雪，干旱时间较长。常年主导风向以南风和东北风为主。

（3）经济文化优势

上坡村是一个多姓氏混居的村庄，多元文化在此融合，文化上具有包容性。当地流传传统的民俗文化，如地公纪念日、琼剧、木偶戏等。农业主要是地瓜、花生种植、蜜蜂养殖、水产养殖，还有传统的椰子加工、米酒加工等小特色产业。围绕海湾建设的八门湾体育休闲步道和八门湾水景、椰林、湿地红树林资源是上坡乡休闲旅游开发利用的一个亮点。特别是距文昌卫星发射基地（航天发射主题公园）仅5公里距离。地理及环境优越，由政府投资的十几公里长的八门湾体育步道也是当地休闲旅游的一个亮点。因此，上坡乡完全可以作为新型生态循环农业与休闲旅游结合发展的创新示范基地。

4. 建设及投资情况

东郊镇上坡村生态循环农业产业综合开发项目建设内容及投资规模　　　表 4.4.6-1

序号	项目建设主要内容	投资额（万元）	投资比例（%）
1	防洪水利、电力基础工程	650	7.65
2	"巨菌草"牧场种植基地	500	5.88
3	有机瓜菜种植基地	1300	15.29
4	畜禽及水产品养殖基地	17500	20.59
5	养生旅游度假区改建工程	2500	29.41
6	农村健康医疗服务中心	800	9.41
7	农业废弃物综合处理工程	700	8.24
8	项目运作、设计规划费用	200	2.35
9	项目策划、宣传、培训费用	100	1.18
合计		8500	100

5. 经济及社会效益

（1）生态循环农业产业收益分析

本项目遵循"以草为纲、种养结合、循环发展"的发展路线，计划分期分批投资、分时分段开发。经由"巨菌草种植＋食用菌养殖＋秸秆蚯蚓养殖＋畜禽养殖＋农业废弃物综合处理利用"的循环农业途径带动，历经三期、3-5 年的滚动发展，可逐步发展成为年存栏山羊 2000 只、文昌土鸡 10000 只、牛 200 头、鹅 5000 只、秸秆蚯蚓活体 200 吨的规模，同时可形成年产饲草 3 万吨、干化固体有机肥 2 万吨、浓缩液体有机肥 1 万吨，以及年处理湿润性有机废弃物 4 万吨的能力，年循环农业产业总产值可达 20000 万元。

（2）生态效益

通过大面积巨菌草的种植，可在短期内形成连片草原牧场，有效提高东郊镇上坡乡的生态环境，提高生态农业产业化开发水平。同时，随着沼气等新型能源的推广应用、无公害农产品生产技术的引进应用、农业废弃物的综合开发利用、循环经济产业的开发，项目地的生态效益明显。

（3）社会效益

基地生态种植、养殖生产系统全部实现废弃物综合处理，实现零排放、零污染，形成循环经济产业链条，实现生物能、太阳能、沼气能系统满足基地自给自足需求，既有效保护了当地的生态环境，又可辐射和带动周边地区农民快速致富，推动地方经济的发展，建设成一个集种植养殖、生产加工、休闲观光、科普培训于一体的现代有机农业产业科技观光农业基地，建成文昌市最具规模和特点的旅游景点。

项目每年可向市场提供无公害有机瓜菜，丰富了农产品的供应市场，满足了当地市场的需求，同时为当地农村剩余劳动力提供了就业机会，增加了地方财政收入，促进了农业结构调整。

4.4.7 中国生态循环农业发展中存在的问题

1.农民的文化素质有待提高

农民的文化素质高低，直接影响农业循环经济的发展。农民要懂文化和农业技术，同时还要会经营，这样才有利于农业循环经济的发展。

2.缺少农业循环经济的观念

在农业经济循环发展中，有些农民缺少农业循环经济观念，只看重眼前的利益而忽视农业生态环境的保护。另外，个别地区的政府不注重农村循环经济发展的建设，对其缺少宣传的力度，就算对其进行了宣传，但是采用的宣传渠道和宣传形式很单一。正是因为他们对农业循环经济发展的观念意识低，最终导致在农业生产的过程中出现农业资源短缺、生态环境受到破坏、环境污染受到严重破坏等现象。这些都是阻碍农业循环经济发展的重要因素。

3.农业技术研发落后

农业循环经济发展，主要需要科学技术的支撑，要想农业循环经济更好地发展，就需要细致、复杂的科学技术。从我国农业循环经济发展的现状来看，在其发展中有些急需的科学技术没有出现或体现，即使有推广的让科学技术，但是应用也不到位。农业技术水平比较低，推广和使用率也很低。

4.政府资金投入有限，支持力度不够

在农业循环经济发展中，由于政府资金投入不足和支持力度不够，导致满足不了发展循环农业的基本要求。在农业循环经济发展的受益者和施行者中，很多都是资金短缺和技术落后的用户，依靠他们个人的力量很难维持农业循环经济发展。因此，要想促使农业循环经济顺利发展，一定要有政府的帮助和支持。[1]

4.4.8 中国循环农业发展对策与战略

1.要提升农民的整体文化素质

进一步加大对农民的培训力度，目的是把一些文化素质低的农民培养成为最新型的、有文化科学技术的农民，主要根据农业生产的实际情况，对一些生产经营能手进行实用人才培训，对一些出外打工的农民进行务工职业技能培训。与此同时，政府要

---

[1] 刘继诚.循环农业相关概念与循环农业发展中的几个问题（J）.南方农机，2018（04）.

鼓励一些有文化的毕业生和城市的下岗职工到农村去就业，为农村提供新的生产力，提高农民的整体文化素质，从而促进农业循环经济的发展。

2. 加强农业循环经济的技术创新

要高度重视对农业科技人员的培养，争取在最短的时间内培养出一支综合素质高的农业经济循环人才。要建立完善的科技推广体系，想方设法提升农业的科技投入，同时还要调动科技投入人员的积极性。

3. 加强农业循环经济发展的理念意识

大力宣传农业循环经济发展理论。根据农民的特点，加强树立农民对农业循环经济发展的观念意识，让农民正确认识农业循环经济对自己的好处。让全民积极地参与其中，争取在最短的时间内将传统的农业经济观念转化成农业循环经济观念。

4. 构建促进农业循环经济的财政支持体系

政府要建立一个完善、合理的财政支农资金的稳定增长机制体系，同时还要落实到位。鼓励社会上的一些企业尽量把资金投入农村或农业当中，这种对农业多渠道的投资更有利于农业循环经济的发展。

4.5 田园综合体相关产业分析——乡村旅游产业

4.5.1 中国乡村旅游产业发展特征

1. 增长速度快，总体规模较大，单体规模较小

从 20 世纪 80 年代乡村旅游萌芽算起，时至今日，乡村旅游在我国发展的时间不过三十年，但已经遍及全国。

目前国内关于乡村旅游的统计还不成熟，缺乏科学数据支持。据保守估算，全国各类乡村旅游经营点至少数以万计，旅游形式几乎涵盖了乡村所有内容。与此相对应，中国旅游业发展到现在，全国县以上的旅游区点 18000 家，旅行社 13000 家，星级饭店 10000 家。相比较而言，乡村旅游的增长速度和发展规模都是前所未有的。

但同时也应看到，乡村旅游的单体规模较小，到目前为止，农产的经营方式还是普遍的主要经营方式，这也符合初级阶段的特点。在很多地方，一处农家小院，一个家庭妇女，就能开办一个农家乐旅游点，相对于其他旅游形式而言，这种简单的经营方式是无法想象的。而就是成千上万个农家小院汇集了一个总体规模庞大的乡村旅游市场，并逐渐发展成为一个不容忽视的新兴产业。

2. 品种繁多，形式多样

我国是一个资源种类比较丰富的国家，地理环境复杂，高山林立，湖泊纵横，平原广阔，各种地貌特征种类齐全，而且还有悠久的历史文化和众多的民族，文化多元。最重要的是农村地域占国土面积的主要部分，许多资源都位于农村。而目前乡村旅游

的发展还处于对资源的粗放利用阶段，有什么就干什么，游客需要什么样的产品就开发什么，因此乡村旅游产品呈现出种类繁多、形式多样、丰富多彩的格局，这也是初级市场对应初级需求、产生初级产品的过程。

3. 市场对应性强，消费水平低

快速发展虽然能实现量的急剧增加，但同时质的问题有待突破。量的发展和质的发展是两个发展阶段的表现。在市场发展的初级阶段，通常是以量取胜，在量的基础上再寻求质的突破。乡村旅游在发展初期所表现出的总量大、个体小的特点就是初级阶段的特点，其对应的一个结果则是消费水平较低。成本和效益是成正比的，在发展初期，产品的开发成本较低，价格也自然较低，因此消费水平也就相对较低。

4. 近距离，本地化、重复性消费

目前，受我国城市居民收入不断提高，休闲意识逐步增强，以及法定假日增多等因素的影响，城市居民旅游的意愿呈现逐年上升趋势，旅游已经成为城市人生活中的一项生活必需品，在长假有限、长线旅游花费成本较高、交通不便等情况下，利用双休日和节假日近距离旅游的人数越来越多，交通便利的城市周边的近郊和远郊地区的乡村成为人们观光、休闲、度假、放松的首先之地。这也是乡村旅游得以迅速发展的原因之一。

基于这种需求的影响，乡村旅游市场在发展之初具有近距离、本地化的特点。此种旅游方式多为自驾游、自由行，游客是出于需要自发形成的旅游，其旅行过程中更为放松，也更能体验到旅游的愉悦，游客再次游玩的意愿更强；再加上乡村旅游的消费成本不高，因此，与一般大众观光类旅游不同，乡村旅游的重游率较高，具有重复消费的特征。

乡村旅游在经历了初期的爆发式发展后，目前已经处于一种相对饱和的状态，发展开始放缓，这是市场调整的一个必然过程。当巨大需求能量得以释放以后，一些初级阶段的问题开始暴露，市场开始从盲目转为理性，当前的中国乡村旅游业的发展已经开始出现了转型，即从原来以量为基础的发展方式开始转为以质为基础。

4.5.2 中国乡村旅游产业运行现状

1. 产业规模增长迅速

伴随着工业化和城镇化进程的加快，我国休闲农业与乡村旅游快速发展。2008-2010 年，我国休闲农业与乡村旅游收入以年均 46.39% 的速度递增。2009 年，乡村旅游行业已经形成 800 亿元的经营收入，带动近 200 万城乡人口就业，其中安排农民就业 159 万人，实现农民增收 257 亿元，带动农产品销售收入 352 亿元。仅在地处中部的江西省，就已有各类休闲农业和乡村旅游园区或企业 1467 家，直接安排以农民为主的从业人员 80320 人，间接带动农民就业 60540 人，年营业收入超过 48 亿元。

2016 年全国休闲农业和乡村旅游共接待游客近 21 亿人次，营业收入超过 5700 亿元，从业人员 845 万人，带动 672 万户农民受益。

2017 年全国休闲农业和乡村旅游接待游客超 28 亿人次，收入超 7400 亿元，带动700 万户农民受益，已成为农村产业融合主体。

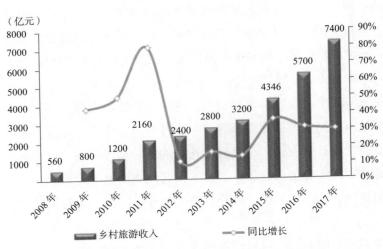

图 4.5.2-1　2008-2017 年乡村旅游收入变化情况

2. 行业投资总量较大

2016 年全国乡村旅游共完成投资额 3856 亿元，同比增长 47.6%；2017 年，全国乡村旅游完成投资 5500 亿元，同比增长了 42.6%。

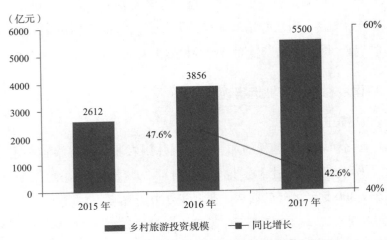

图 4.5.2-2　2015-2017 年乡村旅游投资规模变化情况

3. 产业带动作用增强

随着我国人均可支配收入的不断提高,休闲农业与乡村旅游行业市场规模也得到快速发展。根据农业部的数据,截至 2017 年底,休闲农业和乡村旅游各类经营主体已达 33 万家,比 2016 年增加了 3 万多家,营业收入近 5500 亿元,整个产业呈现出"井喷式"增长态势。休闲农业和乡村旅游贯穿农村一二三产业,融合生产、生活和生态功能,紧密连接农业生产、农产品加工业、农村服务业,是一种新型的产业形态和消费业态。休闲农业和乡村旅游的供给结构更加优化,要素资源更加活跃,促进了农村资源的合理配置、农民自主创业意识提高、农村生活水平的稳步提高。

此外,农业农村新主体不断增多,截至 2017 年,各类返乡下乡创业创新人员达到 700 万人,新型职业农民超过 1400 万人,新型经营主体 290 万家;82% 的返乡下乡双创产业是融合类产业,覆盖特色种养、加工流通、休闲旅游、信息服务、电子商务等多个领域;54% 以上的双创主体运用互联网等现代信息技术,89% 的双创主体都是抱团创业、联合创业。

4. 主题类型逐渐丰富

（1）农家乐类型

农家乐是以农家为主要旅游资源,以农村其他资源为辅助旅游资源,策划开发的旅游产品类型。"农家乐"旅游以农业、农村、农事作为主要发展载体,重点突出一个"农"字。农家乐类型除了山东类型外,还有成都"农家乐"、湖南"农家乐"值得关注。

（2）民俗村类型

民俗文化村的建设模式分为实地村落和模拟村落两种。实地村落,或称"原生型民俗村寨",是在民族地区选择较为典型的天然村落对民俗文化进行开发、保护和利用,展现一个活生生的民族生活现状。实践证明,这是最富有生命力的民俗文化村模式。模拟村落,是把某一地某些民族的文化生活现状以模拟的形式,保存或重建加以展示,属于主题公园类型。模拟民俗村往往建在城市周围,以弥补城市旅游资源的缺乏,为开拓客源市场提供了新的思路,也为保护民俗文化提供了一条非常重要的途径,但不代表民俗旅游发展的方向。

（3）田园风光类型

田园风光,是广袤田垄与峰林山峦相连、田秀山青、山环水绕、河映山村的美妙景色。田园风光游是乡村旅游区别于都市旅游最大的韵味。由于不同地域地质地貌的差异,田园风光又表现出江南田园风光、平原田园风光、山林田园风光、水乡田园风光、梯田田园风光、热带田园风光等不同特点。

（4）古村落类型

我国在明清两朝曾有一个乡村社会的繁荣发展时期,给后世留下了拥有大量传统民居的古村落,形成了我国乡村旅游的一个重要特色。在我国乡村旅游古村落类型中,以皖赣古村落旅游最具典型性。

（5）果木园林类型

果木园林类型以山东果木园林旅游最为突出。

（6）观光农场类型

在观光农场的乡村旅游类型中以台湾观光农场为成熟。

4.5.3 中国乡村旅游发展模式分析

1. 个体农户经营模式

个体农民经营模式是最简单和初级的一种模式，它主要以农民为经营主体，农民自主经营，通过对自己经营的农牧果场进行改造和旅游项目建设，使之成为一个完整意义的旅游景区（景点），能完成旅游接待和服务工作。

这种模式通常呈现规模小、功能单一、产品初级等特点。通过个体农庄的发展，吸纳附近闲散劳动力，通过手工艺、表演、服务、生产等形式加入服务业中，形成以点带面的发展模式。目前，在全国各地迅速发展的"农家乐"就是这一经营模式的典型代表。如湖南益阳赫山区的"花乡农家"和内蒙古乌拉特中旗的"瑙干塔拉"，通过旅游个体户自身的发展带动了同村人参与乡村旅游的开发，走上共同致富的道路。

2. 农户 + 农户模式

农户 + 农户模式是由农户带动农户，农户之间自由组合，共同参与乡村旅游的开发经营。这也是一种初级的早期模式，只是通过农户间的合作，可以达到资源共享的目的。

（1）模式的形成

在远离市场的乡村，农民对企业介入乡村旅游开发有一定的顾虑，大多农户不愿把资金或土地交给公司来经营,他们更信任那些"示范户"。在这些山村里，通常是"开拓户"首先开发乡村旅游并获得了成功，在他们的示范带动下，农户们纷纷加入旅游接待的行列，并从示范户学习经验和技术，在短暂的磨合后，就形成了"农户 + 农户"的乡村旅游开发模式。

（2）模式特点

这种模式通常投入较少，接待量有限，但乡村文化保留最真实，游客花费少还能体验最真的本地习俗和文化，是最受欢迎的乡村旅游形式。不过，受管理水平和资金投入的影响，通常旅游的带动效应有限。

例如，湖南汉寿县的"鹿溪农家"，从 2001 年 7 月起开发乡村旅游，最初只有两户村民参与，在不到一年的旅游接待中，"开拓户"获纯利 8000 元，产生了巨大的示范效应，到 2003 年全村 30 多户中有 14 户条件较好的农户参与旅游接待服务，还有不少农户为旅游提供特种家禽、绿色蔬菜、山里野菜、生态河鱼等农产品和参与民俗表演，逐渐形成了"家禽养殖户""绿色蔬菜户""水产养殖户""民俗表演队"等专业户和旅游服务组织，吸纳了大量富余劳动力，形成了"一户一特色"的规模化产业，通过乡村旅游的开发，顺利调整了农村产业结构，实现了农村经济的良性发展。

3. 公司＋农户模式

公司＋农户模式的主要特点是公司开发、经营与管理，农户参与，公司直接与农户联系、合作。

（1）模式的形成

这种模式的形成通常是以公司买断农户的土地经营权，通过分红的形式让农户受益。它是在发展乡村经济的实践中，由高科技种养业推出的经营模式，因其充分考虑了农户利益，在社区全方位的参与中带动了乡村经济的发展。

（2）模式特点

这种模式通过吸纳社区农户参与乡村旅游的开发，在开发丰富的乡村旅游资源时，充分利用社区农户闲置的资产、富余的劳动力、丰富的农事活动，增加农户的收入，丰富旅游活动，向游客展示真实的乡村文化。同时，通过引进旅游公司的管理，对农户的接待服务进行规范，避免不良竞争损害游客的利益。

（3）模式缺点

这种经营的缺点在于公司经营时因追求利润最大化而形成的短期行为，会对乡村的生态环境、人文环境等方面带来不良影响，另一方面由于公司自主经营，缺乏有效的监督机制，在信息不对称的情况下，公司隐瞒财务信息，不分或少分红给农户，可能会造成农民利益的损失。这种模式目前在国内比较普遍。

4. 公司＋社区＋农户模式

公司＋社区＋农户模式的主要特点是公司只与当地社区，即村委会合作，由社区委员会、村委会组织农户参与乡村旅游。同时公司负责农户的专业培训和规范农户的旅游经营行为。其典型代表是湖南省浏阳市"中源农家"。

5. 政府＋公司＋农民旅游协会＋旅行社模式

政府＋公司＋乡村旅游协会＋旅行社模式的特点是发挥旅游产业链中各环节的优势，通过合理分享利益，避免了乡村旅游开发过度商业化，保护了本土文化，增强了当地居民的自豪感，从而为旅游可持续发展奠定了基础。

这种模式中，由镇政府、村委组建文化保护与开发办公室，负责乡村旅游的规划和基础设施的建设，优化发展环境；农民旅游协会负责组织村民参与乡村旅游，并协调公司与农民的利益；旅行社负责开拓市场，组织客源；农民作为旅游的参与者，履行住宿餐饮提供、导游、工艺品制作等职能。

目前主要以贵州省平坝县天龙镇为代表。天龙镇从 2001 年 9 月开发乡村旅游，到 2002 年参与旅游开发的农户人均收入提高了 50%，同时推进了农村产业结构的调整，在参与旅游的农户中有 42% 的劳动力从事服务业，并为农村弱势群体、妇女、老人提供了旅游从业机会，最大限度地保存了当地文化的真实性。

6. 股份制模式

为了合理地开发旅游资源，保护乡村旅游的生态环境，可以根据资源的产权将乡村旅游资源界定为国家产权、乡村集体产权、村民小组产权和农户个人产权 4 种产权主体。

（1）参股方式

在开发乡村旅游时，可采取国家、集体和农户个体合作，把旅游资源、特殊技术、劳动量转化成股本，收益按股分红与按劳分红，进行股份合作制经营；通过土地、技术、劳动等形式参与乡村旅游的开发。

（2）运作和收益分配

企业通过积累完成扩大再生产和乡村生态保护与恢复，以及相应旅游设施的建设与维护。通过公益金的形式投入乡村的公益事业，如导游培训、旅行社经营和乡村旅游管理，以及维持社区居民参与机制的运行等。同时通过股金分红支付股东的股利分配。这样，国家、集体和个人可在乡村旅游开发中按照自己的股份获得相应的收益，实现社区参与的深层次转变。

（3）模式优点

通过"股份制"的乡村旅游开发，把社区居民的责任、权利、利益有机结合起来，引导居民自觉参与他们赖以生存的生态资源的保护，从而保证乡村旅游的良性发展。

4.5.4 中国乡村旅游众创模式分析

1. 众创与乡村旅游创客的兴起

提出"大众创业、万众创新"，大力发展"众创空间"，是我国在新的经济形势下不断解放和发展生产力的重要举措。2015 年上半年，国务院先后发布了《关于发展众创空间推进大众创新创业的指导意见》和《关于大力推进大众创业万众创新若干政策措施的意见》，从优化财税政策、发展创业服务、搭建创新平台等方面加大对于创新创业的扶持力度，为众创的发展提供了良好的政策环境。

目前，我国的众创活动主要集中在城市众创空间、产业孵化器等形式之中。与此同时，广大的乡村地区由于地域广阔、租金低廉、业态丰富、亲近自然等优势条件，逐渐发展成为以乡村为主要基地、以乡村旅游为主要业态的众创空间，涌现出一大批"乡村创客"群体，通过文化创意、创新创业重新定义了乡村的价值，为我国乡村旅游的发展提供了新的思路与模式，乡村旅游也进入了自己的众创时代。

2. 乡村旅游众创的时代价值

从我国乡村旅游发展现状看，乡村旅游人次高但总体收入水平却比较低，这一现状正反映出我国乡村旅游的潜力尚未得到充分挖掘的事实。而众创模式给乡村旅游中乡村资源的开发提供了更为丰富的手段、雄厚的财力以及极具开创性的经营模式等，这对乡村旅游价值的开发起到了较大的作用。

另外，国家出台政策《关于发展众创空间推进大众创新创业的指导意见》和《关于大力推进大众创业万众创新若干政策措施的意见》鼓励众创模式的发展，在这样的大环境下，众创模式能够更容易地融入我国乡村旅游中发挥价值创造作用。

3. 乡村旅游的众创发展模式

从目前众创发展的进程来看，众创空间基地的建设已成为趋势。以福建福安市为例，该市在乡村旅游的众创模式上采用的是"乡村众创空间"模式，在各级党委、政府的指导下，他们成立了晓阳镇返乡创业大学生党支部和晓阳镇乡村众创空间，在带动山乡产业发展、村民致富中发挥越来越重要的作用。

而除此之外，乡村旅游的众创模式还有"农户 + 众创平台"等。以安溪乡村旅游的众创模式为例，大坪旅游以民宿为切入点，充分挖掘两岸文创元素，以众筹、全民皆股东的模式运营，透过由下而上结合老中青三代及两岸新知青的参与，创客打造后的乡村吸引不少游客慕名而来，乡村旅游逐步走入"众创时代"。短短一年来，举办、承办过多场大型活动，以"茶香人家"为典范，吸引来自德国、英国、日本、乌克兰以及我国港澳台等地大批游客及官方媒体前来体验、拍摄取景。

4. 乡村旅游众创的未来展望

2016 年 8 月，为深入推进乡村旅游创客创业行动，形成一批高水准文化艺术旅游创业就业乡村，充分发挥乡村旅游创客示范基地在推动乡村旅游转型升级和提质增效中的创新性、示范性和引领性，国家旅游局组织开展了第二批中国乡村旅游创客示范基地推荐工作。经过初选、核实、审定等程序，国家旅游局认定北京市通州区宋庄镇旅游文化艺术创业基地等 40 个单位为第二批"中国乡村旅游创客示范基地"。

对于乡村旅游创客群体而言，今后将面临发展机遇期。在改造、开发具体的乡村旅游项目的时候，要紧紧把握当地的传统文化，结合自身创意，走差异化发展的道路，打造"小创美"的乡村旅游产品，积极探索乡村旅游的新形式，不断将旅游、文化、农业及相关产业融合，创新旅游产品与经营模式，提升乡村旅游业的附加值。

4.5.5　中国乡村旅游存在的主要问题

1. 农民生活现代化诉求与旅游乡村特性相背

旅游景区农民长期以来以耕作、养殖作为维持生计的主要方式，与周边地区相比尚属于经济欠发达地区。近年来，已有许多村民选择进城务工，在拥有了一定的经济基础后，回家乡翻修老屋、建新房，村内已出现了许多与周边环境极不协调的西式洋房。然而，乡村旅游是建立在由乡村的人居环境、田园风光、生活方式、民俗风情和生产活动等城市所不具备的独特要素基础之上的。因此，保持乡村旅游地的乡村性是其生存和发展的基础，这与当地村民对现代生活的期盼构成一对复杂的矛盾。

2. 农民各项素质与旅游效益的矛盾

市场经济规律要求旅游开发追求效率和收益，而其基础是丰富的市场知识、雄厚的资金实力和大量的专业人才，而一般乡村匮乏这些要素。这种现实状况决定了乡村自身不能为乡村旅游提供专业人才和积极有效的技术指导，而需要依靠外界输入，这会形成收入、就业机会的大量外漏，使农民在乡村旅游发展中面临被置换的危险，同时传统耕种产业的消失会造成大量的富余劳动力，更使当地农民面临生存挑战，结果有可能造成大多数农民不但不能从旅游发展中获取利润，相反还要承担旅游发展产生的环境污染、道德弱化、物价上涨、地位下降等负面影响。

3. 开发意识不强

由于农民的市场经济意识较低，旅游自主开发意识不强，表现在乡村旅游开发中的"等、靠、要"思想，即等政府来发动，靠政府拿钱来，要政府解决旅游开发中出现的所有问题。农民乡村旅游的自主开发意识不提高，必将影响乡村旅游开发建设的整体速度。

4. 管理与经营体制不健全

一是大多数民营资本进入后，采用家族式管理，用人制度极不完善，任人唯亲的现象普遍存在，造成内部管理混乱；二是立法机制几乎空白，因项目雷同，争夺资金等而导致的无序竞争和恶性竞争等，市场营销行为得不到应有的规制；三是在资源保护和环境保护的体制方面有很大欠缺，由于执法渠道不畅，执法手段不严，而使环境和资源遭到破坏的现象时有发生。

4.5.6 中国乡村旅游发展的对策建议

1. 让乡村景观意境延续

农村与农民的现代化可能对乡村旅游赖以存在的乡村性造成破坏。同时，乡村旅游发展所导致的乡村城市化、商业化也会摧毁乡村旅游的乡村性基础。规划中可以通过完善配套基础设施、公共设施和社会服务以满足农民对都市生活的追求。

同时，培育农民对自己栖居的自然环境的优越感和农耕生活方式的自豪感。旅游开发和农村居民点整治中，要在保持乡村景观本地特色的基础上，通过整体策划，凸显其经济价值，缜密梳理乡村景观载体，包括乡村聚落文化与民居建筑、乡村传统生产与自然协调、历史过程与文脉延续、乡村宗族文化与祭祀活动等。规划应该努力避免乡土景观文化特质伴随着旅游开发和农村居民点整治而消亡。规划统一农居建筑、休闲房产、农家乐及旅游设施的建筑风貌。

2. 让当地农民参与旅游产业

乡村旅游的开展是以促进乡村社区发展为目标，目的是使旅游业成为乡村支柱产业和经济发展内容，并使农民从旅游业中直接获利，农民若是在旅游发展中被边缘化则丧失了旅游开发的根本意义。为了保证居民在乡村旅游中普遍受益，同时考虑到旅游产业的持续发展，应当积极倡导当地农村社区参与旅游业发展全过程。社区参与乡村旅游还有助于旅游项目更加符合社区居民的需要、价值观以及各方面的标准，从而使旅游项目更易于被当地社区居民接受，提高乡村旅游开发项目的成功率。

另外，乡村旅游是第一产业与第二产业的有效结合，与社区传统的生活方式形成互补，同时提供大量的商业机会和就业岗位，社区参与能够促进农民增收，为社区发展带来活力。首先，在规划决策阶段，以公众参与方式向村民征集旅游规划意见和提案，参与旅游项目的设计开发。其次，在景点设置、旅游项目安排上，要更多地考虑农民参与的可能性。再者，农民可直接参与旅游服务与管理，担任售票员、导游等工作。

3. 挖掘文化，培育品牌

文化是核心，旅游是载体，以文兴旅是现代旅游业发展的重要特征，乡村旅游亦然。因此，无论是对乡村旅游景区（点）的规划建设，旅游产品的开发，还是对乡村旅游活动的策划实施，都应在深度挖掘民俗文化、民间绝活、民间技艺等反映本土文化的内容上下功夫，让游客看得到、吃得到、体验得到文化，挖掘三八"妇女节"、清明节、端午节、中秋节、"五一"、"十一"等国家法定节假日旅游节庆活动的影响力，加大宣传力度，扩大知名度，营造特色和鲜明的个性，突出旅游节庆对旅游经济的贡献与拉动作用。

大力开发特色旅游商品，做到"人无我有，人有我优，人优我特"，同时又要努力赋予乡村旅游以时代特征和内涵，这样才能既满足旅游者对文化的需求，同时也提升乡村旅游产品的档次，进而不断提高乡村旅游的文化品位和社会价值。

4. 走可持续发展之路，加大政府宏观调控力度

乡村旅游在各地是作为发展经济的产业来扶持的，旅游业的发展是否有可持续发展的后劲，是事关农村经济发展的大事。而生态农业旅游是乡村旅游可持续发展的一条通道，开发中应当选择生态效益型道路，保护农村生态环境和人文环境。在管理上建立"经济、行政、法律"三位一体的综合管理制度，在行政上，加强行政管理职能，实施有效的检查、监督和奖惩制度，统一区内的规划建设旅游服务、民政、治安等工作；在法制上，要加快立法进程，建立执法队伍，把专管与共管结合起来，建立区内群众组织，同时要注重政府的宏观调控作用，做好统一审批规划、招商引资、对外宣传等。

4.6 田园综合体其他相关产业发展前景分析

4.6.1 创意农业

1.创意农业发展规模

目前，我国创意农业更多是以现代农业示范园区和休闲农业示范点为依托发展起来的，这两类项目已经发展为创意农业的主要发展平台。

自2010年以来，农业部在全国范围内先后认定了三批共283个国家现代农业示范区。统计显示，全国283个示范区点状分布在各个区域类别、各种地形当中，面积共有127万平方公里，占全国国土面积的13%，具有较强的代表性。在主导产业上，13个粮食主产省的示范区总量达到173个，约占60%。这些示范区都以粮食、肉类等为主导产业。此外，以蔬菜、水果、花卉等特色产业为主导的示范区占到40%左右。

在区域分布上，东北平原、华北平原、长江中下游平原的示范区较多。而草原、丘陵、山区和渔区等也有特色鲜明的示范区，比如说内蒙古的西乌珠穆沁旗生态畜牧业，贵州湄潭山区特色农业建设等都有声有色，还有江苏苏州市相城区现代生态渔业发展效益也非常显著。在行政层级上，以县为主，共计有236个县，包括县级市和区、旗，占83.4%，地市一级共有42个，占14.8%，省级和乡镇一级比较少，共5个。

此外，农业部自2010年以来，组织开展全国休闲农业和乡村旅游示范县（市、区）创建工作，截至2017年60个全国休闲农业和乡村旅游示范县（市、区）的公布，全国共认定388个生态环境优、产业优势大、发展势头好、示范带动能力强的示范县（市、区）。

2.创意农业产业链分析

创意农业是以创意生产为核心，以农产品附加值为目标，指导人们将农业的产前、产中和产后诸环节连接为完整的产业链条，将农产品与文化、艺术创意结合，使其产生更高的附加值，以实现资源优化配置的一种新型的农业经营方式。发展创意农业对我国农业发展意义重大，是农业发展的新引擎，存在巨大的发展和效益空间。

3.创意农业运营特征

创意农业运营特征分析　　　　　　　　　　　　　　　　表 4.6.1-1

特征	具体分析
激活乡村经济的投、融资	我国长期存在农村反哺城市的资金反响流动状况，这加剧了城乡二元结构，抑制了内需消费，是当前我国经济及社会亟待调整的问题。创意农业为乡村的投融资带来契机，同时，也要求对乡村投融资的全面激活。加大金融对创意农业的支持力度，是创意农业发展不可缺少的重要条件。通过政府引导、政策支持、市场激励的方式，加快创意农业发展的资本市场建立。鼓励农村信用社、小额农业贷款机构、农业合作银行等乡村农业金融机构的切实措施，真正从投融资体系上支持创意农业的发展

特征	具体分析
嵌入专业知识与创意理念	创意农业同其他创意产业一样，是知识密集型和文化创意型的集合成果。所以，发展创意农业同样需要紧扣时代的相关知识与创意理念。无论产业规划、品牌策划、生态设计，还是文化的嵌入、功能的创新，都需要有"创意知识"的融入。在具体行动上，通过相关专业的介入，带来时代前沿创意艺术及科技知识，培育乡土"创意社会"的环境氛围，激发民众的创意思维。这样才能使创意农业的发展有厚实的土壤环境
构建组织化的运作机制	虽然创意农业不排斥"家庭小单位"的经营模式，如农家乐及小型庄园经济，但其更渴望规模化与组织化的运营方式。从创意农业开发的产业链来看，过于分散的经营方式，将会造成投入产出比的偏离，缺少规模化的企业等市场力量的跟进，将很难投放市场、树立高端品牌，从而将大大限制其资本运作的潜力。 此外创意产品的研发、生态田园的设计、创意产业的经营，都需要统一研发、统一规划、统一管理。因此，真正实现创意农业全景产业链开发和社会主义新农村的建设，应采用以"规模化、企业化、组织化、品牌化"为主导、以"规模化、家庭化、个体化"为补充的运营方式，这样才符合创意农业的产业化开发规律
铺垫社会化的市场体系	中国创意农业的未来发展，最关键是落实以市场需求为导向，走出一条创新型的市场开发之路。通过资本、技术、人才、运作机构的充分培育，打通创意农业的全景产业链的各个环节，建立起全国范围内的创意农业市场化开发体系，从教育、科研、人才、政策、市场、税收、专利保护、商贸流通、行业协会等各个方面为市场化开发创造外部条件，从而形成具备国际竞争力的创意农业市场体系

4. 创意农业典型模式

创意农业典型模式分析 表 4.6.1-2

模式	具体分析
农业产品创意模式	搞农业，最怕的是一哄而起、同质化。通过创意，开发"人无我有、人有我精"的特色种养，对农民增收意义非凡
农业景观创意模式	景观农业就是利用多彩多姿的农作物，通过设计与搭配，在较大的空间上形成美丽的景观，使得农业的生产性、可持续性同审美性结合起来，成为生产、生活、生态三者的有机结合体
农业饮食创意模式	开发具有地方特色的农食文化，使前来观光的游客感受当地的饮食文化
农业文化创意模式	创意农业的服务重心正倾向于对大众文化服务需求的满足，结合单纯的农业生产与农耕文化，结合农产品与文化开发，赋予农产品和农业生产过程以文化内涵和价值
理念主导型模式	理念主导型模式最大的特征，在于依托创意理念，结合时代发展潮流与时尚元素，赋予农业与乡村时代特色鲜明的发展主题
市场拓展型模式	市场导向型创意农业由旺盛的市场需求而促进发展。这类创意农业对传统农业基础没有必须的要求，更多受区域市场的引导，把握市场动向，发展特定的受市场热捧的乡村农产品或相关乡村休闲活动
产业融合型模式	产业导向型模式充分利用乡村既有的农业产业基础，延伸发展，选择第二、第三产业中的适宜实体，提升原有农产业的层次，延长原有农业产业链条，实现产业的进化与创意发展

5. 创意农业挑战分析

目前，我国创意农业发展尚处起步阶段。

首先，缺乏创意农业的战略规划和总体设计。大多数创意农业均为自发形成，个体经营居多，布局凌乱，各自为战；政府也没有专门的政策支持，基础设施和公共服务缺乏，形不成规模效益和优势品牌。

其次，创意农业知识含量低，产业链条短，品牌意识薄弱。创意农业主要被理解为郊区观光、旅游农业。不少创意农业简单模仿，同质化严重，生产粗放、产品粗糙，品牌缺乏文化内涵和产品创新动力。

第三，缺乏创意农业专业人才，特别是具有创意理念的高素质农民和产品品牌运作高层次人才。我国创意农业领域掌握宏观经济、产业格局、整合营销、品牌管理、文化开发的复合型人才数量较少。农业劳动者素质整体不高，在接受新观念、获取信息、提高技能、参与市场竞争等方面面临较多困难。

最后，大量创意农业资源未得到充分开发。我国老少边穷地区绝大多数具有优良的自然环境，独特的历史文化，浓郁的民族风情，由于观念落后、人才匮乏，这些宝贵的创意农业资源没有得到有效开发。

6. 创意农业前景展望

当前发展创意农业、休闲农业、旅游农业具有政策优势。如国家提出工业反哺农业，农业部设立休闲农业处来推动休闲农业发展，国家旅游局大力支持市民工作在城市、休闲在乡村。乡村旅游的发展对促进乡村和谐发展能够起到积极的作用，而且越来越多的政府领导者认识到发展乡村旅游的重大意义，提出发展乡村旅游是统筹城乡发展的重要举措，发展乡村旅游是构建社会主义和谐社会的重要载体。

（1）创意农业成为亿万农民增收致富的朝阳产业

建设创意乡村成为中国农民未来的新追求。创意乡村通过培养创意农民，以创意生产为核心，以美学经济为基础，以发展优质高效的创意农产品为目的。创意乡村是以提升农产品附加值为目标，将农产品与文化、艺术创意结合，大力构建创意生产、创意生活、创意生态，推进工农互促、统筹城乡发展、共享现代文明的新农村发展模式。在美学经济理论指导下，创意农业美学以创意农业文化、乡村美学建设、农业总部经济为背景，以提高"三率"即土地产出率、资源利用率、劳动生产率为目的，创建"三位一体"即产业集群、总部基地和创意农业旅游相结合的商业模式，努力打造具有国际竞争力的创意农产品高端品牌，抢占国内外高端特色农产品市场，提高农产品附加值，使其成为农民增收致富的"法宝"。

（2）创意农业实现农业转型的"蝶变效应"

创意农业创新了农业发展模式。以陕西杨凌为例，"窗中结红薯，如同摘瓜果"已经变成了现实。种下一棵苗，连续收获三五年，单株块根产量能达到1000公斤以上。在红薯树下可以种植有机盆景、辣椒等各种新鲜蔬菜，在让更多的农民尝到种薯致富的甜头。

4.6.2 休闲农业

1. 休闲农业发展背景

休闲农业是现代农业的新型产业形态、现代旅游的新型消费业态，为农林牧渔等多领域带来了新的增长点。"十二五"以来，全国休闲农业取得了长足发展，呈现出"发展加快、布局优化、质量提升、领域拓展"的良好态势，已成为经济社会发展的新亮点。"十三五"时期，随着城乡居民生活水平的提高、闲暇时间的增多和消费需求的升级，休闲农业仍有旺盛的需求，仍将处于黄金发展期。目前，休闲农业发展现状与爆发式增长的市场需求还不相适应，发展方式还比较粗放，存在思想准备不足、基础设施滞后、文化内涵挖掘不够、产品类型不够丰富、服务质量有待提高等问题，亟须提档升级。

大力发展休闲农业，有利于推动农业和旅游供给侧结构性改革，促进农村一二三产业融合发展，是带动农民就业增收和产业脱贫的重要渠道，是推进全域化旅游和促进城乡一体化发展的重要载体。各地要充分认识休闲农业消费对增长的积极作用，进一步提高思想认识，完善政策措施，加大工作力度，切实推动休闲农业产品由低水平供需平衡向高水平供需平衡跃升，为促进农业强起来、农村美起来、农民富起来作出新贡献。

2. 休闲农业发展阶段

第一阶段　早期兴起阶段（1980-1990 年）

该阶段处于改革开放初期，靠近城市和景区的少数农村根据当地特有的旅游资源，自发地开展了形式多样的农业观光旅游，举办荔枝节、桃花节、西瓜节等农业节庆活动，吸引城市游客前来观光旅游，增加农民收入。如广东深圳市举办了荔枝节活动，吸引城里人前来观光旅游，并借此举办招商引资洽谈会，取得了良好效果。河北涞水县野三坡景区依托当地特有的自然资源，针对京津唐游客市场推出"观农家景、吃农家饭、住农家屋"等项旅游活动，有力地带动了当地农民脱贫致富。

第二阶段　初期发展阶段（1990-2000 年）

该阶段正处在我国由计划经济向市场经济转变的时期。随着我国城市化发展和居民经济收入提高，消费结构开始改变，在解决温饱之后，有了观光、休闲、旅游的新要求。同时，农村产业结构需要优化调整，农民扩大就业、农民增收提到日程。在这样的背景下，靠近大、中城市郊区的一些农村和农户利用当地特有农业资源环境和特色农产品，开办了观光为主的观光休闲农业园，开展采摘、钓鱼、种菜、野餐等多种旅游活动，如北京锦绣大地农业科技观光园、上海孙桥现代农业科技观光园、广州番禺区化龙农业大观园、河北北戴河集发生态农业观光园、江苏苏州西山现代农业示范园、四川成都郫县农家乐、福建武夷山观光茶园等。这些观光休闲农业园区，吸引了大批城市居民前来观光旅游，体验农业生产和农家生活，欣赏和感悟大自然。

第三阶段　规范经营阶段（2000年以来）

该阶段处于我国人民生活由温饱型全面向小康型转变的阶段，人们的休闲旅游需求开始强烈，而且呈现出多样化的趋势：①更加注重亲身的体验和参与，很多"体验旅游""生态旅游"的项目融入农业旅游项目之中，极大地丰富了农业旅游产品的内容。②更加注重绿色消费，农业旅游项目的开发也逐渐与绿色、环保、健康、科技等主题紧密结合；③更加注重文化内涵和科技知识性，农耕文化和农业科技性的旅游项目开始融入观光休闲农业园区；④政府积极关注和支持，组织编制发展规划，制定评定标准和管理条例，使休闲农业园区开始走向规范化管理，保证了休闲农业健康发展；⑤休闲农业的功能由单一的观光功能开始拓宽为观光、休闲、娱乐、度假、体验、学习、健康等综合功能。

3. 休闲农业主要特点

休闲农业的特点　　　　　　　　　　　　　　　　　表4.6.2-1

特点	具体分析
生产性	休闲农业是农业生产、农产品加工和游憩服务业三级产业相结合的农业企业
商品性	休闲农业所提供的休闲产品、休闲活动和休闲服务，具有服务业商品的特性
可持续性	休闲农业是体现生产、生活和生态"三生"一体的农业经营方式，充分实现农业的持续协调发展
市场性	休闲农业的消费主流一般是从城市流向农村，其市场目标是城市，要优先为城市游客提供休闲服务
自然性	休闲农业活动以农业自然生态本色为中心，体现人与自然的和谐性，为游客提供亲近自然、回归自然的机会
季节性	休闲农业具有强烈的季节性，一年四季不同，有旺、淡季之分，季节性明显

4. 休闲农业发展规模

当前，我国休闲农业蓬勃发展，规模逐年扩大，功能日益拓展，模式丰富多样，内涵不断丰富，发展方式逐步转变，呈现出良好的发展态势。

（1）产业规模逐年壮大

截至2017年底，休闲农业和乡村旅游各类经营主体已达33万家，比2016年增加了3万多家，营业收入近5500亿元，整个产业呈现出"井喷式"增长态势。

（2）产业类型丰富多样

各地根据自然特色、区位优势、文化底蕴、生态环境和经济发展水平，先后发展形成了形式多样、功能多元、特色各异的模式和类型。

（3）发展方式逐步转变

休闲农业逐步从零星分布向规模集约，从单一功能向休闲教育体验多功能，从单一产业向多产业一体化经营，从农民自发发展向政府规划引导转变。

（4）产业品牌影响扩大

围绕"高、新、特、优、雅、奇"努力打造特色休闲品牌，一批服务能力好、休闲功能强、顾客认同度高的休闲农业品牌初步形成。

截至2017年，中国休闲农业市场规模达到5500亿元，比2016年增长了1150亿元。

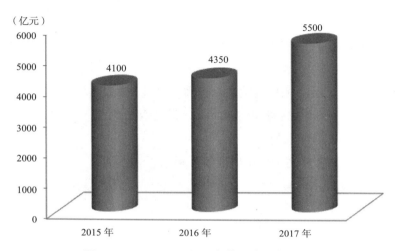

图 4.6.2-1　2015-2017 年休闲农业市场规模

5. 休闲农业示范建设

截至 2017 年底，农业部在全国范围内先后认定了三批共 283 个国家现代农业示范区，推介中国美丽休闲乡村 520 个，认定中国重要农业文化遗产 91 项。在全国培育了一批生态环境优、产业优势大、发展势头好、示范带动能力强的发展典范。各地纷纷开展具有地方特色的品牌建设活动。

● 北京评定了星级民俗旅游村 210 个，星级民俗旅游户 4691 户；江苏培育了 107 个省级休闲观光农业示范村；贵州主打"美丽乡村贵州游"品牌。此外，各地还竞相举办不同类别、不同领域的农园美景、农家美食、农耕体验、民俗趣味的农事节庆活动，如菜花节、桃花节、葡萄节、草莓节、采茶节等。云南的"罗平油菜花节""腾冲花海节"，江西的"农家菜大擂台活动"，湖北的杜鹃花节、小龙虾节等，精彩纷呈。

● 2016 年 3 月，邢台乡村旅游暨首届中国巨鹿五彩杏花节在巨鹿盛大启幕。杏花节期间，游客不仅可以赏花踏春，还可以参加美食节盛宴、游览巨鹿特色小镇、购买当地特色产品等。巨鹿栽培红杏已有 300 多年历史，有成片栽培的杏树 6.5 万亩，年产鲜杏 8.3 万吨，杏花节已成为独具特色的节庆品牌。依托金银花、枸杞、红杏三大优势产业，巨鹿县以杏花节为契机，创建乡村旅游特色品牌，规划建设了双万亩现代农业观光园、各类观光采摘园等，打造了金玉庄金银花园艺小镇、柳洼风清小镇、红色教育小镇、皇韭小镇等特色旅游小镇。

6. 休闲农业前景展望

（1）农村基础条件的改善为休闲农业发展打下了良好基础

多年来，中央始终把"三农"工作作为全党工作的重中之重，不断加大投资力度，农村水、电、路、通信等基础设施日益完善。特别是通过发展现代农业和建设新农村，农村的生产生活条件、医疗卫生水平、人员素质和人居环境都得到极大提高和改善，为休闲农业的发展打下了良好基础。

（2）闲暇时光的增多为休闲农业发展提供了时间保障

《国民旅游休闲纲要》已经颁布实施，这必将进一步推动带薪休假制度的落实。随着国家对法定节假日的不断优化调整，除带薪休假外，工薪阶层全年法定节假日增加到115天，特别是三天以内的假期占101天，最适合进行低价、短途、短时的消费，休闲农业势必成为消费的主战场。

（3）各方主体的高涨热情为休闲农业发展提供了强大动力

广大农民通过经营休闲农业和为休闲农业提供配套服务，实现了就业增收，得到了实惠，参与的热情十分高涨。地方政府看到了休闲农业对于推动经济发展的积极效果，更看到了休闲农业对于农民安居乐业、市民放松身心、促进社会和谐的重要作用，发展热情同样高涨。工商资本着眼于休闲农业较高的效益和良好的发展前景，投资参与的积极性也较高。

2016年9月，国家发布了《关于大力发展休闲农业的指导意见》，指出到2020年，我国休闲农业产业规模进一步扩大，接待人次达33亿人次，营业收入超过7000亿元；布局优化、类型丰富、功能完善、特色明显的格局基本形成；社会效益明显提高，从事休闲农业的农民收入较快增长；发展质量明显提高，服务水平较大提升，可持续发展能力进一步增强，成为拓展农业、繁荣农村、富裕农民的新兴支柱产业。

4.6.3　特色农业

1. 特色农业概念定义

特色农业是人们立足于区位优势、资源优势、环境优势和技术优势，根据市场需要和社会需求发展起来的具有一定规模的高效农业。

2. 特色农业发展规模

近年来，各地政府以"五个培育"为抓手，对农业加大投入和产业扶持力度，推动各地政府特色农业产业建设。特色农业"十二五"规划的无公害、有机食品、原产地标识等特色优势农产品注册认证步伐加快，通过认定无公害农产品生产基地、无公害农产品，推动特色农业发展。很多产品远销韩国、日本及东南亚国家，特色农产品产业基地和市场集散地的地位越来越凸显。

3. 特色农业重要类型

特色农业具有多种类型，可以从不同的角度对它进行分类（表 4.6.3-1）：

特色农业类型分析 表 4.6.3-1

划分依据	具体类别
按其生产的对象划分	可分为特色种植业、特色养殖业、特色水产业、特色加工业和特色服务业
按其提供的产品形式划分	可分为产品型特色农业（如特色种养业）和服务型特色农业（如都市农业和观光农业等）
按其要素构成的重点划分	可分为资源主导型特色农业（如海边特有的养殖、城市周围的农家乐等）、科技主导型特色农业（如农业高新科技示范园的特色农业、设施农业等）和市场主导型特色农业（如生产优质果品、优质大米等的农业）
按其基地的建立划分	可分为特色蔬菜生产基地、特色畜禽生产基地、特色水果生产基地、特色糖料生产基地、特色中药材生产基地、特色农产品加工基地（根据国家"十五"计划的安排将在我国西部建设八大特色农业生产基地：优质棉花生产基地、鲜花和切花基地、中药材良种繁育基地、高产高糖示范区、优质烟叶基地、天然橡胶基地、蔬菜种苗育苗中心和工厂化育苗场、优质果园基地）等

4. 特色农业发展模式

特色农业分为 18 个具体的模式，以下是一些常见模式：

（1）特色种植业

这是特色农业中比较普遍的形式，如反季节蔬菜、特种蔬菜等；特种粮食，如黑色玉米、小麦、香米等以及特色花卉等。这是特色农业最为普遍的形式，它的适应性比较强，许多地方都可根据当地的资源气候条件选择最具适应性的植物进行生产。

（2）特色林果业

各地形成的水果之乡，如中国枇杷之乡、中国碰柑之乡、中国水蜜桃之乡，这类特色农业一般适宜于丘陵地带和土壤肥力较贫瘠的地方，既可以是成片大面积地发展，也可以实行庭园式经营。

（3）特色养殖业

如养鱼、养虫、养狗、养蜂、养蝴蝶等。这类特色农业需要较强的专门技术，同时需要耐心细致的照料。

（4）特色加工业

竹编之乡、火腿之乡、腊肉之乡等，这类特色农业需要的资金较多，属工厂化农业，这些具体的加工企业大多属于农业产业化经营的龙头企业。

（5）观光休闲农业

这是近年来随着经济发展、人们生活水平提高、休闲时间和能力的加大而兴起的特色农业，如农家乐、生态旅游、梨花会、桃花会等，这类新型的农业产业，一方面吸引游客来观赏农业的自然景观，另一方面增加农民收入。这类特色农业适宜于大中城市近郊区或交通便利的地方。

当然，特色农业的类型还远不止这些，随着实践的发展和科技的进步肯定会有新模式的产生。

5. 特色农业存在问题

（1）土地经营利用率低，农业用地减少幅度大

各地政府由于农业水利化、机械化水平低，使得农用土地生产能力未能得到充分发挥，一是土地利用不充分，二是垦殖指数偏高，三是土地生产率偏低，四是耕地减少程度加剧。并且，由于对森林资源掠夺性采伐利用，重采轻造，疏于管护，导致各地政府水土流失面积不断增大，坡地侵蚀损失程度高，土地砂石化迅速扩展，土地肥力严重降低，都严重影响各地政府特色农业的发展。

（2）特色农业产量、品质及产品附加值低

由于生产基础条件相对落后，缺乏科学规划和正确引导，农民市场竞争意识淡薄和龙头企业带动作用不明显等因素影响，各地政府农业生产尚未完全摆脱靠天吃饭和小农生产方式，导致各地政府特色农产品生产规模化、标准化、产业化，产品商品化、品牌化程度相对较低，规模以上企业不多，名牌产品产量低，知名品牌少，品牌效益差，既不能满足高端市场需求，又不能准确定位市场，产品附加值低，市场份额及竞争力小，导致人均农户增收幅度小，增收缓慢，发展特色农业产业带动农户增收致富的目标短期内难以实现。

（3）特色农业发展扶持政策不健全，企业发展资金短缺

尽管积极响应政府提出的"三化同步"发展战略，但与工业化、城镇化建设扶持政策相比，由于农业作为弱势产业，投资周期长、效益显现缓慢，导致政府扶持政策出现偏弱。缺乏强有力的推手促进特色农业的转型发展，服务农业的质量和水平低，导致管理、人才、资金、技术等生产要素的严重浪费，对特色农业市场、农民合作主体培育不充分，致使企业和农民对政府的依赖性太强，不能很好地根据市场需求拓展发展空间。

6. 特色农业发展策略

特色农业发展是在政府统筹人力物力，合理规划产业布局，优化当地自身优势资源的前提下进行的农业产业结构调整，科学发展是基本定律，保护良好生态环境，促进农民增加收入是基本目标，如何统筹土地资源、产业优势、产品优势、区位优势、技术优势等要素，切实加以有力的政策引导，综合推进基地建设、产业发展、产品研发、市场培育等各环节是一个复杂而长期的过程。

（1）做好规划布局，加快各地政府农业产业结构调整

科学布局各地政府特色优势农业产业，合理规划各地政府农业用地，实现各县市生产要素合理优化配置，形成产业布局优化、生产企业集聚、土地利用节约的特色农业产业体系，促进各地政府经济作物与粮食作物的种植结构调整，使特色农业产值超

过各地政府农业总产值的一半以上。

（2）做好基地建设，重点培育特色农业农民合作组织和产业化龙头企业

一是抓好原材料基地建设。针对各地政府特色农业自身发展基础差的特点，积极通过政策引导，鼓励和支持多成分、多行业、多层次的资源参与农业生产基地建设和农业产业化经营，采取多种所有制形式和多种经营方式、多种渠道增加农业特色优势产业开发投入，引导生产要素向农业特色优势产业集中，避免利益冲突导致竞争优势分散。二是积极引导农民兴办农民经济合作组织。大力支持生产企业、政府农技人员和农村种养殖能人创办专业特色农产品种养殖协会、专业合作社、股份制合作等多种合作经济组织，围绕原材料种养殖、加工、销售等环节，做到分工明确，合作有序，链条式发展。三是大力培育农业产业化龙头企业。围绕各地政府特色农业产业链建设需求，努力构建龙头企业良性发展平台。

（3）做好产品研发和市场开发，提高各地政府特色农产品质量和市场竞争力

围绕市场研发产品。通过政府引导，积极组织企业家、种植户到特色农业发达地区开展对外交流合作，充分利用内外资金、技术、人才资源，提高当地农业资源的综合利用水平，促进各地政府特色农业产业发展，实现经济、生态和社会效益最大化。按照市场需求，充分利用当地自然资源优势，合理高效规划项目、组织生产和开发市场前景好、消费需求潜力大的特色优势农产品，大力培育适宜本地种养殖、加工的农业优势产业，突出产品特色，实现以特取胜，提高产品市场竞争力和附加值。依托产业培育市场。

4.6.4　特色小镇

1. 特色小镇发展背景

特色小镇的概念出现在国家决策层面始于2015年12月的中央经济工作会议，其时正当以供给侧结构性改革引领新常态的起步阶段。在适度扩大总需求的同时，用改革的方式矫正供需结构错配和要素配置扭曲，减少无效和低端供给，扩大有效和中高端供给，使供给体系更好地适应需求结构变化，成为宏观经济政策调整的主基调。对于产业结构调整，一方面要清理过剩和落后产能，另一方面是在推动传统产业转型升级的同时加快培育战略性新兴产业，以创新为主要驱动力，提高产业发展质量和效率，实现产业现代化取向的发展。我国很多地方正处于产业结构调整的关口，特色小镇为各地产业发展战略的再选择提供了新思路。

多年来，产业园区是各地政府推动产业发展的主要工具和空间载体。通过在特定区域的专门规划建设，引入众多同业或关联企业集聚，节约交易成本，形成范围经济优势，提高产业竞争力，是产业园区发展的主要目的。但出现的园区同质化、规模化、泡沫化、空壳化、单一化等问题广受关注，还有"借壳圈地"搞房地产的产业园区更

是饱受指责。从生产角度来看，产业园区是一个完整的闭环，但通常居住、服务等功能不够完善，园区入驻企业及其工作人员与当地居民生活必要的基本元素缺乏联动，导致产业园区突显了经济功能，却没有发挥引领区域协调发展的社会功能。特色小镇发展不只限于产业，需要居民的参与、完善的服务、社区的认同、浓郁的生活氛围，是产业园区功能多元化发展的新方式。

我国自 2013 年推动的新型城镇化建设，在加速大城市规模扩张和人口增长的同时，也出现了高房价、交通拥堵、公共服务供给不足等现象，考验着城市的负荷能力和治理能力；反观中小城市和乡镇，则产业与人口集聚不足，很多乡镇和农村住房、养老、教育、医疗等社会服务问题突出，资源匮乏、发展迟缓的窘境没有得到本质改善，城乡二元经济结构矛盾依然存在。特色小城镇介于城市和农村之间，一方面疏解城市压力，另一方面引领农村发展，让城市功能和资源向乡镇和农村延伸，带动基础设施建设和公共服务发展，引导产业和人口向乡镇集聚，实现农村转移人口就近就地城镇化。我国经济发展新常态下，特色小城镇有益于优化产业、居住和服务等空间功能布局，推动新型城镇化建设取得新成效。

2. 特色小镇建设类型

特色小镇按小镇主推的核心特色分类繁多，通过对国内一些特色鲜明的小镇类型进行分析，总结归纳出以下十大类型：

特色小镇的类型简析　　　　　　　　　　　　　　　表 4.6.4-1

类型	分析
历史文化型	打造历史文化型小镇，一是历史小镇脉络清晰可循；二是小镇文化内涵重点突出、特色鲜明；三是小镇规划建设延续历史文脉，尊重历史与传统
城郊休闲型	打造城郊休闲型小镇，一是要小镇与城市距离较近，位于都市旅游圈之内，距城市车程最好在 2 小时以内；二是小镇要根据城市人群的需求进行针对性开发，以休闲度假为主；三是小镇的基础设施建设与城市差距较小
新兴产业型	打造新兴产业型小镇，一是小镇位于经济发展程度较高的区域；二是小镇以科技智能等新兴产业为主，科技和互联网产业尤其突出；三是小镇有一定的新兴产业基础的积累，产业园区集聚效应突出
特色产业型	打造特色产业型小镇，一是要小镇产业特点以新奇特等产业为主；二是小镇规模不宜过大，应是小而美、小而精、小而特
交通区位型	打造交通区位型小镇，一是要小镇交通区位条件良好，属于重要的交通枢纽或者中转地区，交通便利；二是小镇产业建设应该可以联动周边城市资源，成为该区域的网络节点，实现资源合理有效的利用
资源禀赋型	打造资源禀赋型小镇，一是要小镇资源优势突出，处于领先地位；二是小镇市场前景广阔，发展潜力巨大；三是对小镇的优势资源深入挖掘，充分体现小镇资源特色
生态旅游型	打造生态旅游型小镇，一是要小镇生态环境良好，宜居宜游；二是产业特点以绿色低碳为主，可持续性较强；三是小镇以生态观光、康体休闲为主
高端制造型	打造高端制造型小镇，一是要小镇产业以高精尖为主，并始终遵循产城融合理念；二是注重高级人才资源的引进，为小镇持续发展增加动力；三是突出小镇的智能化建设

类型	分析
金融创新型	打造金融创新型小镇，一是要小镇经济发展迅速的核心区域，具备得天独厚的区位优势、人才优势、资源优势、创新优势、政策优势；二是小镇有一定的财富积累，市场广阔，投融资空间巨大；三是科技金融是此类小镇发展的强大动力和重要支撑
时尚创意型	打造时尚创意型小镇，一是小镇以时尚产业为主导，并与国际接轨，引领国际时尚潮流；二是小镇应该以文化为深度，以时尚为广度，实现产业的融合发展；三是小镇应该打造一个时尚产业的平台，促进国内与国际的互动交流

3. 特色小镇数量规模及地区分布

2016 年 10 月 14 日，住房城乡建设部正式公布第一批中国特色小镇 127 个。

住建部公布的第一批中国特色小镇，从各区域的特色小镇数量来看，华东区域和西南区域的数量是最多的。华东区域是我国经济发展水平较高的区域，而西南区域相对华东区域是我国经济发展水平较低的区域，但是西南区域的旅游资源丰富，从这些方面来讲，能成为第一批中国特色小镇，一方面与华东区域的经济发展水平有关系，另一方面与西南区域的旅游资源也具有一定的关系，这一点从特色小镇类型中旅游发展型所占比例也可以看出。

4. 特色小镇投资规模

根据已经初步建成，企业已进驻运营的部分小镇统计来看，平均一个特色小镇投资额约为 50 亿，规模较小的约为 10 亿，而较大可达到百亿，按照住建部总规划 1000 个特色小镇将产生近 5 万亿投资额，占 2015 年国家总 GDP 的 7%，可为经济增长提供强大推力。

从对国内已建成小镇的样本统计来看，总投资中基建设施投资约占比 30%-50%，估算全国 1000 个小镇基建投资将有 1.5 万 -2.5 万亿。

特色小镇	总投资（亿元）	基建投资（亿元）	特色产业	周边城市	用地
江南药镇	51.5	11.5	中药材	磐安县	建设用地 393 公顷
沃尔沃小镇	153.5		汽车	台州市	3200 亩
平阳宠物小镇	52.5	22.7	宠物用品	南雁荡山	建设用地为 183.3 公顷
和合小镇	56.1	16.4	文化旅游	天台山	
龙泉青瓷小镇	30		青瓷	龙泉市	
酷玩小镇	110		体育旅游	绍兴市	规划总面积 3.8 平方公里
碧桂园科技小镇（5 个）	1000		高科技	深圳市	
阿里巴巴云栖小镇	12		云计算	杭州	
艺尚小镇	45		服装	临平新城	
妙笔小镇	50		笔生产	桐庐县	总规划面积 2.78 平方公里
智能模具小镇	21.6		智能模具	台州市	规划面积 2000 多亩

图 4.6.4-1　部分具有代表性的特色小镇投资情况

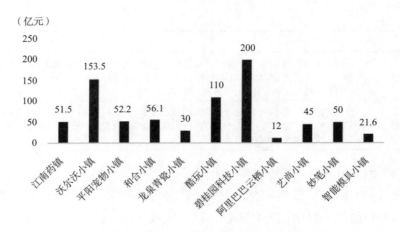

图 4.6.4-2 部分具有代表性的特色小镇投资金额

5. 特色小镇建设类型

根据住建部公布的第一批中国特色小镇名单，结合住建部推荐工作的通知，特色小镇的类型主要有工业发展型、历史文化型、旅游发展型、民族聚居型、农业服务型和商贸流通型。经过整理分析，旅游发展型的特色小镇最多，共有 64 个小镇上榜，占比达 50.39%；其次是历史文化型的特色小镇，共有 23 个小镇上榜，占比达 18.11%。从这些数据来看，国家可能更支持旅游发展型和历史文化型的特色小镇，一方面，习近平总书记说过青山绿水就是金山银山，而旅游发展型能更大限度地合理开发利用当地丰富的旅游资源，提升当地的人民生活水平，保持可持续发展；另一方面，中华上下五千年，具有深厚的文化底蕴，但是很多地方并未注重保护、合理开发，历史文化型的特色小镇建设能够深入挖掘中国文化，有利于保护我们的文化使其更好地传承下去。因此，申报旅游发展型和历史文化型可能更容易成功。

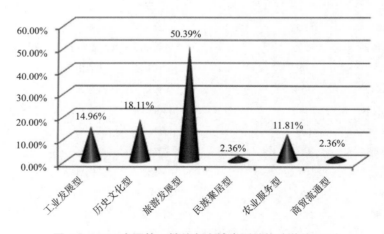

图 4.6.4-3 中国第一批特色小镇类型结构（单位：%）

6. 特色小镇经营效益

◆ 玉皇山南基金小镇

玉皇山南基金小镇根据金融人才国际化、精英型的特点，坚持市场化运作、产业链招商、生态圈建设的模式，通过联合政府性行业组织、龙头企业和知名中介，开展海内外招商及合作业务，做好店小二，提供精准服务，快速推动私募金融集聚发展。针对基金小镇的产业特点和人才需求，玉皇山南基金小镇已经建成启用了小镇国际医疗中心、出入境服务站、基金经理人之家等服务平台，吸引了高盛集团前董事、总经理王铁飞，原阿里巴巴集团联合创始人谢世煌，敦和资产叶庆均等一批涵盖股权投资、商品期货、固定收益等方面的金融精英汇聚小镇。

目前，玉皇山基金小镇已集聚各类基金公司和配套机构720余家，专业人才1600多名，管理资产规模突破3600亿元，累计投向580余个项目，不仅在发挥金融资本撬动产业转型升级、推动实体经济发展中起到了积极作用，而且综合效益快速显现。

◆ 西湖云栖小镇

在西湖云栖小镇不到4平方公里的土地上，集聚了433家企业，其中光涉云企业就有321家，包括阿里云、数梦工场、政采云等一大批全国一流的信息经济企业。目前，云栖小镇已明确了以云计算产业为支柱产业的经济形态，2017年1月至8月，云栖小镇财政总收入2.45亿元，同比增长108.18%。据最新统计，2017年前三季度，杭州云计算与大数据产业营业收入同比增幅达28%。

7. 特色小镇前景展望

目前，我国对特色小镇的发展模式尚处于探索阶段，很多方面还有待引导和规范。随着实践的深入，我国特色小镇建设未来将呈现以下几大趋势：

（1）政府引导，企业主导

特色小镇建设，政府要在规划编制、宣传推介等方面发挥积极作用，鼓励和支持企业参与特色小镇建设和发展，充分发挥市场在资源配置中的决定性作用，使一些区位条件好、发展潜力大、资源环境承载力高的小城镇得到更好更快发展。

（2）借助互联网，促进产业融合发展

很多小城镇有自己特色的产业和产品，而且品质很好，但是量不大，借助互联网，可以促进农业、加工、销售、贸易、售后等相关产业的融合发展，促进小城镇做得更专、更精、更强。

（3）保护生态，促进绿色发展

青山绿水已经成为宝贵的资源，借助互联网等现代科技手段，生态优势也能转变为产业优势和经济优势。休闲旅游、特色农产、传统文化等在小城镇经济发展中起着越来越大的作用，而保护好生态，可以进一步放大小镇在上述领域的发展潜力。

（4）注重引入战略投资者，吸引多元主体参与小镇建设和发展目前，特色突出、发展潜力大的特色小镇越来越受到战略投资者的青睐。战略投资者对小镇进行统筹规划和建设，可以有效防止小镇建设过程中的碎片化，因此，要尽可能地吸引战略投资者对小镇进行统一规划和开发。同时也积极吸引多元主体参与小镇建设，发挥多元主体参与小镇建设的积极性。

4.6.5　田园旅游地产

1. 产品类型

（1）农家乐

一般为农民的生活生产资料，具备接待功能即是"农家乐"，如果是较大景区周边的农家，其盈利效益非常可观。

（2）庄园

一般为企业或个人开发的度假村性质产品，综合了餐饮、采摘、住宿、游乐等多项休憩内容，通常以某项农作物或手工副业为卖点，综合各类配套产品，有较大的接待容量，如农庄、酒庄、水庄、山庄等。有的产品档次极高，能满足高端市场的消费需求。一般区位靠近休闲消费市场，采用异国田园风格。此类庄园中的酒店产品可走野奢酒店的路线。

（3）乡村别墅

除了地理位置处在城市近郊，通常有花卉、果园等配套，如葡萄园、薰衣草花园等，就很受小资阶层的青睐。此类别墅有产权和时权的产品选择。

（4）古村古镇古城

此类产品是田园旅游房地产中资源条件最好的产品，以仍然保留以前鲜活的生活方式为最佳品。山水、建筑、风光、文化、人物等方面，对游客有很强的吸引力，随着可进入性和接待设施的配套，整个产品可以相对较少的投资带来非常好的现金流。目前此类产品中古徽州村落、江南水乡水镇较受欢迎，但是此类产品的旅游地产开发须充分考虑文物保护问题，除了地块选址的问题，还须考虑新建和改造地产的风格协调问题。

2. 运作模式

田园旅游地产已经有较为成熟的运作模式：

（1）依托具备田园生活核心吸引力的高品质旅游资源，解决可进入性问题，开发旅游房地产。以观光休闲游客的商业消费和住宿接待为主要功能的旅游地产，可称为景区式地产模式。先期可对原有村落进行内部住宿接待设施提升和改造，后期可新建结合当地风格的档次较高的宾馆酒店。

（2）在高品位的古村古镇古城保护区外，具备合适条件的地方进行旅游房地产开发，为高端客户投资购买，可称为旅游目的地地产模式。

（3）在休闲消费市场需求较大的城市近郊，租入或购入适合开发田园旅游地产的地块或村落，打造典型田园生活的吸引力产品，吸引休闲度假游客消费，较受自驾市场、企业单位会议活动市场及其他市场的青睐，可称为度假村地产模式。

（4）最为普遍的农家乐地产模式，体量规模较小，但却支撑了一大部分市场。

（5）在城市近郊，以田园生活产品为卖点的地产产品，以田园生活的浪漫诗意为诉求点，如郁金香花园、薰衣草庄园等，是正式的地产产品，可称为题材地产模式。

3. 土地流转

旅游用地属于商业性质，集体用地不可商用，不可开发作旅游用地。集体土地是可以利用的，一是土地变性，二是流转和租用，流转方式中集体用地多用作基础服务性设施建设，如自己经营或是游客集散中心。

4.6.6 山野旅游地产

1. 产品类型

山野旅游房地产分为山野休闲商业房地产、山野住宅房地产、山野休闲度假房地产。

◆ 山野休闲商业房地产：一般处于近郊乡村和远郊景区附近，以餐饮休闲、娱乐休闲为主。一般为郊区的游憩区和景区的游憩区，表现形式为商业街、酒吧街等，其代表发展趋势的产品为山水酒吧。

◆ 山野住宅房地产：分为高端和低端两类。低端即山野中的原住民的民居，一般在旅游休闲发动的区域，体现为农家乐；高端即为近郊的乡村别墅产品——山野别墅，市场对象购买力强，一般对居住空间有较高要求。

◆ 山野休闲度假房地产：分为高端和中低端两类。中低端体现为山庄、农庄、牧场、养老公寓、生态园、科技园等；高端为各类山野度假村，其代表发展趋势的产品为野奢酒店。

2. 景观设计

◆ 山野旅游房地产一般可用的平地、台地相对不多，景观设计须结合坡面和沟谷用地。因此，对坡面景观、临水景观的打造更为强调。

◆ 应与当地的生态环境融合，选址应巧借山、水、景，注意保护自然生态。

◆ 除了单纯的建筑外，应有情趣化、游乐化的山野小品作为吸引物。

◆ 山野建筑内部空间应更为变幻有趣，人们向往的是不同于城市中钢筋水泥的方盒子的建筑风格。

◆ 山野建筑的材质以生态材质为主，如石、木等，但忌讳高成本的投入，犯不生态地使用生态材质的错误。

◆ 山野建筑应该尊重当地的民族风格，注意在风格上保留其原汁原味。山野旅游房地产的经典之一就是赖特的流水别墅，考夫曼的致辞是对赖特这一杰作的感人的总结，也是对山野旅游房地产最好的解释。他说："流水别墅的美依然像它所配合的自然那样新鲜，它曾是一所绝妙的栖身之处，但又不仅如此，它是一件艺术品，超越了一般含义，住宅和基地在一起构成了一个人类所希望的与自然结合、对等和融合的形象。"

3. 土地问题

山野旅游房地产具备乡村休闲房地产的一般土地问题，即大部分建设用地为乡镇建设用地、集体用地、宅基地和农业生态科技园政策配套用地。近郊农村不仅具备发展乡村休闲旅游的条件，而且可以开发休闲旅游房地产。虽然农村集体建设用地在土地管理上存在较大的障碍，乡村房地产的法律产权基础、流通性等方面存在较多的问题，但是，乡村休闲旅游房地产仍然悄悄地发展了起来，正在成为房地产的一个分支，也正在从法律的盲区走向商业模式的创新。

近几年来，城市人购买农村集体建设用地进行休闲房屋建设，已经从个人行为转变为企业行为。一些有实力的企业，通过"农业产业开发""高科技农业开发""旅游开发"等不同的形式，在农村开展圈地运动，靠租用、征用、私人交易等手法，占用了一些土地，建设了一批房地产。

我们认为，乡村休闲房地产是中国经济发展到今天必然形成的一个具有相当需求的市场。国家现有的土地政策对于这一市场的发展具有很大的阻碍作用，应该对农村土地流转进行调整，对集体建设用地的流转给予支持，使乡村休闲房地产能够顺利发展，成为推动新农村建设的一个有力的工具，带动区域公共设施配套，交通道路建设，环境整治及卫生安全建设的重要力量，带动农民生活水平的提高。

因此，此类旅游房地产的土地流转的法律形式虽然存在瑕疵，但是已经事实存在，如何规范并合理运作需要国家更为明确、更为详细的法律。此类房地产的环境卖点和土地产权和使用权限制，一般以非固定和非永久性建筑为主。产品形式的发展还有待于法律的健全。

4.7　中国田园综合体建设优秀案例经验总结

4.7.1　无锡阳山田园东方项目——国内落地实践的第一个田园综合体项目

1. 相关介绍

该项目在"新型城镇化""美丽乡村"等国家政策支持下，借助"田园综合体"模式探索"田园"经济，无疑符合国家政策、产业发展大势。在无锡及阳山政府支持下，选择长三角经济圈内的无锡阳山镇近郊区域，此地交通便捷且拥有丰富的农业资源和田园风光，由东方园林产业集团投资50亿元建设，是国内首个田园综合体项目。

2. 项目详情

该项目由隶属于东方园林股份有限公司的东方园林产业集团投资，项目依托总公司集团经验与实力，由东方园林产业集团作为投资主体进行开发建设。

项目位置	惠山区阳山镇新河路与桃源东路交叉口西北侧	物业类型	联排、独栋
建筑面积	116700 平方米	占地面积	6246 亩
总户数	337 套联排别墅	最早开工时间	2013 年 7 月
物业管理	无锡田园东方物业管理有限公司	开发企业	无锡田园东方投资有限公司
配套设施	阳山温泉度假村、朝阳禅寺等相关文旅设施	规划设计	东联（上海）创意设计发展有限公司

图 4.7.1-1　无锡阳山田园东方项目具体情况图示（单位：平方米，亩）

3. 整体规划

（1）规划理念

项目整体规划设计以"美丽乡村"的大环境营造为背景，以"田园生活"为目标核心，将田园东方与阳山的发展融为一体，贯穿生态环保的理念。总面积6500亩，其中3500亩种植水蜜桃。

田园东方倡导人与自然的和谐共融与可持续发展的理念，是集现代农业、休闲旅游、田园社区等产业为一体的田园综合体，实现了"三生"（生产、生活、生态）、"三产"（农业、加工业、服务业）的有机结合与关联共生。

（2）服务特色

◆ 打造特色文旅产业，包括婚庆公园、露天剧场、桃花源商业街、汤泉花语客栈等丰富的文旅产业，提供包括采摘、垂钓、庭院中的小型游憩设施、生物动力有机农场等服务，提供特色的个性化旅游服务。

◆ 加强慢行系统建设，包括步行系统、非机动车系统和水上观光系统三部分。沿景区内道路、主要河道驳岸均设置人行通道，形成宜人的步行网络系统。自行车通道沿景区道路设置，景区内还将设置公共自行车系统。

◆ 建设亲子活动基地。绿乐园包括白鹭牧场、蚂蚁餐厅、蚂蚁农场、蚂蚁王国、蚂蚁广场，以及窑烤区和 DIY 教室等，完整呈现田园人居生活，打造长三角最具特色的休闲旅游度假目的地。

（3）总体规划

项目整体占地6246亩，包含现代农业、休闲文旅、田园社区三大板块，主要规划有乡村旅游主力项目集群、田园主题乐园、健康养生建筑群等。规划为典型的互融开发模式。

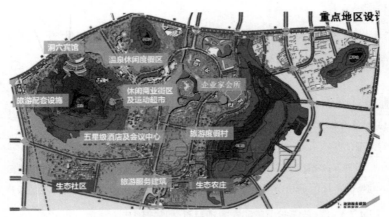

图 4.7.1-2　无锡阳山田园东方项目规划图示

4. 重点板块

（1）板块分区设计

项目包含现代农业、休闲文旅、田园社区三大板块，主要规划分为乡村旅游主力项目集群、田园主题乐园（兼华德福教育基地）、健康养生建筑群、农业产业项目集群、田园小镇群、主题酒店及文化博览等六大板块。

（2）现代农业板块

田园东方的农业板块共规划四园（水蜜桃生产示范园、果品设施栽培示范园、有机农场示范园、蔬果水产种养示范园）、三区（休闲农业观光示范区、果品加工物流园区、苗木育苗区）、一中心（综合管理服务中心），将整合东方园林产业集团的集团优势，导入当代农业产业链上的特色、优势资源，在阳山镇既有农业资源上进行深化和优化提升，开拓阳山镇农业发展的新方向，开辟阳山镇"新农村"的新面貌。田园东方将用 5 年时间，全面建成空间布局合理、产业持续发展、资源节约利用、生态环境友好、区域特色鲜明的现代科技农业产业园。

（3）文旅板块

项目首期文旅板块借助东方园林产业集团旗下文旅公司优势资源，按照培育战略品牌和打造核心竞争力的发展要求，以"创新发展"为思路，最大限度整合文化旅游资源，与品牌商家建立良好共赢的战略合作关系。文旅板块目前已引入拾房清境文化市集、华德福教育基地等顶级合作资源。

（4）田园居住板块

田园东方居住板块的产品以美国建筑大师杜安尼"新田园主义空间"理论为指导，将土地、农耕、有机、生态、健康、阳光、收获与都市人的生活体验交融在一起，打造现代都市人的梦里桃花源。一期田园小镇"拾房桃溪"规划形似佛手，意为向西侧的千年古寺"朝阳禅寺"行佛礼，对阳山的历史文脉表示尊重。其首期为低密度社区，为 97-230 平方米赖特草原风格田园墅，外围户户邻水，为广大田园人构建一幅"有花有业锄作田"的美好人居图景。

5. 项目评价

田园东方项目集现代农业、休闲旅游、田园社区等产业于一体，倡导人与自然和谐共融与可持续发展，通过"三生"（生产、生活、生态）、"三产"（农业、加工业、服务业）的有机结合与关联共生，实现生态农业、休闲旅游、田园居住等复合功能。

4.7.2 上海金山区"田园综合体"——第一、二、三产融合发展，涌现一批休闲农业集聚区

1. 项目详情

上海金山区"田园综合体"项目早在 2016 年以前便开始了建设。项目建设以"渔"字而展开，在此基础上带动了当地渔业、旅游业、餐饮业以及住宿业的全面发展。目前，金山区"田园综合体"已发展成为国内较为成功的几大样板之一。

2. 整体规划

（1）设计目标

项目的目标是通过渔业引导、产业配套的方式带动金山区当地经济的发展。

（2）建设模式

建设模式上，金山区"田园综合体"实践的是"以渔带商""以产带商"的模式。其中"以渔带商"指的是通过当地渔业资源带动当地餐饮业并在推介中将渔业资源推向周边以及更远的地区实现市场化运作；"以产带商"指的是在渔业基础上，金山区通过部署相关配套产业，发展文旅、餐饮、民宿等以延伸产业链的方式发展新式"田园综合体"。

3. 重点板块

（1）板块分区设计

从板块上看，金山区"田园综合体"主要有文旅板块、渔业产业板块和田园居住板块等。其中渔业产业板块是"根"，文旅板块和田园居住板块是"叶"。

（2）渔业产业板块

"靠海吃海"，金山嘴渔村摆摊卖海鲜的渔民如今生意越做越好。金山嘴渔村里最早开出的天桥饭店，如今已是天天排队吃海鲜的局面。而另一家永乐大酒店，2016 年接待人数也超过了 15 万人次。

（3）田园居住板块

渔民家的闲置农宅，更成了"香饽饽"。目前，全村已有 100 多户村民的农宅租了出去，被用来开民宿、饭店、咖啡店等，租金已比前两年翻了一番不止。整个渔村的特色民宿出现了 12 个品牌，客房数达到了 120 间，每到节假日必须提前预订才能入住。

（4）休闲旅游板块

2016 年底，金山嘴渔村累计接待游客达 320 万人次。现在，即使到了夜里 11 时，还能看到咖吧、酒吧的灯火和闲坐其中聊天的年轻人，而一家家民宿里更留住了不少舍不得走的市民游客。围绕一个"渔"字做足文章，让金山嘴渔村渐渐成了"不夜小镇"。

4. 项目评价

当都市农业发展到一定阶段后，如何通过转型升级，带动农民增收致富，是金山区研究的重要课题。为此，金山区积极推动一二三产业的融合发展，注重打造一个个田园综合体，充分发挥都市农业的经济、生态和服务功能。

4.7.3 安徽肥西县"官亭林海"——保护风貌与提升价值是田园综合体的"一体两翼"

1. 项目详情

肥西县官亭镇持续推进城乡大建设，有序推进老城区综合改造，推动城乡联动发展，着力构建以烟雨水乡、湖光山色、岭上风光为特色的美丽乡村，建成省级中心村 38 个、美丽乡村示范带 6 条。

2. 整体规划

（1）设计目标

肥西县官亭镇利用当地农业资源以及生态资源，将传统农业区打造成具有农商结合的新型田园综合体，在建设中将逐步形成农业产区、农事体验区、文化旅游区以及田园社区等诸多板块。

（2）建设模式

在田园综合体的建设中，坚持以农业为基础，围绕农业生产进行各个板块的布局。

3. 重点板块

（1）板块分区设计

官亭林海生态区可以概括为四大板块：农业、文化旅游、农事体验和园区社区化管理服务，由公司化主体运营。

（2）农业板块

官亭林海田园综合体的核心产业是农业。为了改善乡村旅游硬件和提升服务水平，肥西对地产和基础设施建设进行了改造甚至重建，但本身仍是乡村，特别保留了乡村的原生态，融合循环农业、创意农业、农事体验等创新形式，真正展现农民生活、农村风情和农业特色。

（3）文化旅游板块

农村人向往都市，都市人又想回归田园，然而城市居民和农民很难互融，尽管都有迫切的互动需要，但是却没有很成功的模式可以一揽子解决好这些问题。在官亭林海的周边，肥西县正在对农村进行改造，以官亭林海为中心，逐步向外围拓展。改造的思路是，让城市和乡村实现文明融合。

（4）农事体验板块

以农业为基础的模式能够让来园区旅游的城市人更好地体验诸多农事劳动，在农事体验中获取乐趣。

（5）园区社区化板块

官亭林海在人的层面，不把农民丢到一边。在此过程中，肥西利用好农民合作社这一载体，通过土地流转，对土地经营进行中长期产业规划，发展现代化、规模化的农业产业园区，以此作为建设田园综合体的基础。而加入合作社的农民，既可以在其中就业，也可以通过股权、租金等方式获得收益，做到充分参与和受益。

4. 项目评价

官亭林海在规划之初，就按照多功能、多业态运营去设计，涵盖了生态农业、休闲旅游、田园居住等复合功能，将新型产业与农村发展进行有机结合。

4.7.4 黑龙江富锦"稻"梦空间——依托独特优势，打造稻田文化"田园综合体"

1. 项目详情

2017 年，富锦市依托独特的地理、生态优势，打造以稻田文化为主题的"田园综合体"，被誉为华夏东极旅游的"稻"梦空间。

2. 整体规划

（1）设计目标

富锦利用当地农业资源以及森林公园和湿地公园等自然资源，将传统农业区打造成具有农商结合的新型田园综合体，在此基础上为消费者提供囊括农事体验、观光旅游、餐饮住宿等全域性旅游。

（2）建设模式

在田园综合体的建设中，坚持以农业为基础，围绕农业生产进行各个板块的布局。

3. 重点板块

（1）板块分区设计

规划中，富锦将会建成农业板块、文旅板块和田园风光板块三大块。其中农业板块是文旅板块和田园居住板块的基础。

（2）农业板块

富锦万亩地块共 4 万亩连片水稻，富锦东北水田现代农机合作社今年流转了其中的 1 万亩水稻，合作社农户种植水稻都是订单种植，每公斤水稻收购价格较之市面价格高 0.54 元。合作社有 38 栋育秧大棚，其中 8 栋将种植蘑菇、木耳，其他大棚种植瓜果蔬菜供游人采摘。

（3）田园风光板块

在位于富锦长安镇永胜村的万亩高标准水稻示范基地，观光亭的主体架构已建完。这片"大地块"有 4 万亩，核心区有 1850 亩，景观区有 819 亩。在规划中，景区中心将建一座观光塔，12 座观光亭，20 个观光平台，其中玻璃平台将延展到稻田里，让游人有站在稻田里的感觉。

在观光塔四周，利用 6 种不同颜色的水稻苗种出"中国梦""美丽乡村""祖国大粮仓""海稻船"等 4 幅巨型彩色稻田画。此外，还将打造稻田水世界、稻草人王国、黑土泥塘、植物迷宫、热气球等景观。

（4）休闲旅游板块

富锦利用大地块周边的森林公园和湿地公园，在附近村屯重点打造了湿地共邻洪州村、低碳养生工农新村、满族风情六合村、朝阳民俗文化村、赫哲故里嘎尔当村以及农家美食村等 6 个农家乐，依托"田园综合体"发展吃、住、行、游、购、娱全域旅游。

4. 项目评价

富锦市以"大地艺术""空中观赏""体验互动""科普拓展""休闲娱乐"为构成板块，通过各产业的相互渗透和融合，以"田园综合体"为载体，把休闲农业、养生度假、文化艺术、农耕活动等有机结合起来，发挥乘法效应，展示了田园产业的美好未来。

4.7.5 成都市郫都区红光镇多利农庄——打造国际乡村旅游度假目的地

1. 项目详情

2010 年入驻郫都区红光镇的多利农庄，围绕打造国际乡村旅游度假目的地，在郫都区红光镇、三道堰镇等 6 村连片规划建设多利有机小镇。

2. 整体规划

（1）设计目标

预计总投资 150 亿元，总规划面积约 2 万亩。区域内集体建设用地约 2900 亩，农村新型社区建设用地约 1000 亩，特色小镇和家庭农庄建设用地约 1900 亩，规划建设52 万平方米农村新型社区、63 万平方米家庭农庄和打万亩有机生态农业示范基地，辐射带动周边 5 万亩有机生态农业发展。

（2）建设模式

多利农庄希望通过"三生"模式，在城市近郊打造田园综合体，恢复有机农耕和复兴传统手工艺，在乡村形成产业化生产，探索乡村振兴之路。

3. 重点板块

（1）板块分区设计

从规划上看，成都市郫都区红光镇多利农庄将建设农业双创示范基地、高端农业综合体以及国际化度假村等。目前，首批示范农庄和有机生活体验馆已正式对外开放，游客可体验到乡村风光、有机蔬菜种植以及乡村酒店等特色旅游。

（2）高端农业综合体板块

该项目已建成600亩有机生态农业示范区、12000平方米温室大棚和分拣包装中心的有机农业发展规模。同时，作为依托于高端有机农业发展的农业综合体，这里还是成都市为数不多的农业"双创"园区之一。

（3）农业双创平台板块

农庄内，2000平方米文创空间的农业双创载体平台，通过设立都市农业双创基金、提供涵盖人才培养、技术创新、投资对接、市场开发等全程双创孵化服务等支持政策，相继引入了创客咖啡吧、有机蔬菜沙拉吧、Farm私房菜、园区合作社和家庭农场等30多家市场主体，28个农业创业项目相继入驻园区开展农业发展上的创业创新。

（4）文旅板块

作为第一个入驻中国乡村的全球性度假酒店，法国LUX酒店管理集团以运营管理乡村酒店方式，打造乡村旅游度假新体验，带动休闲农业与乡村旅游转型升级。目前，已启动一期4000平方米LUX主题酒店建设，酒店配套的LUX咖啡吧已对外开放。

4. 项目评价

成都多利农庄项目实施中，利用农村集体经营性建设用地"入市改革"试点，并确保了"5个合法"，即项目合法：取得发改项目立项、环评环保备案、招投标备案；用地合法：依法办理集体土地不动产权证；规划合法：依法办理乡村建设规划许可证；程序合法：依法办理乡村建设施工许可证；物业合法：依法办理房屋竣工验收备案、房屋所有权初始登记和房屋所有权转移登记。

4.7.6 鄂尔多斯市乌审旗无定河镇——新风古韵无定河聚力田园综合体

1. 项目详情

从2012年开始，乌审旗无定河镇审时度势，依托位于"塞外小江南"无定河镇无定河村的地缘优势，规划土地总面积约20000亩。采用企业化运作的模式，以乌审旗无定河农牧业开发有限责任公司为载体，将农牧民现有的零散土地进行整合流转、集中开发，打造集农事体验、观光旅游、休闲养生等功能于一体的农业综合循环发展经济平台，实现企业与农牧民互惠共赢。

2. 整体规划

（1）设计目标

无定河镇利用当地农业资源以及草场等自然资源，将传统农牧业区打造成具有农商结合的新型田园综合体，在此基础上为消费者提供囊括有机农产品、观光旅游、休闲养生等。

（2）建设模式

在田园综合体的建设中，坚持以绿色生态农业为基础，围绕农业生产进行各个板块的布局。

3.重点板块

（1）板块分区设计

从规划中可以看出，无定河镇田园综合体主要有绿色产业板块、观光旅游板块和休闲养生板块。

（2）绿色产业板块

实现地区均衡发展，资源有效整合利用，是田园综合体发展的基础。无定河镇制定立体生态循环农业发展规划，在萨拉乌苏河两岸，紧抓绿色农产品有机认证的契机，完成多种农产品的有机食品认证，并且启动全国有机食品示范镇申报，发展良好生态的绿色产业，提高农业综合效益和竞争力。

（3）观光旅游板块

无定河镇依托"中国最美乡镇"的名片，与萨拉乌苏考古遗址公园、巴图湾AAAA级旅游景区、1949年秋后乌审旗委办公旧址、鄂尔多斯地区第一个党小组旧址等景区形成联动效应，在感受自然景观、红色文化的同时，还能体验浓郁的乡土气息。田园综合体已成为无定河镇乡村休闲游的新亮点。

（4）休闲旅游板块

推动全域乡村旅游发展，实现旅游与农牧业有机融合，农业景观化、村庄景区化和农庄景点化。借助无定河独特地形地貌、良好环境资源，利用无定河村窑洞、四合院等各式各样的民居优势，打造集休闲垂钓、地方民俗民情、特色农家乐、渔家乐、果蔬采摘等于一体的现代休闲养生农业庄园，发展休闲养生、观光度假旅游和庄园经济。

4.项目评价

昔日争战之地的乌审旗发挥生态、循环与科技特色，以蒙元田园文化保护传承为核心，以现代智慧农业、生态循环农业、休闲观光农业、美丽田园为重点，辅以旅游服务设施、融产业、旅游、社区、人文功能，描绘了一幅田园农业的壮美画卷。

4.7.7 青龙农业迪士尼——产业、科技、景观、文化融合的"农旅综合体"

1.项目详情

农业迪士尼是以科技农业发展和本土农耕文化为素材，以迪士尼娱乐精神为载体的一种农业科技娱乐互动体验模式，是一个聚集资源、表达主题、扩延思想的平台，体现和谐共生的农业发展理念，旨在构建一个共享欢乐的农业乐园。

项目地处青龙满族自治县茨榆山乡，距河北省青龙满族自治县20公里，处在环京津、环渤海经济圈和冀东经济区内。地处北京、承德、秦皇岛旅游金三角的中央，有得天独厚的区位优势。自然环境基底好，气候、空气、水质、土质和森林植被覆盖都比较好，并有一系列的特色产品。旅游资源丰富有萨满文化、奚族文化、白酒文化、长城文化等传统文化，有祖山、花果山、都山、干沟古镇、青龙河、冷口温泉等旅游景点。

2. 设计目标

青龙农业迪士尼共建设温室场馆9个：6个主题温室，2个生态餐厅和1个育苗温室，总建筑面积为64082平方米。场馆主题紧紧围绕冀东和冀北地区主导产业，贯穿生态、绿色理念，以农耕、蔬菜、花卉等当地农业资源为主题进行整体场馆设计，为青龙满族自治县田园综合体打造聚集人群，充当提升区域价值的吸引核。

3. 板块设计

田园综合体主要包括"农业、文旅、地产"三个产业，即"现代农业生产型产业园"＋"休闲农业"＋"CSA（社区支持农业）"；田园综合体三个产业打造的首要出发点必须先营造一个吸引核，为整个产业链的聚集提供一个点，以点带面带动整个区域的发展。河北青龙农业田园综合体将文旅产业作为未来的重要发展方向，考虑功能配搭、规模配搭、空间配搭，打造符合"自然生态型的旅游产品"＋"度假产品"的组合，此外还加上丰富的文化生活内容，以多样的业态规划形成旅游度假目的地。

4. 产业吸引

青龙地区的主导产业仍然是第一产业，加快推进农村第一、二、三产业融合发展显得十分迫切，在确保粮食安全的基础上，发挥好观光、教育、休闲等多重功能。青龙农业迪士尼产业从田间到餐桌，从科技到人文，涵盖多个领域，深度挖掘、融合创新，引领冀东和冀北地区农业发展方向，优化产业结构；以农业科技为引领，运用创新表现手法，指引青龙农业资源的发展，作为一个核心引爆点，辐射带动整个冀东、冀北地区的农业发展，其模式升级与方法的演变直击田园综合体的核心内容。

升级模式	升级方式
产业模式升级	由单一的农业生产到泛休闲农业产业化
产品模式升级	从单一农产品到综合休闲度假产品
土地开发模式升级	从传统住宅地产到休闲综合地产

图 4.7.7-1　河北青龙农业迪士尼产业模式升级与方式

5. 科技吸引

青龙农业迪士尼以科学技术为支撑，以各种科技资源为吸引物，通过种植科技的展示为广大农民普及农业种植的新知识，同时满足旅游者增长知识、开阔视野、丰富阅历、休闲娱乐等，带动整个田园综合体的人气。通过栽培科技、灌溉科技、营养科技、病虫害防治科技等种植科技的运用，为区域生态和产业可持续发展提供了科技保障。与此同时，青龙农业迪士尼中还融入智慧农业、互联网＋农业、机械化农业、自动化农业等多种科技，为田园综合体提供一个科技的盛宴。

栽培科技	技术	嫁接技术	如一树多果等
		空中结薯技术	如空中番薯等
		树式栽培技术	如番茄树、茄子树等
	模式	设施基质栽培	如螺旋管道栽培、垂吊式栽培等
		设施水培	如DFT水培、高空管道水培等
		设施气雾培	如圆柱气雾培、梯形气雾培等
		复合式栽培	如储气储液栽培、复合果菜栽培等
灌溉方式	滴灌	滴灌带	
		滴箭	
养分类别		无机营养液	
		有机营养液	
病虫害防治	生物防治	植物诱控技术	如性诱捕虫器等
		生物天敌防控技术	如捕食螨、寄生蜂等
		植物源农药防治技术	如苦参碱、生物肥皂等
	微生物防治术	以菌治菌	如木霉菌等
		以菌治虫	如苏云金杆菌等
	物理防治	硫磺熏蒸技术	
		粘虫板	

图 4.7.7-2　河北青龙农业迪士尼部分种植科技

6. 文化吸引

田园综合体要求积极开发农业多种功能，挖掘乡村生态休闲、旅游观光、文化教育价值，建设具有历史、地域、民族特点的特色景观旅游村镇，打造形式多样、特色鲜明的乡村旅游休闲产品，通过文化来体现审美情趣激发功能、教育启示功能和民族、宗教情感寄托功能。为突出文化吸引力，青龙农业迪士尼主题场馆设计融入萨满文化、奚族文化、长城文化、白酒文化，以及当地的特色非遗文化，通过农耕景观、奚家小院、曲艺广场、杂粮食用苑等饱含文化内涵的旅游景点为载体，让人在旅游的过程对旅游资源文化内涵进行体验，让人有一种超然的文化感受。

情归奚乡馆	桑麻忆韵馆	花情愫果馆
以农耕、民俗文化为主题，将奚族的文化和历史进行体现	以桑蚕文化为主线，把棉麻纺织技术和现代科技引入进来。同时融入满族文化和生活细节	以花卉和南果为主，从花卉文化、花卉应用与花卉科技入手，同时切入长城文化
奚族文化	满族文化	长城文化

图4.7.7-3 河北青龙农业迪士尼的文化体现内容

7. 景观吸引

青龙农业迪士尼依托科技，融合文化，坚持以农耕文化为魂，以美丽田园为韵的设计理念，通过农耕、蔬菜、花卉、水产、水资源和桑蚕打造了6个主题生态园，以"亲子经济"为引擎，对蔬满芳园、情归奚乡、桑麻忆韵、花情愫果、鱼跃龙门、水润稼园等主题进行景观打造，营造出丰富多样的优美景观，吸引各个年龄段的人群。注重定位、强调特色，通过创造出大量的奇观、风景和主题，体现休闲农业经营者与游客分享乡村生活的"情景消费"型农业模式。

图4.7.7-4 河北青龙农业迪士尼花果大观园的景观效果图

8. 项目评价

田园综合体，以重塑中国乡村的美丽田园、美丽小镇为目标，以产业升级、产品升级、地产综合开发模式带动乡村经济、文化发展。在现在快节奏的城市生活田园综合体为人们描绘出了一幅"采菊东篱下，悠然见南山"的美妙蓝图，满足了时代的生态诉求与人内心的最初梦想。农业迪士尼作为高度聚集人气的吸引核，通过产业、科技、文化和景观的吸引，建立了沟通农民生产和市民消费的桥梁，对拉动区域经济发展，推动田园综合的构建具有重要作用。

4.7.8 河北省唐山市唐海县——生态休闲田园综合体

1. 项目详情

项目位于河北省唐山市曹妃甸区。曹妃甸区原名唐海县，位于环渤海中心地带，辐射华北、西北、东北，面向东北亚和全世界，是连接东北亚的桥头堡，是唐山市打造国际航运中心、国际贸易中心、国际物流中心的核心组成部分，是河北省国家级沿海战略的核心，是京津冀协同发展的战略核心区，地理区位十分优越。项目用地地处唐海县城郊，基地以鱼塘和野生芦苇湿地为主，总用地面积2300亩。

2. 项目优势分析

（1）地理区位条件

唐海县位于河北省东北部，南至渤海北岸，北邻滦南县，西部与丰南区接壤，东部与乐亭县相连。距唐山市55公里，距河北省省会石家庄367公里。距天津市120公里，距秦皇岛市150公里，省干道密集，处于京津1小时经济圈、大北京都市圈市，是北方重要枢纽和出海通道，区位条件优越。

（2）历史文化条件

曹妃甸区渤海海域的小岛原来是滦河入海冲击形成的沙流小岛。据相关史料和大量民间传说，唐王李世民率战船东征高丽时，曾带一名曹姓妃子在此岛停留，曹妃病逝于此。李世民令人在小岛上建筑三层大殿，为曹妃塑像于殿中，故小岛从此有了一个令人神往的名字"曹妃殿"。从古至今，曹妃甸本身就是内涵丰富的文化符号。

（3）产业资源条件

唐海县自然资源丰富，南部沿海盛产对虾、河豚、文蛤等海产品，内陆是"小站稻"、河蟹、淡水鱼、畜禽、水果等的重要产地。地下资源石油、天然气、地热能源储量尤为丰富。位于境内的冀东油田建设给唐海工业生产注入了无限活力，地热资源的开发利用已为工业生产创造了显著的经济效益。

（4）旅游资源条件

曹妃甸旅游资源丰富，包括水文景观、现代人文景观、历史遗产、服务景观等四类旅游资源单体共20处，其中现代人文景观资源吸引游客数量最多，其次为水文景观类资源，再次为历史遗产类资源。历史遗产类资源较有市场号召力的是妈祖文化、古戏楼、天妃宫等。

曹妃甸区主要旅游资源 表 4.7.8-1

类别	代表性旅游景点
水文景观类	曹妃甸湿地迷宫、曹妃湖体育公园、龙岛、双龙河
现代人文吸引物类	妈祖文化厂场、神龟潭、蚕沙口海洋民俗博物馆、曹妃甸规划展厅、惠通水产科技园、多玛乐园、汇聚文化创意产业园、曹妃甸港矿石码头、首钢京唐钢铁公司
历史遗产类	古戏楼、天妃宫
服务景观类	渤海国际会议中心、曹妃甸湿地酒店、渤海明珠温泉会馆、创新农业园、民悦生态农业园

3. 发展定位

项目以历史文化展示、高端休闲度假、特色生态农业、湿地风情、农家生活情趣为特色，融合绿色低碳、生态农业、健身康体等理念，打造集吃、住、玩、赏、娱、购于一体的生态休闲田园度假基地，是休闲娱乐、旅游度假、商务会议的最佳场所，更是团队拓展、集体旅游的首选基地。

4. 规划布局

项目在充分分析地理区位条件及用地现状的基础上，形成"一带两区多节点"的布局形态。其中一带为沿河风光带，两区为休闲娱乐区及农业产业区，多节点指多个不同功能岛所形成的景观节点。

5. 项目规划

（1）总体规划

项目总用地面积2300亩，总建筑面积68万平方米，分为六大功能区域，包括曹妃纪念馆、农业科技岛区、鸟兽生态岛区、垂钓生态区、农业科技展示区、生态度假酒店区。

（2）重点项目规划

1）曹妃纪念馆

曹妃纪念馆通过打造唐海最知名的文化展示窗口，宣扬唐海历史文化，塑造曹妃故里及大唐文化展览和体验中心。

2）农业科技岛区

农业科技岛区主要为利用现代科学技术、现代工业提供的生产资料和科学管理方法的现代农业种植和观光项目，包括水生作物种植示范项目、阳光大棚种植项目、水稻种植示范项目、果园采摘体验项目、农产品管理及研发中心、农产品展示展销电子商务区。

3）鸟兽生态岛区

鸟兽生态岛区主要为动物养殖孵化和给养示范基地，包括鸟类养殖中心、动物养殖中心。

4）垂钓生态区

垂钓生态区主要为游客休闲活动区，利用钓鱼活动、游乐活动等为基地提供客源量、聚集人气，此外也通过垂钓活动、野趣乐园等宣传项目生态环境，项目包括垂钓活动、摸鱼比赛活动、野趣乐园、水上人家、水上乐园。

5）农业科技展示区

农业科技展示区主要为农业新科技、新技术主题展示展览项目，通过示范展示、科普体验等方式融合推进现代农业产业升级。项目包括现代农业科技展示馆、特种花卉观光区。

6）生态度假酒店区

生态度假酒店区通过打造集住宿、餐饮、健身、娱乐于一体的酒店集群区，为游客提供景致宜人，具有优美人文景观和良好生态环境的休憩之所。项目包括各类生态酒店、养生会所、商务会议、球类场馆、健身中心等。

河北青龙农业迪士尼部分种植科技

表 4.7.8-2

栽培科技	技术	嫁接技术	如一树多果等
		空中结薯技术	如空中番薯等
		树式栽培技术	如番茄树、茄子树等
	模式	设施基质栽培	如螺旋管道栽培、垂吊式栽培等
		设施水培	如 DFT 水培、高空管道水培等
		设施气雾培	如圆柱气雾培、梯形气雾培等
		复合式栽培	如储气储液栽培、复合果菜栽培等
灌溉方式	滴灌	滴灌带	
		滴箭	
养分类别	无机营养液		
	有机营养液		
病虫害防治	生物防治	植物诱控技术	如性诱捕虫器等
		生物天敌防控技术	如捕食螨、寄生蜂等
		植物源农药防治技术	如苦参碱、生物肥皂等
	微生物防治术	以菌治菌	如木霉菌等
		以菌治虫	如苏云金杆菌等
	物理防治	硫磺熏蒸技术	
		粘虫板	

6. 活动吸引

项目通过设置不同形式的文艺表演及节事类活动以吸引各类游客群，同时借助各种媒介宣传渠道大力宣传推广项目，以增加项目地客流量，扩大项目盈利。

4.8　中国田园综合体前景展望与投资机遇分析

4.8.1　国内田园综合体发展方向分析

1. 与旅游产业融合发展

乡村休闲旅游的元素非常多，包括山水自然及田园风光、古村古街与古建、农耕用具与农耕文化、民俗风情、民间小吃、民居老宅、乡村风水文化、民间娱乐文化、民间遗产文化、农业劳作过程与农业生产过程等。特别是近几年比较火爆的乡村"民宿"业态更是突显其乡村休闲功能。乡村休闲旅游是一种综合一体化的现代乡村休闲旅游模式，简单来说，就是要让游客来到乡村之后，有休闲放松的项目，有参与体验项目，有度假生活的项目，也就是能吸引人，能留住人。而田园综合体包含的创意农业、农事体验正是乡村休闲旅游产业不可或缺的加分项目。

2. 构建乡村养生养老基地

今年的中央一号文件明确指出，丰富乡村旅游业态和产品，打造各类主题乡村旅游目的地和精品线路，发展富有乡村特色的民宿和养生养老基地。鼓励农村集体经济组织创办乡村旅游合作社，或与社会资本联办乡村旅游企业。多渠道筹集建设资金，大力改善休闲农业、乡村旅游、森林康养公共服务设施条件，在重点村优先实现宽带全覆盖。近年来，随着城市生活压力的加大，追求绿色生态美丽乡村生活成为市民的一大时尚，清新的空气、洁净的水源、新鲜且无污染的食物、缓慢的生活节奏都是都市人追求的养生必要元素。

此外，乡村休闲养老并不是单纯地让老人回到农村环境中去生活，而是在有优美乡村环境的居所中为需要养老的人士提供一个全方位保障的生活场所，实现"快乐养生，健康养老"。养老养生度假旅游是一种保持了最原真需求的休闲度假形式，已经受到了越来越多人的青睐，各个年龄段的消费群体都非常多。养生养老是一种产业，而度假产业在其中有着重要的作用，而丰富的田园综合体的产品则能丰富整个养生养老的过程，如生态环保的循环农业所生产的食物、农事体验如采摘、园艺活动所带来的乐趣等等。

3. 培育宜居宜业的农业特色小镇

一号文件中提及旅游部分的内容，其中重点指出大力发展乡村休闲旅游产业和培育宜居宜业特色小镇。即围绕有基础、有特色、有潜力的产业，建设一批农业文化旅游"三位一体"、生产生活生态同步改善、一产二产三产深度融合的特色小镇。支持各地加强特色小镇产业支撑、基础设施、公共服务、环境风貌等建设。打造"一村一品"升级版，发展各具特色的产业小镇。所以在开发农业特色小镇项目时，应该充分发挥乡镇的新型产业优势，如果乡镇本身有手工艺、农产品土特产或文化符号等一些可以吸引人们来休闲旅游的要素，这些要素就是可以被传播、采纳、加工售卖的，因此更要注重对这些地方产业特色或文化特色的再挖掘，充分展现文旅和休闲项目的魅力。

创意农业以创意和文化加持，才能永葆青春和活力。"田园综合体"做的是田园旅游和乡村旅游，它作为新型城镇化发展的一种动力，通过新型城镇化发展一、二、三产业，人居环境发展，使文化旅游产业和城镇化得到完美的统一。因此，"田园综合体"是与"旅游产业"相辅相成的存在，是分不了家的。

4.8.2　国内田园综合体发展前景分析

1. 新型田园社区发展蓝图

新型田园社区是田园综合体建设的必要组成部分，从国内田园综合体建设的情况来看，大多在新兴田园社区的建设上有所侧重。如在广西现代特色农业（核心）示范区的建设中，玉林市玉东新区茂林镇鹿塘新型田园社区，投资 160 万元建设了集阅览室、农家书屋、棋牌室等文化娱乐设施于一体的社区公共服务中心，投资 200 万元进行农村社区风貌改造，投资 700 多万元推进河流、池塘整治建设。随着新型社区的建设，鹿塘社区居民享受到了与城市居民同样的养老、医疗、教育、养老保险等待遇，过上了城里人的生活。

又如河南洛阳市在新兴田园社区建设方面不仅出台相关补贴政策还进行了比较详细的规划。

河南洛阳市新兴田园社区规划　　　　　表 4.8.2-1

项目	具体分析
基础设施方面	在社区建设水（供排水）、电、路、污水和垃圾处理等设施，有条件的要配套燃气、供热、车库等
美化绿化方面	合理配置亮化、美化设施和绿化空间，绿地率不低于30%
公共服务方面	建设和配套满足公益性、中介性服务需求的社区（村两委）办公场所、学校、文化休闲场所、标准化卫生室、超市以及治安警务、司法调解、法律援助、信访接待、人口计生、社会保障、社会救助、劳动就业、产权交易、科教文体等基础服务设施
便民服务方面	配套建设托幼托老、餐饮洗浴等经营性便民服务设施。同时，还要建立健全社区党组织、社区自治组织和协会组织等

可见，在田园综合体逐渐被提上政策、实践日程的大趋势下，新型田园社区的建设步伐也在不断加快。

2. 田园综合体市场前景可观

（1）政策加持。2012 年田园东方作为中国第一个田园综合体实践落地以来，田园东方的发展模式不断受到国家的重视。国家于 2017 年的 1 月将发展田园综合体的政策写入了中央一号文件，2017 年 5 月和 6 月分别出台了《关于开展田园综合体建设试点工作的通知》（财办〔2017〕29 号）和《开展农村综合性改革试点试验实施方案》两项政策，为我国田园综合体的发展提供了理论上的规划和实践落地的路径。

（2）试点落地。在 2017 年 6 月发布的《开展农村综合性改革试点试验实施方案》中，国家将包括山西、河北等在内的 18 个省市作为我国第一批田园综合体落地区域试点。随后，试点省份纷纷出台田园综合体建设规划。

4.8.3　国内田园综合体项目投资动态

1. 壮乡印象田园综合体项目

2017 年 5 月 15 日，壮乡印象现代农业特色田园综合体项目投资启动仪式在广西百色市田阳县隆重举行。壮乡印象现代农业特色田园综合体项目是金控公司通过其下属广西恒地投资开发有限公司精心打造的"三产融合＋扶贫"项目。

該項目規劃面積約2390畝,總投資達30億元,主要空間佈局為"一心一軸兩環五區"(一心指農業嘉年華核心,一軸為特色農業產業發展軸,兩環為產業聯動核心功能環和生態農業休閒景觀環,五區為綜合服務體驗區、兒童科普教育區、農業嘉年華核心區、現代農業示範區和生態農業養生區)。項目建成後,將成為田陽乃至百色的城市新名片、旅遊新亮點,對促進當地生態、生產、生活質量的全面提升,帶動旅遊、就業安置、產業拉動、網絡電商等方面,具有可觀的經濟效益、社會效益和生態效益。

2. 禪茶小鎮田園綜合體項目

2017年5月11日,預計總投資5000萬的平武禪茶小鎮田園綜合體項目在四川綿陽市平武縣豆叩鎮堡子村正式開工。該項目將開啟以旅遊引領、產業驅動、生態共建、平等和諧以及環境友好等內容的美麗鄉村建設新模式,塑造田園綜合體特色鄉村旅遊的平武品牌。

平武旅遊資源豐富並確定了"一核四線"的旅遊發展藍圖,平武禪茶小鎮田園綜合體項目即位於以"國家羌族文化生態實驗區"為載體開發的清漪江流域,且該地區具有悠久的茶歷史。該項目通過以鄉村民宿改造及旅遊投資開發為手段,以達到規範引導全縣鄉村旅遊及產業發展為目標。在運行模式上來講,創新了"地方政府+投資者+農戶"的合作開發模式,最終實現農戶、投資商、政府的三方共贏以及當地經濟的跨越式發展。

項目將以箱體房主題酒店、遊客中心(健康管理中心)、宋韻禪院、精品民宿改造為主體,配以相應的公共區域。重點面向綿陽、成都以及四川省其他地方的區域層次遊客市場,打造集鄉村休閒旅遊、禪茶文化體驗、精品民宿酒店、健康管理服務、禪茶產品等功能複合的田園綜合體。

3. 六溪七梁田園綜合體項目

2017年6月,寧強縣與大唐西市集團就高寨子"六溪七梁"田園綜合體項目簽訂合作框架協議。根據合作協議,大唐西市集團將在寧強縣高寨子"六溪七梁"區域規劃12平方公里,建設融中藥材產業、創意農業、文化旅遊、養生度假、服務以及精準扶貧式茶葉小鎮為一體的多產業融合的田園綜合體,項目概算投資30億元,用5年時間建成國家級現代農業園區、三產融合發展示範區、開放式創意農業生態觀光區。

4. 烏審旗田園綜合體項目

2017年4月21日,烏審旗巨力田園綜合體項目由中國信達資產管理股份有限公司內蒙古分公司、深圳前海凱信佳業資產管理有限公司和內蒙古華中生態建設有限公司共同出資建設,項目位於內蒙古鄂爾多斯圖克鎮313省道兩側,計劃投資16億元,建設期為3-5年,以"智慧、生態、循環、高效、觀光型"農業為發展方向,突出生態、循環與科技特色,以蒙元田園文化保護傳承為核心,以現代智慧農業、生態循環農業、休闲观光农业、美丽田园为重点，辅以旅游服务设施，融产业、旅游、社区、人文功能，打造成为"农业大观园、艺术新载体、生态会客厅、教育大教堂、科技孵化器"，引导当地农业供给侧结构改革，推动小城镇建设进程，实现人口、资源、经济、社会、生态环境和谐发展。

4.8.4　国内田园综合体投资机遇分析

1. 政策支持

◆ 2012 年，田园东方创始人张诚结合北大光华 EMBA 课题，发表了论文《田园综合体模式研究》，并在无锡市惠山区阳山镇和社会各界的大力支持下在"中国水蜜桃之乡"的阳山镇落地，实践了第一个田园综合体项目——无锡田园东方。在项目不断探索的第四个年头，2016 年 9 月中央农办领导考察指导该项目时，对该模式给予高度认可。

◆ 2017 年 2 月 5 日，"田园综合体"作为乡村新型产业发展的亮点措施被写进中央一号文件。

◆ 2017 年 5 月 24 日，财政部印发了《关于开展田园综合体建设试点工作的通知》（财办〔2017〕29 号）。

◆ 2017 年 6 月 5 日，财政部又印发了《开展农村综合性改革试点试验实施方案》（财农〔2017〕53 号），并发布了开展田园综合体建设试点的通知，决定从 2017 年起在有关省份开展农村综合性改革试点试验、田园综合体试点。

2. 财政补助

财政部 2017 年 6 月 1 日下发《关于开展田园综合体建设试点工作的通知》，通知确定河北、山西、内蒙古、江苏、浙江、福建、江西、山东、河南、湖南、广东、广西、海南、重庆、四川、云南、陕西、甘肃 18 个省份开展田园综合体建设试点。

中央财政从农村综合改革转移支付资金、现代农业生产发展资金、农业综合开发补助资金中统筹安排，每个试点省份安排试点项目 1-2 个，各省可根据实际情况确定具体试点项目个数。在不违反农村综合改革和国家农业综合开发现行政策规定的前提下，试点项目资金和项目管理具体政策由地方自行研究确定。

同时，各试点省份、县级财政部门要统筹使用好现有各项涉农财政支持政策，创新财政资金使用方式，采取资金整合、先建后补、以奖代补、政府与社会资本合作、政府引导基金等方式支持开展试点项目建设。经财政部年度考核评价合格后，试点项目可继续安排中央财政资金。对试点效果不理想的项目将不再安排资金支持。同时，鼓励有条件的省份参照本通知精神开展省级田园综合体试点，每个省份数量控制在 1-2个。如建设成效较好，符合政策要求，今后可逐步纳入国家级试点范围。

各省份田园综合体建设（拟）获取财政补助规模（单位：亿元） 表 4.8.4-1

地区	田园综合体	预计获取财政补贴
河北	迁西县花乡果巷田园综合体	2.1 亿元
福建	夷山市五夫镇田园综合体	3 亿元
广西	南宁市西乡塘区"美丽南方"田园综合体	8 亿元
海南	海口市田园综合体项目	2.1 亿元
海南	海南共享农庄（农垦 - 保国）田园综合体项目	2.1 亿元
四川	成都市都江堰市田园综合体	6.4 亿元

3. 市场广阔

田园综合体作为资源聚集的推进器、产业价值的扩张器、新型业态的孵化器、区域发展的牵引器、农民增收的助力器，将会在未来的发展中不断融入科技、健康、旅游、养老、创意、休闲、文化等丰富多元的维度，非常具有想象空间。